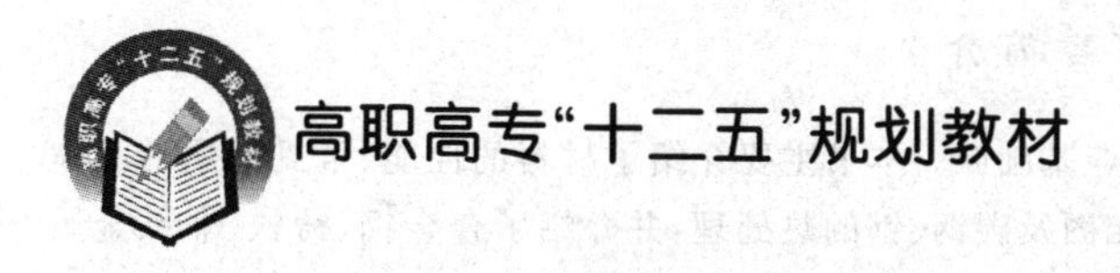

机械工程材料

（第3版）

主　编　于　泓
副主编　王艳莉

北京航空航天大学出版社

内容简介

“机械工程材料”是机械、机电类专业重要的专业基础课。本书主要介绍了材料的性能、常见金属的晶体结构和结晶、金属的塑性变形与再结晶、铁碳合金相图及碳钢、钢的热处理，并介绍了合金钢、铸铁、非铁金属材料及硬质合金、非金属材料和新型材料，还介绍了常用机械工程材料的选用等内容。

本书可作为高等职业院校机械和机电类专业相关课程教材，也可供相关工程技术人员参考使用。

本书配有教学课件，请发送邮件至 goodtextbook@126.com 或致电 010-82317037 申请索取。

图书在版编目(CIP)数据

机械工程材料 / 于泓主编. -- 3版. --北京 ：北京航空航天大学出版社，2014.9

ISBN 978-7-5124-1407-5

Ⅰ. ①机… Ⅱ. ①于… Ⅲ. ①机械制造材料 Ⅳ. ①TH14

中国版本图书馆 CIP 数据核字(2014)第 189583 号

机械工程材料(第3版)

主　编　于　泓

副主编　王艳莉

责任编辑　董　瑞

*

北京航空航天大学出版社出版发行

北京市海淀区学院路37号(邮编100191)　http://www.buaapress.com.cn

发行部电话:(010)82317024　传真:(010)82328026

读者信箱:goodtextbook@126.com　　邮购电话:(010)82316524

北京时代华都印刷有限公司印装　各地书店经销

*

开本:787×1 092　1/16　印张:14.5　字数:371千字

2014年9月第3版　2014年9月第1次印刷　印数:3 000册

ISBN 978-7-5124-1407-5　定价:29.00元

若本书有倒页、脱页、缺页等印装质量问题，请与本社发行部联系调换。联系电话:(010)82317024

前　言

“机械工程材料”课程是机械、机电类专业一门重要的专业基础课。本课程的主要任务和教学目标是阐明机械工程材料的基础理论和基本知识，介绍材料的化学成分、加工工艺、组织以及结构等与材料使用性能之间的关系，使学生能够根据机械零件的工作条件、失效形式和性能要求，对零件进行合理选材并制定相应的加工工艺路线。

本书自2007年9月出版发行以来，在多所高职高专院校得到使用，获得了好评。在此基础上，本书经过适当的修订，又于2011年8月出版了第2版。近年来，随着科学技术的飞速发展，新材料、新技术和新工艺在现代机械制造业中起着越来越重要的作用；同时，教育教学改革不断深入，针对高等职业教育体现的高级技术技能型专门人才的培养目标，新的教育理念不断提出，新的教学方法不断得到实践。因此，在本次修订过程中，我们从企业对工程技术人员的实际岗位需求出发，认真总结高职高专教育教学改革的探索和实践，汲取各个院校在培养适应企业一线生产需求的应用型、技能型人才方面的成功经验，对原教材部分章节的内容进行了适当的增减和调整，同时也对原书中的一些错误和不妥之处进行了更正。

本次修订仍以机械工业中使用最为广泛的金属材料为重点，以材料的性能和应用为主线，注重基础理论，强调实际应用；同时也介绍了现代工业生产和日常生活中应用日益广泛的一些常用的高分子合成材料、陶瓷材料以及复合材料的组织、结构和性能，了解目前机械工程材料的应用领域和发展趋势；并适当介绍了一些新型功能材料，使学生能了解当今材料科学发展的最新成就，拓宽知识面，以利于将来专业的发展需求。

全书统一使用法定计量单位，名词、术语、材料牌号采用最新国家标准。考虑到最新的国家标准推行到企业生产应用需要一个过程，部分术语和牌号采用新旧标准同时介绍的方法进行过渡和衔接，少量术语仍沿用传统说法并在文中加以说明。

全书共10章,包括材料的性能、常见金属的晶体结构与结晶、金属的塑性变形与再结晶、铁碳合金相图及碳钢、钢的热处理、合金钢、铸铁、非铁金属材料及硬质合金、非金属材料及新型材料、常用机械工程材料的选用等。为帮助学生思考和巩固所学知识,培养分析问题和解决问题的能力,各章均附有习题。本书建议学时为50～60学时,使用本书时各校可根据自身的教学任务和目标,以及教学时数,对各章节的内容加以取舍和调整。

参加本书编写的人员有江苏农林职业技术学院于泓(前言、绪论、第4～10章和附表),江苏农林职业技术学院王艳莉(第1～3章)。全书由于泓任主编,王艳莉任副主编,于泓统稿,南京航空航天大学王于林教授主审。

在本书的编写过程中,得到了南京工业职业技术学院张长英、江苏农林职业技术学院丁龙保、江苏农林职业技术学院钟兴等老师的大力支持和帮助,在此表示诚挚的感谢。同时,本书中参考并引用了有关文献资料、插图等,编者在此对上述作者深表谢意。

限于编者时间及水平有限,书中存在的错误和不足之处,恳请广大读者批评指正。

编　者

2014年6月

目　录

绪论

材料是人类生产和生活的物质基础，是人类社会发展和文明进步的重要标志。从原始社会的石器时代开始，人类经历了青铜器时代、铁器时代和钢铁时代，从农业社会进入了工业社会。近百年来，随着科学技术的迅猛发展，高分子材料、半导体材料、先进陶瓷材料、复合材料、人工合成材料、纳米材料等新型材料层出不穷，人类又进入了崭新的现代工业文明，新材料的发展和应用又成为现代科学技术和现代文明发展的重要基础和强劲动力。

早在六七千年前的原始社会末期，中华民族的祖先就已经掌握了烧制陶器的技术，东汉时期又出现了瓷器，对人类文明产生了极大的影响，已成为中国古代文化的象征。四千多年前，我国就已开始青铜的冶炼，殷商时期的司母戊大方鼎说明当时中国已经有高度发达的青铜冶炼与铸造技术，秦铜车马、越王剑等标志着青铜的冶炼技术和应用水平达到了一个个新的高峰。在春秋时期，我国出现了炼铁技术，比欧洲早 1 800 多年，从西汉到明代，我国的钢铁生产技术和钢铁材料的应用水平都居世界领先地位，明代科学家宋应星所著《天工开物》是世界上最早的有关金属加工工艺的著作之一。中华民族在材料开发及应用方面对人类文明和社会进步作出了巨大贡献，创造了灿烂的古代中华文明。到了 18 世纪，钢铁冶炼的工业化，成为产业革命的主要潮流和物质基础，有力地推动了以欧洲为中心的世界工业迅速发展，使欧洲各国率先步入了工业社会。

由此可见，材料科学对人类社会文明和经济发展起着巨大的推动作用，世界各国对此都非常重视。作为以能源、信息、新材料和生物工程为代表的现代技术的四大支柱之一，新材料技术更是现代技术发展的一个关键领域，起着先导和基础的作用，被很多国家确定为重点发展的学科之一，我国也把新材料的研究与开发放在了优先发展的地位。

机械工程材料是指用于机械制造的各种材料的总称。机械工程材料按其成分特点，一般分为金属材料、非金属材料和复合材料三大类。按其性能特点，又可分为结构材料和功能材料两种，结构材料以力学性能为主，而功能材料则以其特殊的物理、化学性能为主，如超导、激光、半导体和形状记忆材料等。机械工程材料主要研究和应用的是结构材料。

金属材料包括钢铁材料和非铁材料。钢铁材料也称为黑色金属，是指铁和以铁为基的合金，如铸铁、钢；非铁材料又称为有色金属，是除钢铁材料以外的所有金属及其合金的统称，如铜、铝、钛及其合金等。钢铁材料具有力学性能优异、加工性能良好、原料来源广、生产成本低等突出的优点，目前机械工程材料仍以钢铁材料的应用最为广泛，占整个机械制造业用材的 90％左右。

非金属材料主要包括高分子材料和陶瓷材料。随着研究和应用的不断深入，非金属材料以其特有的性能得到越来越广泛的应用，其中高分子材料发展迅速，目前，其产量按体积计算已经超过了钢铁的产量。复合材料保留了各组成材料的优点，具有单一材料所没有的优异性能，虽然目前成本较高，一定程度上限制了其应用范围，但随着成本的降低，其应用领域将日益广泛。

金属材料、非金属材料和复合材料之间不是独立应用或可以替代的关系，而是相互补充、相互结合,已经形成一个完整的材料科学体系。

随着材料科学的飞速发展,新材料、新工艺不断涌现,机械工程材料的种类越来越多,应用范围越来越广,在产品的设计与制造过程中,与材料和热处理有关的问题也日益增多。因此,具备与专业相关的材料知识,在机械设计过程中能够合理地选择工程材料和强化方法,正确地制定加工工艺路线,从而充分发挥材料本身的性能潜力,获得理想的使用性能,节约材料,降低成本,是从事机械设计与制造工作的工程技术人员必须具备的能力,这是本课程的主要任务和所希望达到的目标。

本课程的内容主要包括工程材料的力学性能、金属学基础、钢的热处理、金属材料、非金属材料及常用机械工程材料的选用等部分。

通过本课程的学习,可以了解常用机械工程材料化学成分、组织结构、力学性能与热加工工艺之间的关系及变化规律,熟悉常用金属材料的牌号、成分、力学性能及用途,了解零件失效分析的方法,初步具备合理选择材料、正确制订热处理工艺及合理安排加工工艺路线的能力。

本课程是一门实践性和应用性都很强的课程,在学习中应注意理论与生产实际相结合,知识的掌握与应用并重,提高分析问题和解决问题的能力。

第 1 章　材料的性能

1.1　材料的力学性能[①]

工程材料的力学性能是指材料在外力(载荷)作用时表现出来的性能。力学性能指标是用来反映工程材料在各种形式外力作用下抵抗变形或破坏的能力。工程材料的力学性能主要包括强度、塑性、硬度、韧性和疲劳强度等,它不仅取决于材料本身的化学成分和组织结构,还与加工工艺、载荷性质及环境温度等有密切的关系,是选用工程材料和检测工程材料性能的重要依据。

1.1.1　材料的强度及塑性

材料的强度是指材料在外力作用下抵抗塑性变形和断裂的能力。根据外力作用方式的不同,材料的强度分为抗拉强度、抗压强度、抗弯强度和抗剪强度等,通常以抗拉强度作为基本的强度指标。

材料的塑性是指材料在外力作用下断裂前发生不可逆永久变形的能力。

材料的强度和塑性是材料最重要的力学性能指标之一,可以通过拉伸试验获得。

1. 拉伸试验及拉伸曲线

(1) 拉伸试验

进行拉伸试验的材料应根据国家标准(GB 6397—86)的规定,制作拉伸试样。拉伸试样的截面形状有圆形和矩形等,常用的为如图 1 - 1 所示的光滑圆柱形截面的标准拉伸试样。图中 d_0 为试样的原始直径,L_0 为试样的原始标距长度。根据标距长度与直径之间的比例关系,试样可分长试样($L_0=10\ d_0$)和短试样($L_0=5\ d_0$)两种。

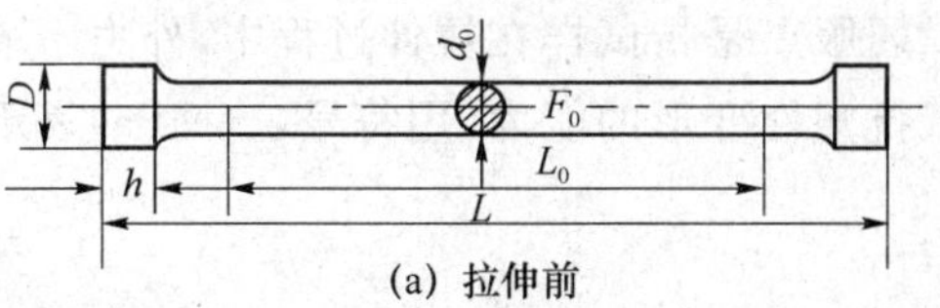

(a) 拉伸前

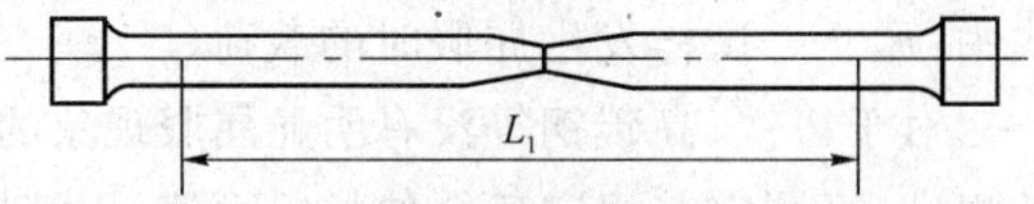

(b) 拉伸后

图 1 - 1　光滑圆柱形标准拉伸试样

拉伸试验时,将试样两端装入拉伸试验机夹头内夹紧,随后缓慢加载。随着载荷的不断增加,试样随之伸长,直至拉断为止。在拉伸过

① 国家标准 GB/T 228 — 1987《金属拉伸试验方法》和 GB/T 6397 — 86《金属拉伸试验试样》已被 GB/T 228 — 2002《金属材料　室温拉伸试验方法》代替,许多术语的定义虽然未变,但术语或符号做了修改,如屈服点 σ_s 改为屈服强度,要求区分上屈服强度和下屈服强度,并分别用符号 R_{eH} 和 R_{eL} 表示;规定残余伸长应力 σ_r 改为规定残余延伸强度,并用符号 R_r 表示;抗拉强度的符号 σ_b 改为 R_m;断后伸长率的符号 δ 改为 A,断面收缩率的符号 ψ 改为 Z 等。但考虑原标准使用时间较长,普及程度很高,到目前为止仍有许多行业和领域的相关术语和符号未能及时修改,大量已有的文献、资料和数据使用的是旧标准,为了方便目前阶段的学习和应用,本章相关内容仍以原标准为主进行介绍。

程中,拉伸试验机上的自动绘图装置绘制出载荷(拉伸力)和伸长量之间的关系曲线,即拉伸曲线,也称力—伸长曲线。图1-2为退火低碳钢的拉伸曲线。

(2) 拉伸曲线

由图1-2可见,退火低碳钢在拉伸过程中,载荷F与伸长量ΔL的关系有以下几个阶段。

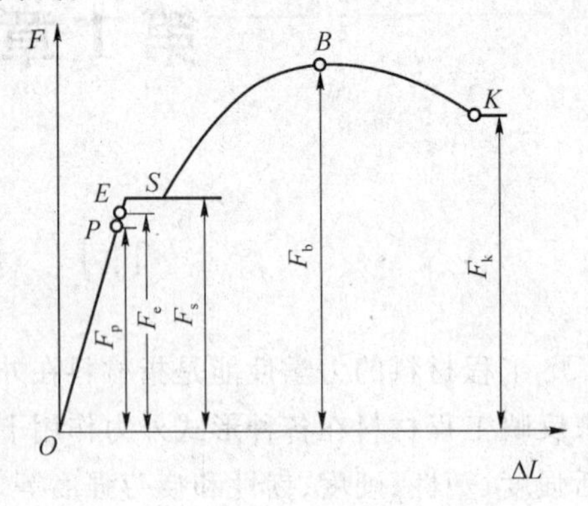

图1-2 退火低碳钢拉伸曲线

① 弹性变形阶段($O-E$)。当载荷由零逐渐增加到F_e时,试样处于弹性变形状态,卸除载荷后试样可恢复到原来的形状和尺寸。其中OP阶段,载荷与伸长量呈正比关系,即符合胡克定律。

② 屈服阶段($E-S$)。当载荷超过F_e后,试样开始产生塑性变形,或称永久变形,即卸除载荷时,伸长的试样只能部分地恢复,而保留一部分的残余变形。当载荷增加到F_s时,拉伸曲线上出现平台或锯齿状,这种在载荷不增加的情况下,试样还继续伸长的现象称为屈服。

③ 强化阶段($S-B$)。当载荷超过F_s后,由于塑性变形而产生形变强化(加工硬化),必须增大载荷才能使伸长量继续增加。此时变形与强化交替进行,直至载荷达到F_b时,试样的载荷也达到最大值。

④ 局部塑性变形阶段($B-K$)。当载荷达到F_b后,试样的某一部位横截面急剧缩小,出现"缩颈"。此时施加的载荷逐渐减小,而变形继续增加,直到K点时试样断裂。

2. 强　度

常用的强度指标有屈服点和抗拉强度。

(1) 屈服点

屈服点是指试样在拉伸过程中,外力不增加,仍能继续拉伸时的应力,它反映的是工程材料抵抗塑性变形的能力,用符号σ_s(MPa)表示。

$$\sigma_s=\frac{F_s}{A_0} \tag{1-1}$$

式中:F_s——试样发生屈服时的载荷(N)。

对于铸铁、高碳钢等没有明显屈服现象的金属材料(如图1-3所示),按国标GB228—87的规定,可测定其规定残余伸长应力值,用符号σ_r(MPa)表示,它表示材料在卸除载荷后,试样标距部分残余伸长率达到规定数值时的应力。表示此应力的符号,应附以下角标说明其规定的残余伸长率,例如,$\sigma_{r0.2}$表示规定残余伸长率为0.2%时的应力。

$$\sigma_{r0.2}=\frac{F_{r0.2}}{A_0} \tag{1-2}$$

式中:$F_{r0.2}$——残余伸长率为0.2%时的载荷(N)。

原国标将规定残余伸长应力$\sigma_{r0.2}$以$\sigma_{0.2}$表示,目前有许多技术资料仍沿用这一表示方法。

零件在工作中如发生少量塑性变形,会导致零件精度降低或影响与其他零件的配合。为保证零件正常工作,材料的屈服点应高于零件的工作应力。因此,材料的屈服点是机械零件设计时的主要依据,也是评定金属材料性能的重要指标之一。

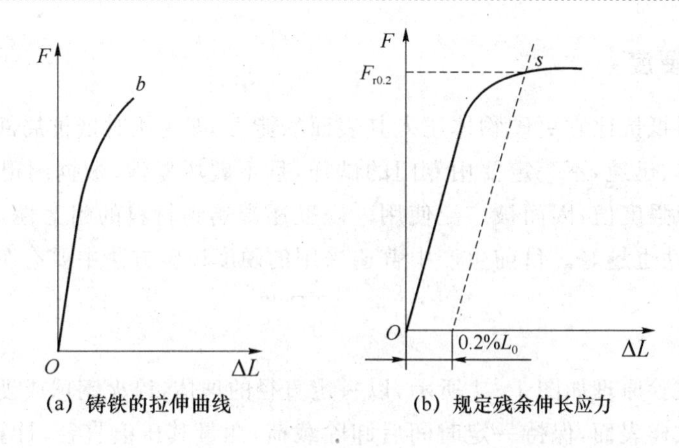

(a) 铸铁的拉伸曲线　　(b) 规定残余伸长应力

图 1-3　规定残余伸长应力示意图

(2) 抗拉强度（强度极限）

抗拉强度是指材料在拉断前所承受的最大应力，它反映了材料抵抗断裂的能力，用符号 σ_b(MPa)表示。

$$\sigma_b=\frac{F_b}{A_0} \tag{1-3}$$

式中：F_b——试样拉断前承受的最大载荷(N)。

零件在工作中所承受的应力，不允许超过抗拉强度，否则就会产生断裂。这也是机械设计和评定金属材料质量的主要依据。

3. 塑　性

常用的塑性指标有断后伸长率和断面收缩率。

(1) 断后伸长率

断后伸长率是指试样拉断后，标距的伸长量与原始标距的百分比，用符号 δ 表示。

$$\delta=\frac{L_1-L_0}{L_0}\times 100\% \tag{1-4}$$

式中：L_1——试样拉断后的标距(mm)；

L_0——试样原始标距(mm)。

断后伸长率与试样长度有关。国家标准规定，短、长试样的断后伸长率分别用符号 δ_5、δ_{10} 表示。

(2) 断面收缩率

断面收缩率是指试样拉断后，缩颈处截面积的最大缩减量与原始横断面积的百分比，用符号 ψ 表示。

$$\psi=\frac{S_0-S_1}{S_0}\times 100\% \tag{1-5}$$

式中：S_0——试样原始横截面积(mm^2)；

S_1——试样拉断后缩颈处最小横截面积(mm^2)。

断后伸长率和断面收缩率都是衡量材料塑性大小的重要指标，数值越大，表示材料的塑性越好。断面收缩率不受试样标距长短的影响，因此能更加可靠地反映材料的塑性。

1.1.2 材料的硬度

硬度是指材料抵抗比它更硬物体压入其表面的能力，即受压时抵抗局部塑性变形的能力。硬度试验操作简单、迅速，不一定要用专门的试样，且不破坏零件，根据测得的硬度值，还能估计金属材料的近似强度值，因而被广泛使用。硬度还影响到材料的耐磨性，一般情况下，金属的硬度越高，耐磨性也越好。目前生产中普遍采用的硬度试验方法主要有布氏硬度、洛氏硬度和维氏硬度等。

1. 布氏硬度

布氏硬度的试验原理如图1-4所示，以一定直径的球体(淬火钢球或硬质合金球)在一定载荷作用下压入试样表面，保持一定时间后卸除载荷，测量其压痕直径，计算硬度值。布氏硬度值用压痕单位面积上所承受的平均压力来表示。

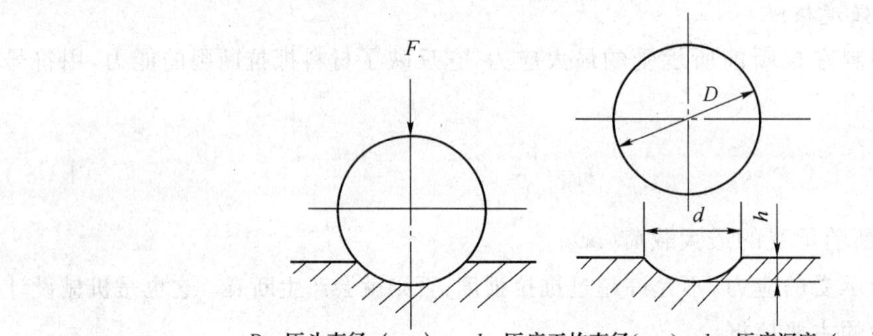

图1-4 布氏硬度试验原理

当用淬火钢球作为压头时，用符号HBS表示，适用于测量硬度值小于450 HBS的材料；当用硬质合金球作为压头时，用符号HBW表示，适用于测量硬度值在450~650 HBW的材料。布氏硬度计算公式为

$$\mathrm{HBS(W)}=0.102\times\frac{2F}{\pi D(D-\sqrt{D^2-d^2})} \tag{1-6}$$

式中：F——试验载荷(N)；

D——压头直径(mm)；

d——压痕平均直径(mm)。

从上式可以看出，当试验力F和球体直径一定时，压痕直径d越小，则布氏硬度值越大，也就是硬度越高。

布氏硬度的标注方法为：硬度符号之前用数字表示硬度值，符号之后依次用数字注明压头直径D、试验载荷F和载荷保持时间t(10～15 s不标注)。例如，180 HBS/10/1000/30，即表示用淬火钢球作为压头，在$D=10$ mm，$F=9\ 807$ N(1 000 kgf)，$t=30$s的条件下，测得的布氏硬度值180。

布氏硬度的单位为MPa，但习惯上不予标出。在实际应用中，布氏硬度值一般不用计算方法求得，而是先测出压痕直径d，然后从专门的硬度表中查得相应的布氏硬度值。

布氏硬度主要适用于测定各种铸铁，退火、正火、调质处理的钢以及非铁合金等质地相对较软材料。

2. 洛氏硬度

洛氏硬度试验与布氏硬度试验不同，它采用测量压痕深度的方法来确定材料的硬度值。

洛氏硬度试验原理如图 1-5 所示。在初始试验力 F_0 和总试验力（F_0+F_1）的先后作用下，将顶角为 120°金刚石圆锥体或直径为 1.588 mm（1/16 英寸）的淬火钢球压入试样表面，经规定保持时间后，卸除主试验力，用测量的残余压痕深度增量来计算洛氏硬度值。

图 1-5 中 0-0 为压头未与试样接触时的位置；1-1 为压头受到初始试验力 F_0 后压入试样的位置；2-2 为压头受到总试验力（F_0+F_1）后压入试样的位置，经规定的保持时间后，卸除主试验力 F_1，仍保留初试验力 F_0，试样弹性变形的恢复使压头上升到 3-3 的位置。此时压头受主试验力作用压入的深度为 h，即 1-1 至 3-3 的位置。h 值越小，则金属硬度越高。为适应人们习惯上数值越大硬度越高的观念，故人为地规定用一常数 K 减去压痕深度 h 作为洛氏硬度指标，并规定每 0.002 mm 为一个洛氏硬度单位，用符号 HR 表示，则洛氏硬度值为

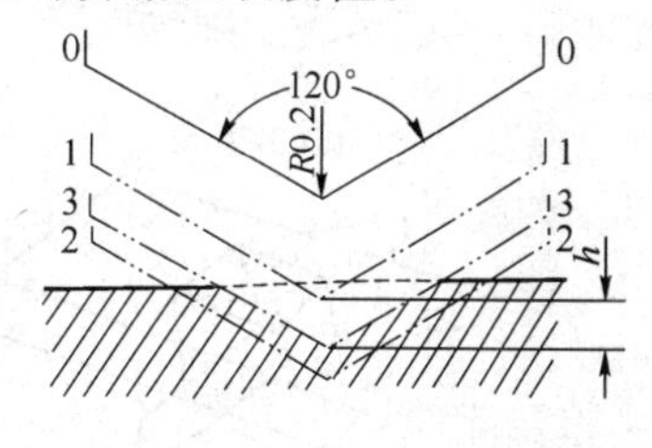

图 1-5　洛氏硬度测量原理图

$$\mathrm{HR}=\frac{K-h}{0.002} \tag{1-7}$$

由此可见，洛氏硬度值是一个无量纲的材料性能指标，硬度值在试验时直接从硬度计的表盘上读出。式中 K 为一常数，使用金刚石压头时，K 为 0.2；使用淬火钢球压头时，K 为 0.26。

为了能用一种硬度计测定从软到硬的不同材料的硬度，采用不同的压头和总试验力，组成几种不同的洛氏硬度标度。每一种标度用一个字母在洛氏硬度符号 HR 后面加以注明。根据压头的种类和总载荷的大小，常用的洛氏硬度有 HRA、HRB、HRC 三种。洛氏硬度的标注方法如下：硬度符号 HR 前面的数字表示硬度值，后面的符号表示不同洛氏硬度的标度，例如 60 HRC、81 HRA 等。常用洛氏硬度的实验条件和应用范围见表 1-1。

表 1-1　常用洛氏硬度的试验条件和应用范围

硬度符号	压头	总载荷 $F_{总}$/ kgf (N)	硬度值有效范围	应用举例
HRA	120°金刚石圆锥体	60(588.4)	70～85 HRA	硬质合金、表面淬火和渗碳层等
HRB	ϕ1.588 mm 钢球	100(980.7)	25～100 HRB	非铁金属及退火、正火钢等
HRC	120°金刚石圆锥体	150(1 471.1)	20～67 HRC	淬火钢、调质钢等

洛氏硬度试验方法简单直观，操作方便，测试硬度范围大，可以测量从很软到很硬的金属材料，测量时几乎不损坏零件，因而成为目前生产中应用最广的试验方法。但由于压痕较小，当材料内部组织不均匀时，会使测量值不够精确，因此在实际操作时，一般至少选取三个不同部位进行测量，取其算术平均值作为被测材料的硬度值。

3. 维氏硬度

维氏硬度也是一种压入硬度试验，其试验原理如图 1-6 所示。是将一个相对面夹角为 136°的正四棱锥体金刚石压头，以选定的试验力压入试样表面，经规定的保持时间后，卸除试验力，测量压痕对角线长度。维氏硬度值为单位压痕表面积所承受试验力的大小，用符号 HV 表示，单位为 kgf/mm²。通过引入常数转换成国际单位 N/mm²，维氏硬度计算公式如下：

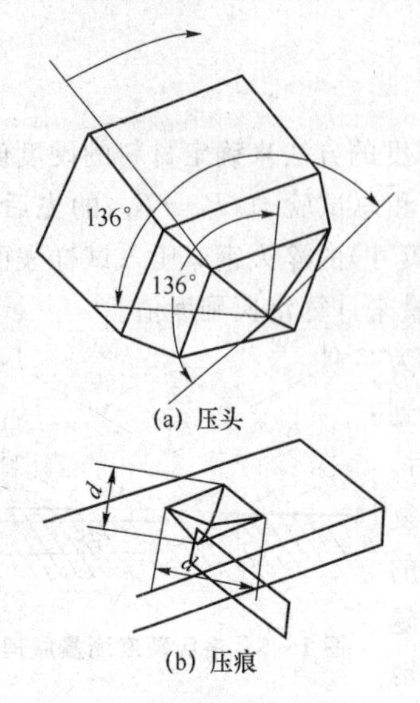

图1-6 维氏硬度测量原理图

$$HV=0.1891\frac{F}{d^2} \quad (1-8)$$

式中:F——试验力(N);

d——压痕两对角线长度算术平均值(mm)。

在实际应用时,维氏硬度值与布氏硬度一样,不用通过计算,而是根据压痕角线长度直接查表可得。

由于试验力小,压入深度浅,故维氏硬度试验适用于测定金属镀层、薄片金属、表面硬化层以及化学热处理(如氮化、渗碳等)后的表面硬度。维氏硬度试验可测量很软到很硬的各种金属材料,且连续性好、准确度高,但试验时对零件表面质量要求较高,方法较繁,效率较低。

试验力选择应根据材料硬度及硬化层或试样厚度来定。当试验力小于1.961 N时,压痕非常小,可用于测量金相组织中不同相的硬度,测得的硬度值称为显微硬度,用符号HM表示。

1.1.3 材料的冲击韧度

金属材料的强度、塑性和硬度等力学性能是在静载荷作用下所测得的。但实际上许多机械零件和工具在工作中,往往要受到冲击载荷的作用,如活塞销、锤杆、冲模和锻模等。材料抵抗冲击载荷作用的能力称为冲击韧度或韧性,即在冲击载荷作用下金属在断裂前吸收变形能量的能力。冲击韧度是衡量金属韧性的重要指标之一,在工程上的冲击韧度值常用一次摆锤冲击试验来测定。

1. 冲击试验及其指标

试验前首先将金属材料制作成标准冲击试样,如图1-7所示。

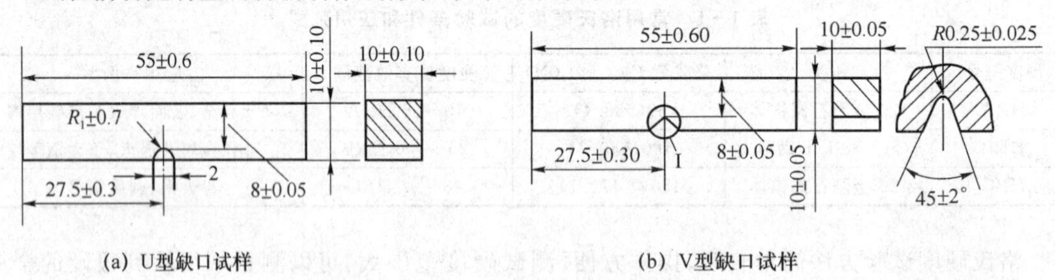

图1-7 标准冲击试样

试验时,将试样安放在冲击试验机的支座上,试样的缺口背向摆锤的冲击方向,如图1-8(a)所示。将重力为G的摆锤抬到高度H,使其具有一定的势能GH,如图1-8(b)所示。然后,让摆锤由此高度落下,将试样冲断,摆锤继续向前升高到h高度,此时摆锤的剩余势能为Gh。由此可计算出试样的冲击吸收功A_K(J),其值为

$$A_K=G(H-h) \quad (1-9)$$

式中:G——摆锤产生的重力(N);

H——冲击前摆锤抬起的高度(m);

h——冲断试样后，摆锤上升的高度(m)。

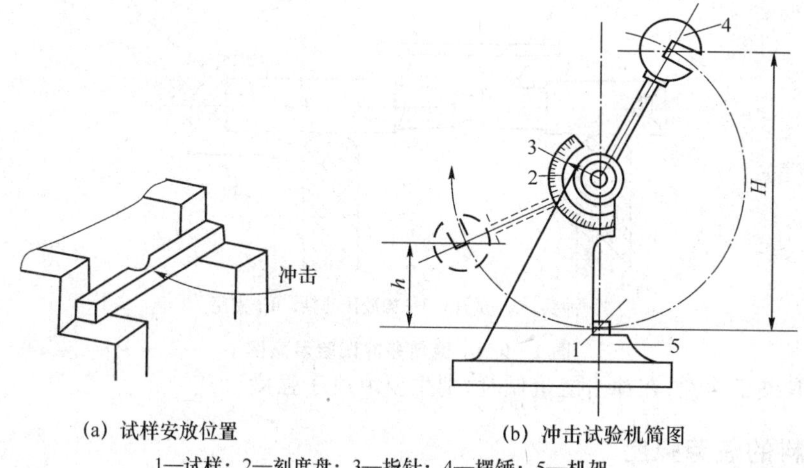

(a) 试样安放位置　　(b) 冲击试验机简图

1—试样；2—刻度盘；3—指针；4—摆锤；5—机架

图 1-8　冲击试验示意图

用试样缺口处的横截面积 S_0 去除冲击吸收功 A_K，即得到冲击韧度，用符号 a_K(J/cm^2)表示。其计算公式为

$$a_K = \frac{A_K}{S_0} \tag{1-10}$$

用 U 型缺口和 V 型缺口试样测定的结果，冲击吸收功分别用符号 A_{KU} 和 A_{KV} 来表示，冲击韧度分别用符号 a_{KU} 和 a_{KV} 来表示。

一般来说，材料的冲击吸收功越大，冲击韧度越大，表明材料的韧性越好。但由于测出的冲击吸收功 A_K 的组成比较复杂，所以有时测得的 A_K 值及计算出来的 a_K 值不能真正反映材料的韧脆性质。

温度对一些材料的韧脆程度有很大的影响。在不同温度下进行的一系列冲击试验表明，随温度的降低，A_K 值呈下降趋势。当温度降至某一范围时，A_K 值急剧下降，钢材由韧性断裂变为脆性断裂，这种现象称为冷脆转变，此时的温度称为韧脆转变温度。韧脆转变温度是衡量金属材料冷脆倾向的指标。材料的韧脆转变温度愈低，材料的低温冲击韧度愈好。对于在较寒冷地区使用的车辆、桥梁和输送管道等碳素结构钢构件，在选择金属材料时，应考虑其周围环境的最低温度必须高于材料的韧脆转变温度。

2. 小能量多次冲击试验

金属零件在实际工作中，很少因承受一次大能量冲击载荷的冲击便导致断裂。很多情况下所承受的冲击是属于小能量多次冲击。在这种情况下，它的破断过程是由多次冲击造成的损伤积累，引起裂纹的产生和扩展所造成，如凿岩机风镐上的活塞，大功率柴油机曲轴等零件都是在一定能量下的多次冲击而破坏的。这与大能量一次冲击的破断过程并不一样，不能用一次冲击试验所测得的 a_K 值来衡量零件材料对这些冲击载荷的抗力。

小能量多次冲击试验机为凸轮落锤式结构，如图 1-9 所示。试验时将试样放在连续冲击试验机上，冲锤以一定的能量对试样多次冲击，测定试样出现裂纹和最后断裂的冲击次数 N，以此作为多次冲击抗力指标。

大量试验证明，多次冲击抗力与材料的强度和塑性有关。当冲击能量高时，材料的多次冲

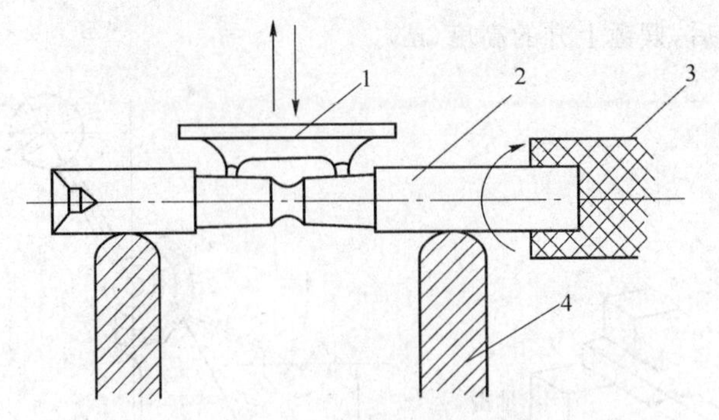

1—冲头；2—试样；3—橡胶传动轴；4—支座

图1-9 小能量多冲试验示意图

击抗力主要取决于塑性;在冲击能量低时,则主要取决于强度。

1.1.4 材料的疲劳强度

许多机械零件,如轴、齿轮、轴承、叶片和弹簧等,在工作过程中,载荷的大小和方向随时间做周期性的循环变化,这种载荷称为交变载荷或循环载荷。金属在交变载荷作用下发生断裂的现象称为疲劳。在交变载荷作用下,虽然零件所承受的应力低于材料的屈服点,但经过较长时间的工作后,也会产生裂纹直至最后完全断裂。疲劳断裂往往是在没有任何先兆的情况下突然发生的,因而极易造成严重的后果。

疲劳断裂时没有明显的宏观塑性变形,疲劳断口一般可分为三个部分,即发源区(疲劳源)、扩展区(光亮区)和最后断裂区(粗糙区),如图1-10所示。

产生疲劳的原因,一般是由于材料表面或内部的缺陷(如刀痕、夹杂等)易引起应力集中,在交变载荷的作用下产生微裂纹,并随着载荷循环周次的增加,裂纹不断扩展,使零件实际承载面积不断减少,直至最后达到某一临界尺寸时,实际应力超过了材料的强度极限,零件发生突然断裂。

材料的疲劳强度通常是在旋转弯曲疲劳试验机上测定的。通过疲劳试验可以测得材料承受的交变应力值 σ 和断裂前的循环次数 N 之间的关系曲线,即如图1-11所示的疲劳曲线。从图中可以看出,应力值 σ 越低,断裂前的循环次数就越多。当应力值降低到某一定值后,曲线与横坐标平行。这表示当应力值低于此值时,材料可经受无数次应力循环而不断裂,此应力值称为材料的疲劳强度或疲劳极限。对称循环时,疲劳强度用符号 σ_{-1} 表示,单位为MPa。

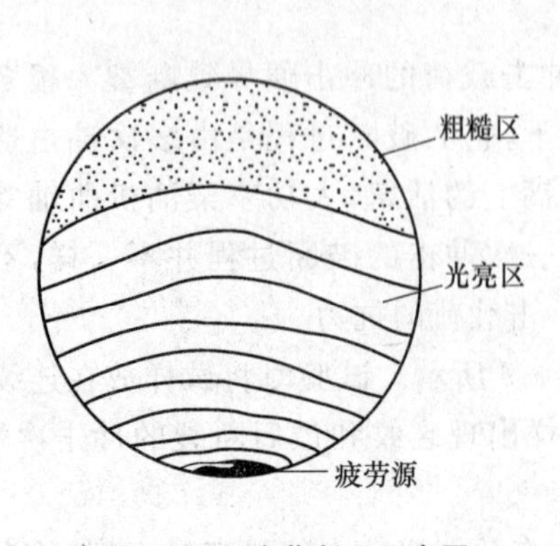

图1-10 疲劳断口示意图

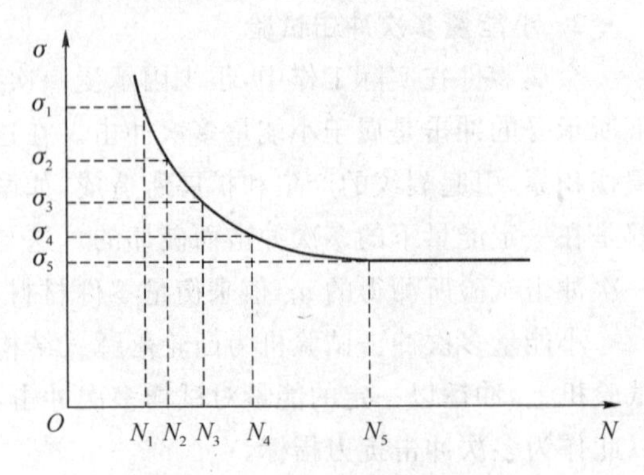

图1-11 疲劳曲线

实际上，疲劳试验不可能进行无限次的交变载荷试验，因此工程上的疲劳强度是指在规定的循环次数不发生断裂的最大应力，一般规定钢的循环次数为 10^7 次，有色金属和某些超高强度钢为 10^8 次。

金属的疲劳极限与其内部质量、表面状态及应力状态等因素有关。实践表明，对零件结构形状进行合理设计以避免产生应力集中，降低表面粗糙度，对表面进行各种强化处理，使表面产生残余压应力等，都能有效地提高零件的疲劳强度。

1.2　材料的物理和化学性能

1.2.1　材料的物理性能

材料受到自然界中光、重力、温度场、电场和磁场等作用所反映的性能，称为物理性能。物理性能是材料承受非外力物理环境作用的重要性质。材料的物理性能包括密度、熔点、导电性、热导性、热膨胀性、磁性等。

1. 密　度

密度是指材料单位体积的质量，单位为 kg/m^3。密度是材料的一种特性，不同材料的密度各不同。机械制造中，一般将密度小于 $4.5\times103kg/m^3$ 的金属称为轻金属，如铝、镁、钛等及其合金；密度大于 $4.5\times103kg/m^3$ 的金属称为重金属，如铁、铅、钨等。

在选材时，除了根据密度计算金属零件的质量外，还要考虑金属的比强度（强度 σ 与密度 ρ 之比），比强度可以比较不同材料在相同质量下的强度。例如，塑料和增强塑料的比强度可以达到或远远超过镁合金、钢材、钛及钛合金和硬铝制品等金属材料，某些复合材料具有更为优异的比强度。

2. 熔　点

熔点是指金属由固态转变成液态时的温度。材料的熔点对金属材料的熔炼、热加工有直接影响，并与材料的高温性能有很大关系。通常，材料的熔点越高，在高温下保持高强度的能力越强。熔点高的金属称为难熔金属，如钨、钼、钒等，可用于制造耐高温零件，如燃汽轮机、喷气飞机、火箭上的零部件；熔点低的材料称为易熔金属，如铅、锡等，可用于制造熔断丝、防火安全阀零件等。

3. 导电性

根据导电性的好坏，常把材料分成导体、绝缘体和半导体。材料的导电性能一般以电阻率来衡量。金属通常具有良好的导电性，其中最好的是金，银、铜和铝次之。金属和合金的电阻率与其化学成分、组织结构状态和所处的温度有关，凡是能阻碍金属中自由电子移动的因素，均使其电阻率升高。

4. 热导性

热导性是指材料传导热量的能力，通常用热导率表示。热导率是指单位时间内，通过垂直于热流方向单位截面积上的热流量，单位为 W/(m·K)。材料的热导率与材料的种类、组成结构、密度、杂质含量、气孔、温度等因素有关。材料导热性越差，在较快速加热和冷却时，由于表面和内部、薄壁和厚壁处的温差大，工件易产生较大的应力，从而导致变形或开裂。因此，在制定热处理、铸造、焊接和锻造等工艺时，必须考虑材料的导热性。非晶体结构、密度较低的材料,热导率较小。材料导热性受温度影响,一般随温度增高而稍有增加。

5. 热膨胀性

热膨胀是指随着温度变化,材料的体积也发生变化(膨胀或收缩)的现象,是衡量材料热稳定性好坏的一个重要指标,一般用线膨胀系数衡量,即温度变化1℃时,材料长度的增减量与其在0℃时的长度之比。对于在高温环境下工作,或者在冷、热交替环境中工作的零件,必须考虑其膨胀性能的影响;在热处理或热加工过程中,应考虑材料的热膨胀性,以防止因表面和内部、薄壁和厚壁处膨胀速度不同而产生应力,导致工件变形、开裂;当用两种不同的材料制作复合材料时,要求两种材料具有相近的膨胀系数。

6. 磁　性

磁性是指材料所具有的磁导性能。能对磁场做出某种反应的材料称为磁性材料,按在外磁场中表现出来的磁性强弱,金属材料可分为铁磁性材料、顺磁性材料和抗磁性材料。铁磁性材料是指在外加磁场中能强烈地被磁化的材料,如铁、钴等,这类材料可用于制造电动机、变压器等零件;顺磁性材料是指在外加磁场中只能微弱地被磁化,如锰、铬、钼、钒、镁、铝等;抗磁性材料是指能抗拒或削弱外加磁场对本身的磁化作用的材料,如铜、锌、金、银、钛等,这类材料可用于制造避免磁场干扰的零件,如航海罗盘等。

1.2.2　材料的化学性能

化学性能通常指材料与周围介质发生化学或电化学反应的性能。

1. 耐腐蚀性

耐腐蚀性是指材料抵抗各种介质侵蚀的能力。金属的耐腐蚀性与其化学成分、加工性质、热处理条件、组织状态和腐蚀环境及温度条件等许多因素有关。金属材料的主要腐蚀形态是锈蚀,腐蚀会显著降低金属材料的强度、塑性、韧性等力学性能,破坏金属构件的几何形状,增加传动件磨损,缩短设备使用寿命等。提高材料的耐腐蚀性,可以节约材料、延长构件的使用寿命。通常,非金属材料的耐腐蚀性远远高于金属材料。

2. 抗氧化性

抗氧化性是指材料在高温条件下抗空气、水蒸气、炉气等氧化的能力。金属抗氧化的机理是指在高温下材料表面迅速氧化形成一层致密的并与母体结合牢固的保护性氧化膜,阻止金属被进一步氧化。

3. 化学稳定性

化学稳定性是耐腐蚀性和抗氧化性的总称。高温下的化学稳定性称为热稳定性。在选择高温条件下工作的设备或零部件(如锅炉、汽轮机、飞机发动机、火箭等)的材料时,必须考虑材料的热稳定性。

1.3　材料的工艺性能

1. 铸造性能

材料在铸造成形的过程中获得的形状准确、内部健全铸件的能力,称为金属的铸造性能,它表示了金属铸造成形时的难易程度。金属的铸造性能主要用流动性、收缩性、吸气性、偏析等来衡量。金属材料中,灰铸铁和青铜的铸造性能较好。

（1） 流动性

流动性是指金属液本身的流动能力。流动性好的金属，充型能力强，易获得形状完整、尺寸准确、轮廓清晰、壁薄和形状复杂的铸件；有利于金属液中非金属夹杂物和气体的上浮与排除；有利于金属凝固收缩时的补缩作用。

（2） 收　缩

收缩是指铸造金属从液态冷却至室温的整个过程中，产生的体积和尺寸缩减的现象。铸件的收缩不仅影响铸件的尺寸，还会引起缩孔、缩松、应力、变形及裂纹等缺陷。

（3） 偏　析

偏析是指铸件凝固后，内部化学成分和组织不均匀的现象。偏析使铸件各部位化学成分不一致，严重时使各部位力学性能及物理性能产生很大差异，甚至影响铸件的工作效果和使用寿命。生产中可以通过控制冷却速度、凝固方式、合理设计铸件结构等方法防止偏析的产生。对有些已经产生的偏析，可通过均匀化退火的方法加以消除。

2. 锻压性能

金属的锻压性能（又称可锻性）是指金属经受塑性变形而不开裂的能力。锻压性能的优劣常用金属的塑性和变形抗力来综合衡量。材料塑性越好，变形抗力越小，则锻压性能越好；反之，锻压性能越差。影响锻压性能的主要因素是金属内在因素和变形条件。如纯金属的锻压性能优于合金；钢加热到一定范围具有良好的锻压性能，而铸铁不能锻压。

3. 焊接性

焊接性是指材料可以在限定的施工条件下焊接成满足设计要求的构件，并达到预定工作要求的能力（亦称可焊性）。焊接性的好坏与材料成分、焊接方法、构件类型等有关。影响钢焊接性的主要因素是钢的化学成分，其中含碳量对焊接性影响最显著。如低碳钢具有良好的焊接性，随含碳量增加焊接性下降，高碳钢及铸铁的焊接性能较差。

焊接性主要包括两个方面的内容：其一是接合性能，即在限定焊接工艺条件下，对产生焊接缺陷的敏感性，尤其是对产生焊接裂纹的敏感性；其二是使用性能，即在限定焊接工艺条件下，焊接接头对使用要求的适应性。

4. 切削加工性能

切削加工性是指材料被刀具切削加工而成为合格工件的难易程度。切削加工性与材料的化学成分、组织、力学性能、导热性及冷变形强化程度等因素有关。通常，用硬度和韧性来判断。材料的硬度适中（170～230HBW），其切削加工性比较好，硬度越高，材料的切削加工性就越差；材料硬度虽不高，但若韧性大，在切削加工时切削阻力、切削变形增加，产生大量的切削热，切削也较困难。通过对被切削材料进行适当的热处理，可以改善切削加工性。就材料种类而言，铸铁、铜合金、铝合金及一般碳素钢都具有较好的切削加工性，而高合金钢的切削加工性较差。

5. 热处理工艺性能

热处理是将钢在固态下加热、保温和冷却，以改变钢的组织结构，从而获得所需要性能的一种金属热加工工艺。热处理与其他工艺（如铸造、压力加工等）相比，其特点是只通过改变工件的组织来改变性能，不改变其形状，热处理只适用于固态下发生相变的材料，不发生固态相变的材料不能用热处理来强化。

热处理工艺对于钢的性能发挥非常重要，其内容将在第 5 章详细讨论。

习 题

1. 何谓工程材料的力学性能？主要有哪些性能指标？

2. 何谓强度？强度的主要指标有哪几种？写出它们的符号和单位。

3. 何谓塑性？材料的塑性指标有哪几种？写出它们的符号。

4. 有一钢试样,其直径为 10 mm,标距长度为 50 mm,当载荷达到 18 840 N 时,试样出现屈服现象;载荷加至 36 110 N 时,试样发生缩颈现象,然后被拉断。拉断后标距长度为 73 mm,断裂处直径为 6.7 mm。求试样的 σ_s、σ_b、δ 和 ψ。

5. 何谓硬度？硬度试验方法主要有哪几种？说明它们的应用范围。

6. 何谓冲击韧度？写出冲击韧度的符号及单位。

7. 今有一标准冲击试样,用摆锤的重力为 150 N 的试验机进行大能量一次性冲击试验,冲击前锤举高 0.6 m,打断试样后又升高到 0.3 m,求 A_K 值。

8. 金属材料在受到大能量冲击载荷和小能量多次冲击条件下,冲击抗力主要取决于什么指标？

9. 何谓疲劳现象？产生疲劳破坏的主要原因是什么？如何提高零件的疲劳强度？

第2章 常见金属的晶体结构与结晶

2.1 金属的结合键与晶体结构

不同的金属材料具有不同的性能，即使成分相同，经过不同的热加工或冷变形加工后，性能上也会表现出很大的差异。造成这些性能差异的主要原因是金属材料内部组织和结构的不同。结构是决定金属材料性能的内在基本因素之一。要了解金属和合金的性能，就必须先了解固态金属和合金中原子的聚集状态和分布规律、原子间的相互作用和结合方式，以及原子结合体的结构。

2.1.1 材料的结合键

材料由原子、离子或分子组成，把原子、离子、分子看做是组成材料整体的质点，那么质点间的相互作用力就称为结合键。由于质点间相互作用时，其吸引和排斥情况不同，形成了不同类型的结合键，主要有共价键、离子键、金属键和分子键。

1. 离子键

当两种电负性相差很大(如元素周期表中相隔较远的元素)的原子相互结合时，其中电负性较小的原子会失去电子成为正离子，电负性较大的原子获得电子成为负离子，正、负离子靠静电引力结合在一起形成的结合键称为离子键。

2. 共价键

元素周期表中的ⅣA、ⅤA、ⅥA族大多数元素或电负性不大的原子相互结合时，原子间不产生电子的转移，共价电子形成稳定的电子满壳层，这种由共用电子对产生的结合键称为共价键。

3. 金属键

绝大多数金属元素(元素周期表中Ⅰ、Ⅱ、Ⅲ族元素)的原子结构特点是外层电子少，原子极易失去价电子而成为正离子。当金属原子相互结合时，金属原子的外层电子(价电子)脱离原子，成为自由电子，为整个金属晶体中的原子所共有。自由电子在正离子之间自由运动形成电子云。由金属正离子与电子云相互作用而形成的结合键称为金属键。

4. 分子键

有些物质分子的一部分带有正电荷，而其另一部分带有负电荷。一个分子的正电荷部位和另一分子的负电荷部位间以微弱静电引力而形成的结合键称为分子键。

在实际工程材料中，只有少数是这4种键型的极端情况，大多数是几种键相结合而成。

(1) 金属材料

金属材料的结合键主要为金属键，个别有共价键(如4价锡)或离子键的特点(如Mg_3Sb_2)，其特性是强韧性好，塑性变形能力强，导电性、导热性、延展性好，并具有金属光泽。

(2) 陶瓷材料

陶瓷材料的结合键主要是离子键和一定程度的共价键,性能特点是熔点高、硬度大、导电性差、耐热、耐磨,多为脆性材料,难以加工,如 Al_2O_3、SiO_2、金刚石。

(3) 高分子材料

高分子材料是由许多大分子组成,链状分子间的结合键为分子键,而链内是很强的共价键。其性能特点是熔点、硬度低,塑性、耐蚀性、绝缘性好,密度小,加工成型性好,强度不高,耐热性较差,如塑料、橡胶等。

(4) 复合材料

复合材料一般由基体和增强相在多种结合键作用下形成。其强韧性和抗疲劳性好,某些性能比各组成相都要好。

2.1.2 晶体与非晶体

固体物质按其内部原子或分子排列方式的不同,可分为晶体和非晶体两大类。

晶体是指材料内部的原子或分子按一定规律规则排列的物质,如金刚石、水晶、氯化钠等。固态金属与合金通常都是晶体。晶体具有固定的熔点或凝固点,例如,铁的熔点为 1 538 ℃,铜的熔点为 1 083 ℃。晶体具有各向异性,即不同方向上具有不同的性能。

非晶体是指材料内部的原子或分子无规则地堆积在一起的物质,如沥青、松香、玻璃等。非晶体没有固定的熔点或凝固点,加热时材料逐渐变软,直至变为液体;冷却时则液体逐渐变稠,直至完全凝固。非晶体表现出各向同性,即在各个方向上性能是相同的。

晶体与非晶体的区别不在外表,主要在于内部的原子(或离子、分子)的排列情况,凡是原子(或离子、分子)在三维空间按一定规律呈周期性排列的固体,均是晶体,否则就是非晶体;液态金属的原子排列无周期规律性,所以不是晶体;若凝固后原子呈周期性规则排列,则称为晶体。在极快冷却时,一些金属可将液态的原子排列方式保留至固态中,即获得固态非晶体。故非晶体又称为"过冷液体"或"金属玻璃"。

2.1.3 金属的晶体结构

1. 晶体结构

(1) 晶　格

为便于分析晶体中的原子排列规律,首先将构成晶体的原子假设为刚性的小球,按一定的规则在空间紧密排列,如图 2-1(a)所示;然后将原子近似看成一个质点,并用假想的线条(直线)将质点的中心连接起来,形成一个空间格架,如图 2-1(b)所示,这种抽象的、用来描述原子在晶体中排布规律的空间格架称为晶格。晶格中直线的交点称为节点,晶格的结点为金属原子(或离子)振动平衡中心的位置。

(2) 晶　胞

在晶格中,能完全反映该晶格特征的最小几何单元称为晶胞,如图 2-1(c)所示。晶胞在三维空间作周期性重复排列即构成晶格。晶胞的代表性体现在以下两个方面:一是代表晶体的化学成分;二是代表晶体的对称性,即与晶体具有相同的对称元素(对称轴、对称面和对称中心)。

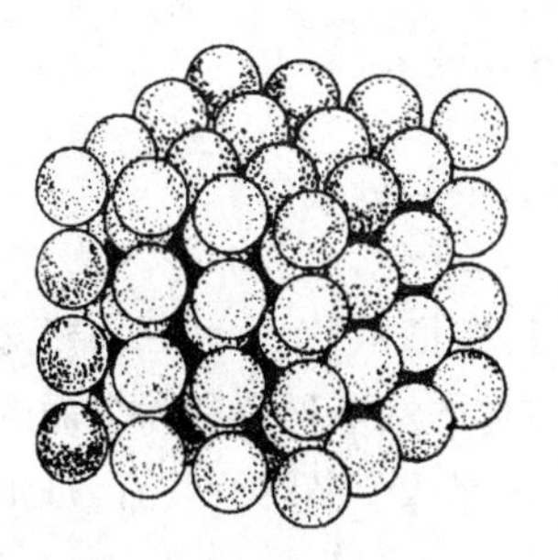

(a) 晶体中的原子排列

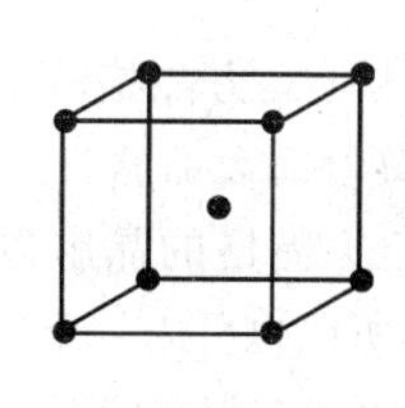

(b) 晶格

(c) 晶胞

图 2-1　晶体结构示意图

(3) 晶格常数

晶胞中各棱边的长度称为晶格常数。晶胞的几何特征可以用晶胞的三条棱边长 a、b、c 和三条棱之间的夹角 α、β、γ 等六个参数来描述，如图 2-2 所示。当晶格常数 $a=b=c$，且棱边夹角 $\alpha=\beta=\gamma=90°$ 时，这种晶胞称为简单立方晶胞，具有简单立方晶胞的晶格称为简单立方晶格。金属的晶格常数一般为$(1\sim7)\times10^{-10}$ m。

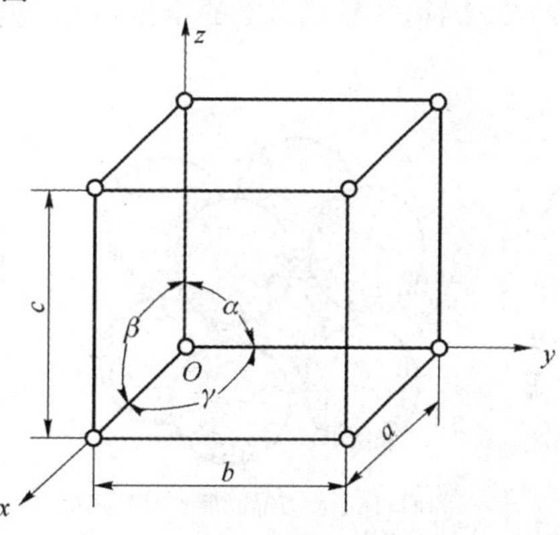

图 2-2　晶格常数

(4) 晶面和晶向

晶体中通过原子中心的平面称为晶面，图 2-3 为立方晶格的某些晶面。通过原子中心的直线所代表的晶格空间的方向，称为晶向，如图 2-4 所示。由于

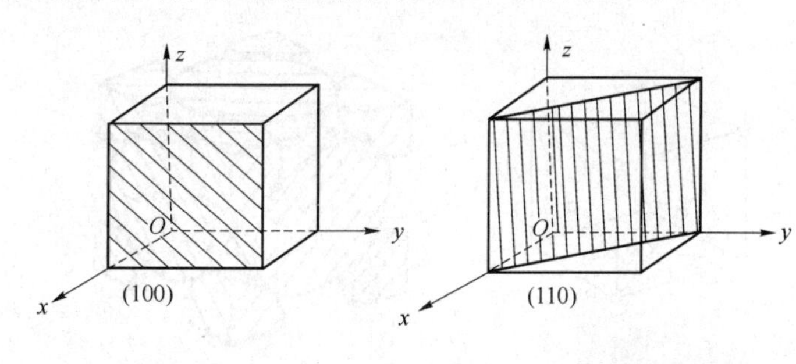

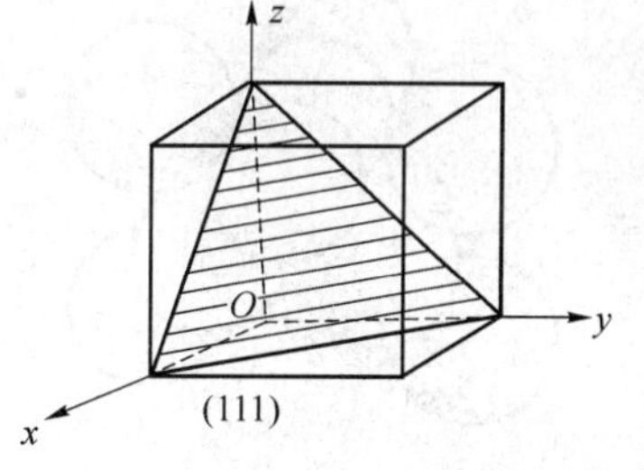

图 2-3　立方晶格中的晶面

在同一晶格的不同晶面和晶向上，原子排列的密度不同，使得原子结合力不同，从而在不同的晶面和晶向上显示出不同的性能，这就是晶体具有各向异性的原因。

2. 常见的金属晶体结构

(1) 体心立方晶格

体心立方晶格的晶胞为一立方体，如图 2-5 所示。其晶格常数 $a=b=c$，棱边夹角 $\alpha=\beta=\gamma=90°$，所以通常只用一个晶格常数 a 表述即可。晶胞中，立方体的八个顶角和中心各有一个原子，原子在立方体对角线上紧密排列。顶角上的原子为相邻八个晶胞所共有，中心的原子为该晶胞

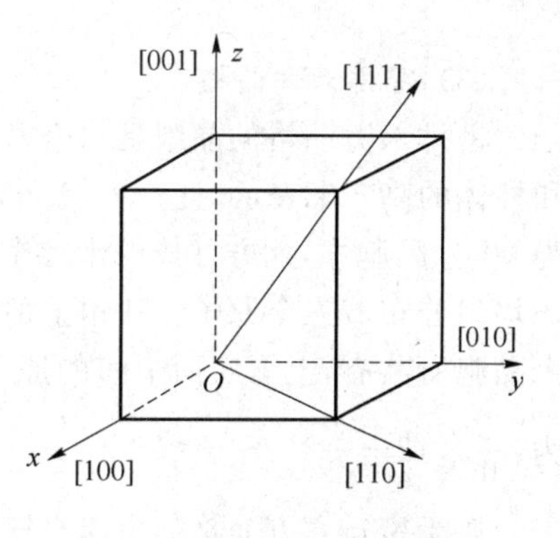

图 2-4　立方晶格中的晶向

所独有,因此,一个体心立方晶胞所含的原子数为:$\frac{1}{8}\times8+1=2$(个)。

属于体心立方晶格的金属有铬、钼、钨、钒及 α-Fe 等。

(2) 面心立方晶格

面心立方晶格的晶胞也为一立方体,如图 2-6 所示。其晶格常数 $a=b=c$,棱边夹角 $\alpha=\beta=\gamma=90°$,所以也可用一个晶格常数 a 表述即可。晶胞中,立方体的八个顶角和六个面的中心各有一个原子,原子在每个面对角线上紧密排列。顶角上的原子为相邻八个晶胞所共有,每个面中心的原子为相邻两个晶胞所共有,因此,一个面心立方晶胞所含的原子数为:$\frac{1}{8}\times8+\frac{1}{2}\times6=4$(个)。

属于面心立方晶格的金属有铝、铜、镍、金、银及 γ-Fe 等。

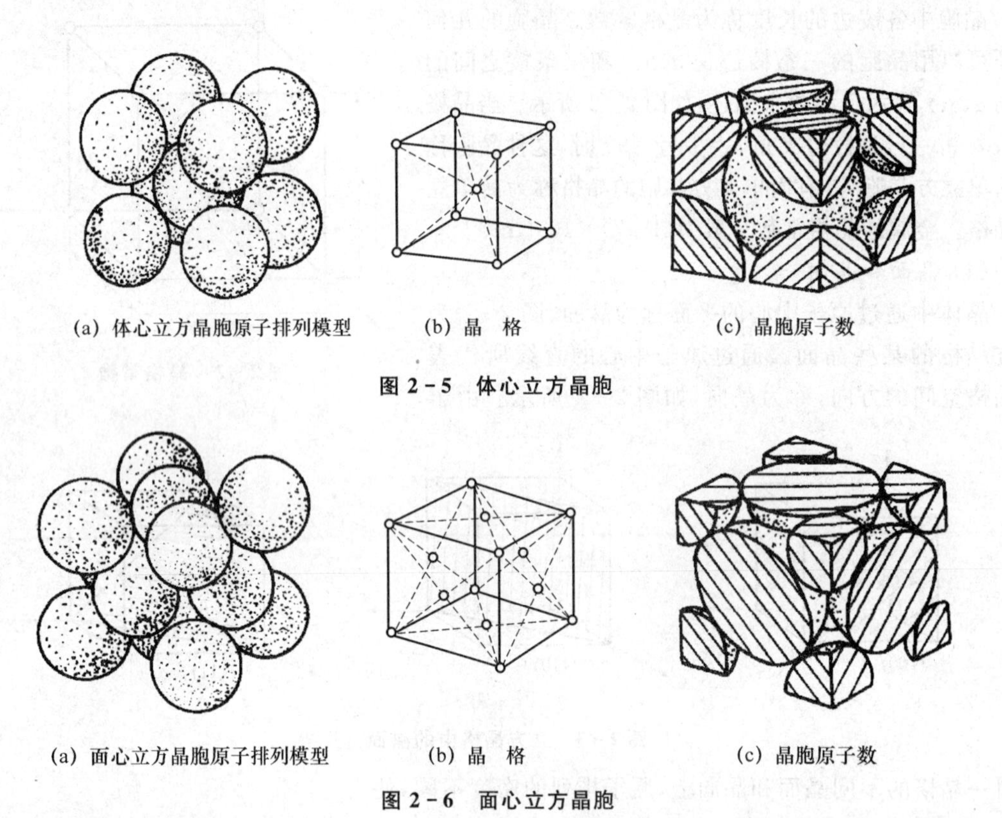

(a) 体心立方晶胞原子排列模型　(b) 晶　格　(c) 晶胞原子数

图 2-5　体心立方晶胞

(a) 面心立方晶胞原子排列模型　(b) 晶　格　(c) 晶胞原子数

图 2-6　面心立方晶胞

(3) 密排六方晶格

密排六方晶格的晶胞是一个六方柱体,如图 2-7 所示。其晶格常数用正六边形的边长 a 和柱体的高 c 来表示,且 $c/a=1.633$,两相邻侧面之间的夹角为 120°,侧面与底面之间的夹角为 90°。晶胞中,六方柱体的十二个顶角和上下两个底面的中心各有一个原子,上下底面中间还均匀分布着三个原子。顶角上的原子为相邻六个晶胞所共有,上下底面上的原子为相邻两个晶胞所共有,上下底面中间的原子为该晶胞所独有,因此一个密排六方晶胞所含的原子数为:$\frac{1}{6}\times12+\frac{1}{2}\times2+3=6$(个)。

属于密排六方晶格的金属有镁、镉、锌、铍等。

晶格类型不同,其致密度(即晶胞中原子所占体积与该晶胞体积之比)也不同。体心立方

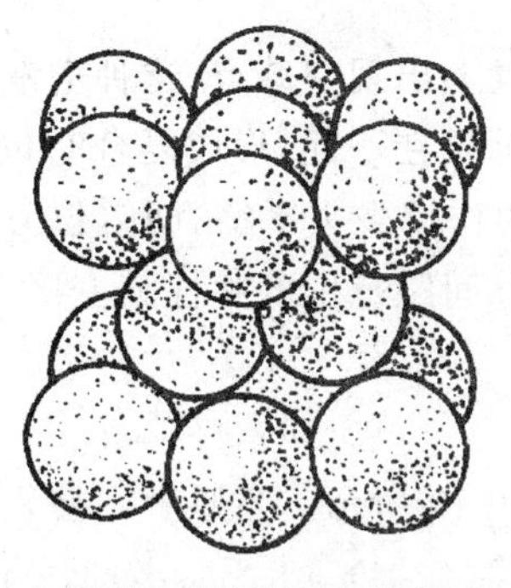
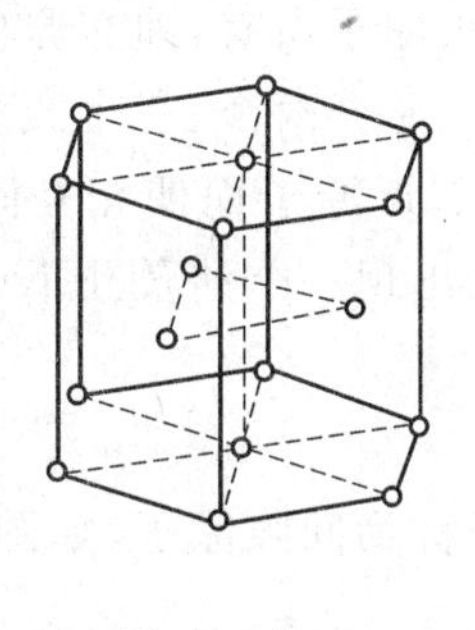
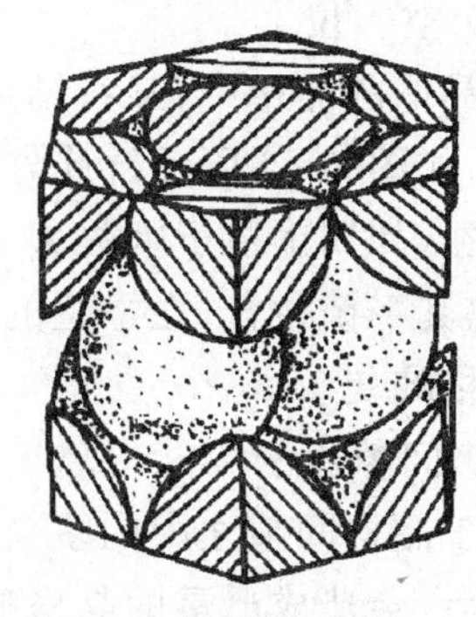

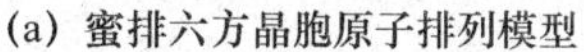
(a) 蜜排六方晶胞原子排列模型　(b) 晶　格　(c) 晶胞原子数

图 2-7　密排六方晶胞

晶格的致密度为 68%，而面心立方晶格和密排六方晶格的致密度均为 74%。致密度越大，原子排列越紧密。晶格类型发生变化，将引起晶体体积的变化，如晶体从面心立方晶格转变为体心立方晶格时，由于致密度减小，将导致体积膨胀。

2.1.4　晶体中的缺陷

晶体内部晶格位向完全一致的晶体称为单晶体。单晶体只有用特殊的方法才能得到，但实际使用的金属材料都是由许许多多的小晶体组成的，称为多晶体。这些小晶体各自内部的晶格位向是一致的，而小晶体之间的位向是不同的，如图 2-8 所示。这种外形不规则的颗粒状的小晶体称为晶粒，晶粒与晶粒之间的界面称为晶界。

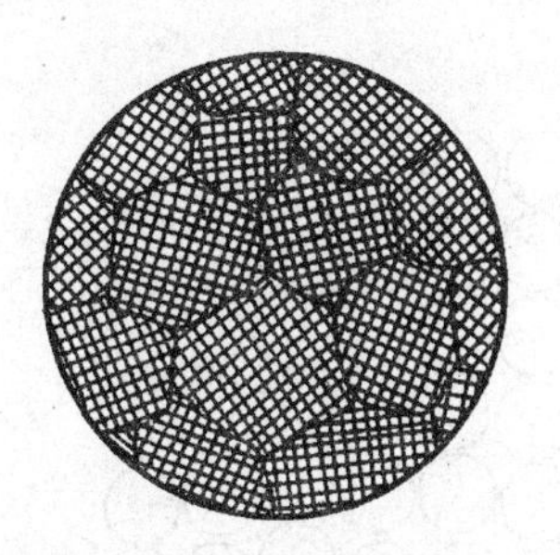
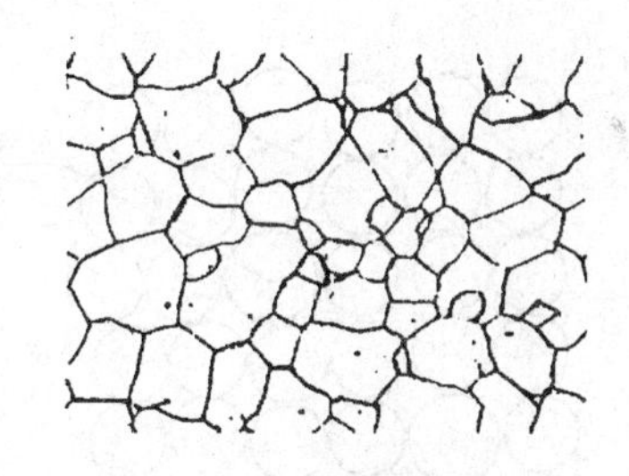

(a) 金属多晶体结构示意图　(b) 工业纯铁的显微组织

图 2-8　金属的多晶体结构

每一个晶粒都相当于一个单晶体，其性能是各向异性的。但由于金属材料是多晶体，各晶粒的位向是任意的，其性能是位向不同晶粒的平均值，在各个方向基本上是一致的，表现出各向同性的特点，这种现象称为“伪各向同性”。

实际上，由于各种干扰因素的影响，每个晶粒内部的原子排列也不像理想晶体那样规则和完整，而是存在有许多不同类型的缺陷，根据晶体缺陷几何特征，通常将其分为点缺陷、线缺陷和面缺陷等三类。

1. 点缺陷

点缺陷是指在空间三维尺寸上都很小的，不超过几个原子直径的缺陷，主要有空位、间隙原子和置换原子等。

(1) 空　位

在晶体的晶格中,某些结点未被原子占有,即在原位置上出现空结点,这种空缺的位置称为空位,如图2-9所示。此外,空位还会两个、三个或多个聚在一起,形成复合空位。由于空位的存在,其周围原子因失去一个邻近原子而使相互间的作用失去平衡,朝空位方向稍有移动,偏离其平衡位置,在空位的周围出现一个涉及几个原子间距范围的弹性畸变区,这种现象称为晶格畸变。

(2) 间隙原子

位于晶格间隙之中的多余原子称为间隙原子,如图2-10所示。当原子硬挤入很小的晶格间隙后,会造成严重的晶格畸变。

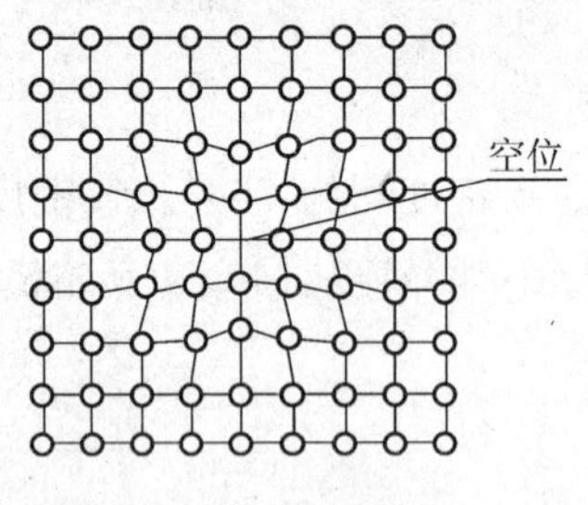

图2-9　空位示意图

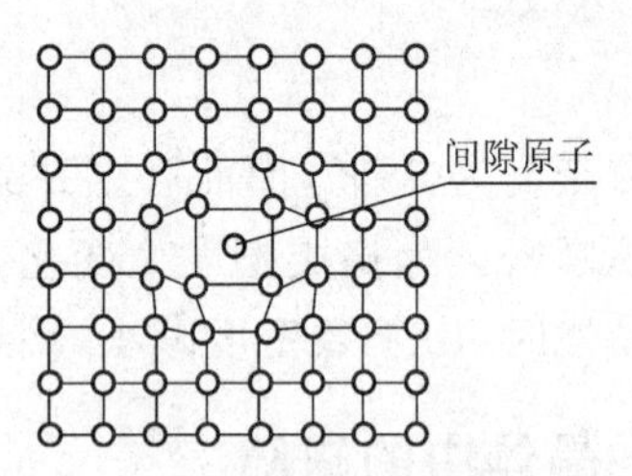

图2-10　间隙原子示意图

(3) 置换原子

占据原来基体原子平衡位置的异类原子称为置换原子,如图2-11所示。由于置换原子的大小与基体原子不可能完全相同,因此其周围邻近原子也将偏离其平衡位置,造成晶格畸变。

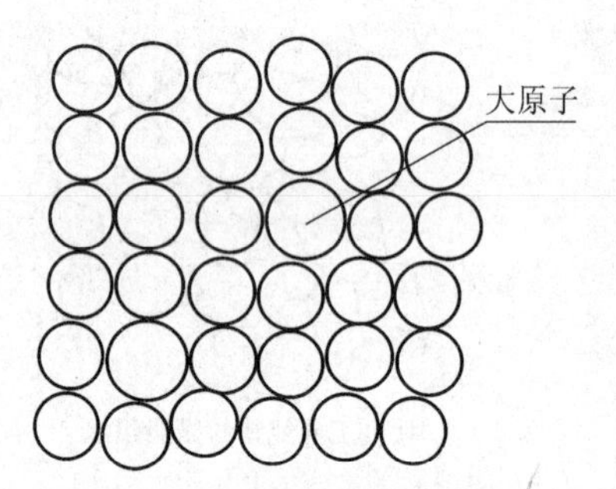

(a) 杂质原子半径比原金属原子半径大

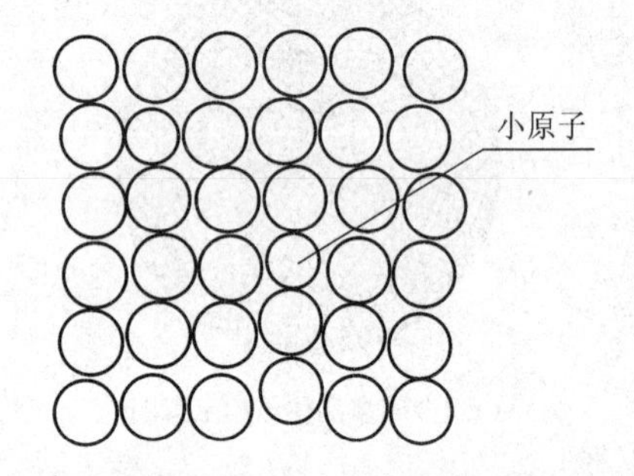

(b) 杂质原子半径比原金属原子半径小

图2-11　置换原子示意图

应当指出,晶格畸变对金属强化起着重要作用。同时,晶格中的空位和间隙原子总是不停地运动和变化,这是金属中原子扩散的主要方式之一。

2. 线缺陷

线缺陷是指空间两维尺寸都很小而第三维尺寸很大的缺陷,主要是指在晶体中某部位出现一列或数列原子发生有规律的错排现象,这种现象称为位错。线缺陷的实质就是各种类型的位错。晶体中的位错主要有刃型位错和螺型位错两种。

(1) 刃型位错

如图2-12(a)所示,在晶体 ABC 晶面的 E 点以上,多出一个垂直方向的原子面,使得晶体上下两部分产生错排现象，这个多余的原子面犹如刀刃一样插入晶体，在刃口 EF 附近形成缺陷，称为刃型位错，EF 线称为刃型位错线。通常将晶体上半部多出原子面的位错称为正刃型位错，用符号"⊥"表示，下半部多出原子面的位错称为负刃型位错，用符号"⊤"表示，如图 2-12(b)所示。

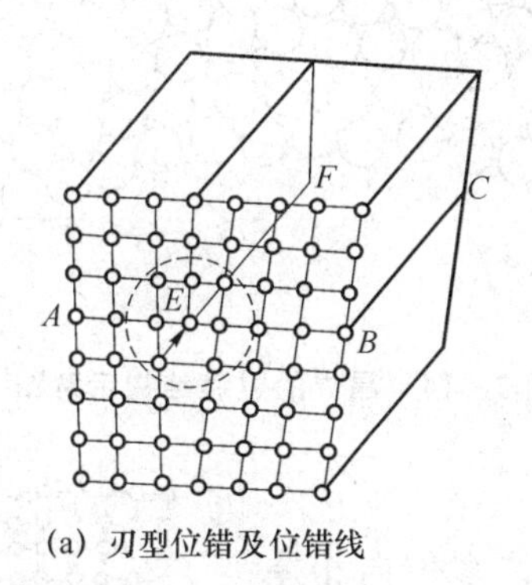

(a) 刃型位错及位错线

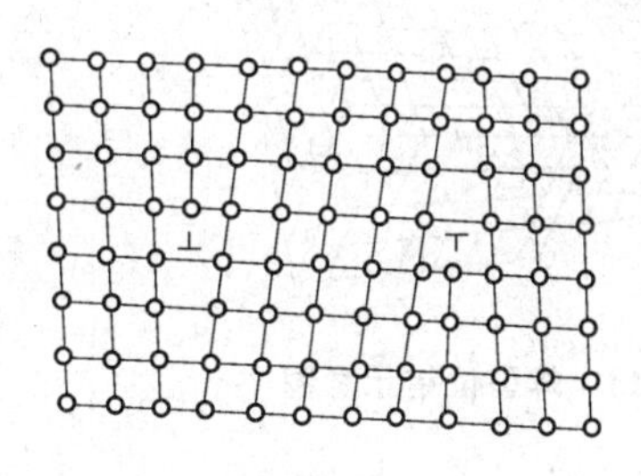

(b) 正、负刃型位错

图 2-12　刃型位错示意图

(2) 螺型位错

如图 2-13 所示，在晶体 $ABCD$ 晶面上，左右两部分的原子排列上下错动了一个原子的距离，使不吻合的过渡区域（BC 线附近区域）的原子排列呈螺旋状，故称螺型位错，BC 线称为螺型位错线。

位错能够在金属的结晶、塑性变形和相变等过程中形成。位错是一种极为重要的晶体缺陷。位错的存在使得其附近区域产生严重的晶格畸变，是强化金属的重要方式之一，位错的运动及其密度的变化对金属的性能、塑性变形过程等都起重要作用。

3. 面缺陷

面缺陷是指在空间二维方向上尺寸都很大而第三维尺寸很小的呈面状分布的缺陷。晶体的面缺陷包括晶体的外表面（表面或自由界面）和内界面两类，其中的内界面主要是指晶界和亚晶界。

(1) 晶体表面

晶体表面是指金属与真空或气体、液体等外部介质接触的界面。处于这种界面上的原子会同时受到晶体内部自身原子和外部介质原子或分子的作用力。显然，这两个力不平衡，内部原子对界面原子的作用力明显大于外部原子或分子的作用力。因此，表面原子就会偏离其正常平衡位置，并因此牵连到邻近的几层原子，造成表面层的晶格畸变。

(2) 晶　界

实际金属为多晶体，相邻晶粒之间的晶格位向是不同的，晶体结构相同但位向不相同的晶粒之间的界面称为晶界。当相邻晶粒的位相差小于 10°时，称为小角度晶界；位向差大于 10°时称为大角度晶界。晶粒的位相差不同，则其晶界的结构和性质也不同。小角度晶界基本上由位错构成，大角度晶界的结构却十分复杂，目前尚不十分清楚，而多晶体金属材料中的晶界大都属于大角度晶界。晶界处的原子排列是不规则的，晶界实际上是由一个位向向另一个位向的过渡区域，宽度通常为 5～10 个原子间距，如图 2-14 所示。

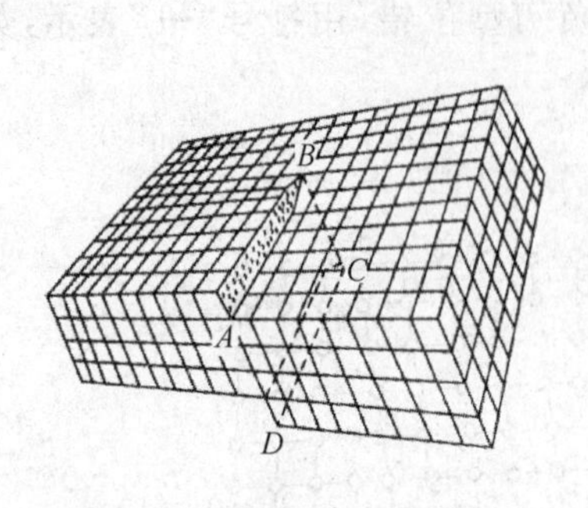

图 2-13　螺型位错示意图

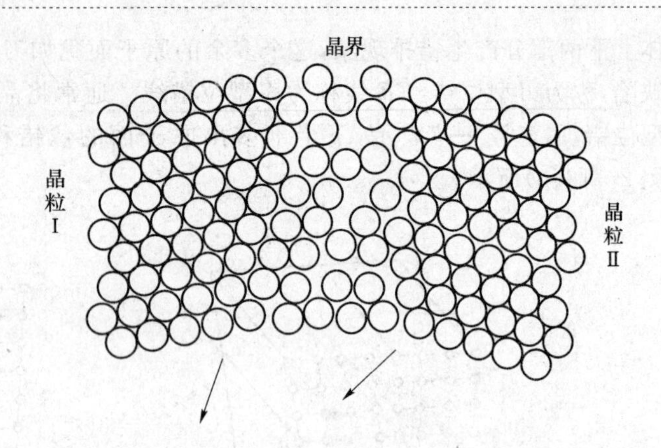

图 2-14　晶界的过渡结构示意图

(3) 亚晶界

一般晶粒内部也不是完全的理想晶体,而是由许多位向相差很小的亚晶粒(又称亚结构或嵌镶块)组成的,亚晶粒之间的位向差通常只有几十分,最多不超过1°～2°。这些亚晶粒之间的边界称为亚晶界,如图 2-15 所示。亚晶界实际上是由一系列刃型位错排列而成的小角度晶界。

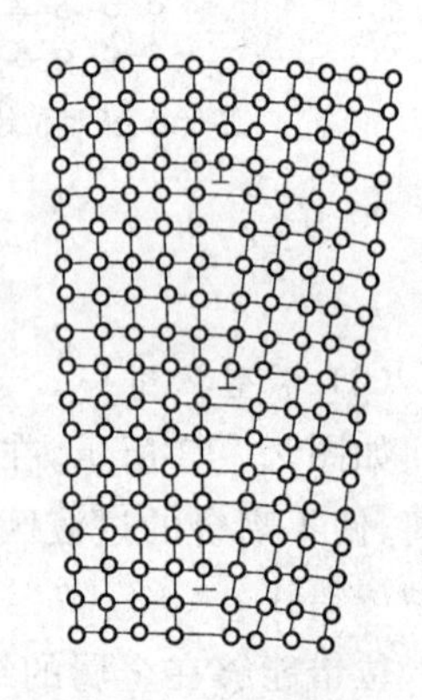

图 2-15　亚晶界示意图

由于晶界和亚晶界处的原子排列极不规则,晶格畸变程度很大,而且位错密度很高,在常温下对金属的塑性变形起阻碍作用,使得晶界处具有较高的强度和硬度。因此晶粒越细,晶界和亚晶界越多,金属强度和硬度就越高。细化晶粒是强化金属的一个重要手段。

2.2　纯金属的结晶

金属由液态转变为固态晶体的过程称为结晶。工业上常用的金属制品一般都要经过熔化和浇铸而成,铸件的组织会对产品的质量和性能产生重要的影响,因此,研究金属的结晶过程,掌握结晶的基本规律是十分必要的。

2.2.1　结晶条件

1. 纯金属的冷却曲线

纯金属的结晶是在一定的温度下进行的,其结晶过程可用冷却曲线来描述。冷却曲线是纯金属结晶时温度与时间的关系曲线,通常用热分析法进行测量。将熔化的金属以非常缓慢的速度冷却,在此过程中记录下温度与时间变化的数据,然后绘制出如图 2-16 所示的冷却曲线。

从图 2-16(a)可以看出,在液态金属缓慢冷却过程中,随着时间的增加,温度不断下降。当冷却到某一温度时,冷却曲线上出现了一个温度不随时间变化的水平线段,其对应的温度 T_0 就是金属进行结晶的温度。

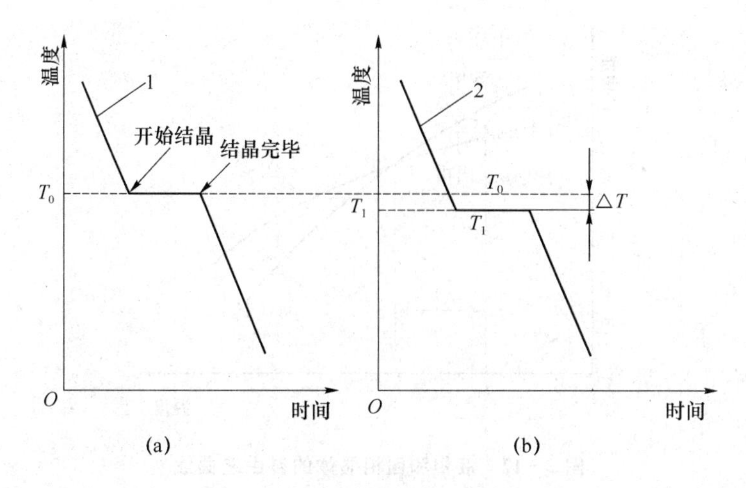

图 2-16　纯金属结晶时冷却曲线

金属从一个相转变为另一个相时，伴随着放出或吸收的热量称为相变潜热。金属熔化时从固相转变为液相要吸收热量，而结晶从液相转变为固相时则放出热量。前者称为溶化潜热，后者为结晶潜热。当液态金属的温度到达结晶温度 T_0 时，由于结晶潜热的释放，补偿了散失到周围环境的热量，所以在冷却曲线上出现了水平线段，其延续的时间就是结晶过程所用的时间，结晶过程结束，结晶潜热释放完毕，冷却曲线又继续下降。冷却曲线的第一个转折点对应着结晶过程的开始，第二个转折点则对应着结晶过程的结束。

2. 过冷度

纯金属在冷却速度极其缓慢的条件下测得的结晶温度称为理论结晶温度（T_0）。但实际生产中，金属由液态结晶为固态时的冷却速度一般都很快，此时金属要在理论结晶温度 T_0 以下某一温度才开始结晶，如图 2-16(b)所示，这一温度称为实际结晶温度（T_1）。金属的实际结晶温度总是低于理论结晶温度，这种现象称为过冷。理论结晶温度与实际结晶温度之差称为过冷度，用 ΔT 表示，即 $\Delta T = T_0 - T_1$。

实验证明，过冷度主要与冷却速度有关。过冷度随金属的本性和纯度的不同，以及冷却速度的差异，可以在很大范围内变化。金属不同，过冷度的大小也不同；金属的纯度越高，则过冷度越大。当以上两个因素确定之后，过冷度的大小主要取决于冷却速度。金属结晶时，冷却速度越快，过冷度就越大，即实际结晶温度越低；反之，冷却速度越慢，则过冷度越小，实际结晶温度越接近理论结晶温度。但是，不管冷却速度多么缓慢，也不可能在理论结晶温度进行结晶。

3. 产生过冷度的原因

金属结晶之所以要在一定过冷度下进行，是由液相和固相的自由能差决定的。自由能 E 是一个状态函数，是指物质转变过程中用来对外界做功的那部分能量。根据热力学定律，在等温等压条件下，一切自发转变过程都是朝着自由能降低的方向进行的，金属液相和固相晶体的自由能随温度变化的规律如图 2-17 所示。在 T_0 温度时，液相和固相自由能相等，没有自由能差，即没有相变推动力，因而不能进行结晶。只有在过冷的条件下，固相自由能才小于液相自由能，液相才能自发地向固相转变，即开始结晶，而且过冷度 ΔT 越大，液相与固相的自由能差 ΔE 也越大，结晶的推动力就越大。

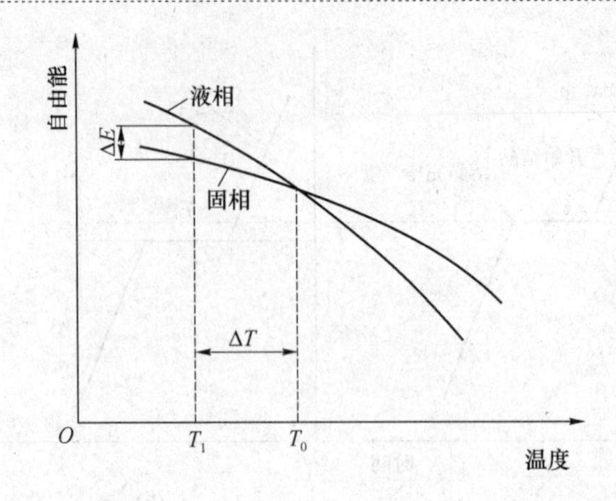

图 2-17　液相和固相晶体的自由能曲线

2.2.2　纯金属的结晶过程

纯金属的结晶包括晶核的形成与长大两个基本过程。

1. 晶核的形成

金属结晶时，首先由液态金属内部生成一些极细小晶体作为结晶的核心，这些细小晶体称为晶核。晶核形成的方式主要有自发形核和非自发形核两种。

(1) 自发形核

在液态金属中，存在大量尺寸不同的短程有序的原子集团，在结晶温度以上，这些原子集团是极不稳定的；当温度降到结晶温度以下时，原子集团变得稳定，不再消失，成为结晶核心，这一过程称为自发形核。由液态金属内部自发形成的晶核称为自发晶核。

(2) 非自发形核

实际金属中往往含有许多杂质，当液态金属降到一定温度后，这些固态的杂质质点可附着金属原子，成为结晶核心，这一过程称为非自发形核。依附于杂质而形成的晶核称为非自发晶核。

在液态金属中，自发形核和非自发形核是同时存在的，但实际金属结晶时往往以非自发形核为主，它起着优先和主导作用。

2. 晶核的长大

晶核的长大的实质就是原子由液体向固体表面的转移。晶核的长大方式主要有平面长大与树枝状长大两种。

(1) 平面长大

当过冷度很小或在平衡状态时，金属晶体以其结晶表面向前平行推移的方式长大。晶体长大时，结晶表面前沿不同方向的长大速度是不同的，沿原子密排面的垂直方向的长大速度最慢，而非密排面的垂直方向的长大速度较快。在长大过程中，晶体一直保持着规则的形状，直到与其他晶体接触后，规则的外形才被破坏。

(2) 树枝状长大

当过冷度较大，尤其是液态金属中存在非自发形核时，金属晶体常以树枝状的形式长大。在晶核长大的初期，晶体的外形是较为规则的。但随着晶体的继续长大，晶体的棱角和棱边由于散热条件优越而优先生长，成为伸入到液体中的晶枝，如图2-18所示。通常把首先生成的晶枝称为一次晶轴；在一次晶轴增长和变粗的同时，在其侧面棱角和缺陷处又生出新的晶枝，称为二次晶轴；其后又生成三次晶轴、四次晶轴等，如此不断地生长和分枝下去，直到液体全部结晶完毕。结晶后得到的是树枝状的晶体，称为枝晶。实际金属结晶时，晶体多以树枝状长大方式长大。

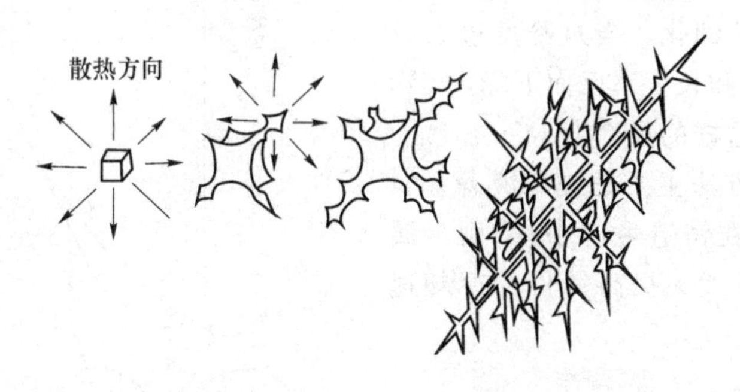

图2-18 树枝状晶体长大过程示意图

2.2.3 晶粒大小的影响与控制

1. 晶粒大小对金属力学性能的影响

金属结晶后是由许多晶粒组成的多晶体，晶粒的大小对金属力学性能有很大的影响。晶粒的大小称为晶粒度，通常用晶粒的平均面积或平均直径来表示。常温下，金属的晶粒越细小，强度和硬度越高，同时塑性和韧性也越好，见表2-1所列。细化晶粒对于提高金属材料常温下的力学性能有很大作用，这种用细化晶粒来提高金属材料强度的方法称为细晶强化。

表2-1 晶粒大小对纯铁力学性能的影响

晶粒平均直径 $d\times100$/mm	抗拉强度 σ_b/MPa	屈服强度 σ_s/MPa	延伸率 δ/%
9.7	165	40	28.8
7.0	180	38	30.6
2.5	211	44	39.5
0.2	263	57	48.8
0.16	264	65	50.7
0.10	278	116	50.0

然而，对于高温下的金属材料，晶粒度过小反而不好，一般希望得到适中的晶粒度。此外，除了钢、铁等少数金属材料以外，其他大多数金属不能通过热处理改变其晶粒度大小，因此，通过控制铸造和焊接时的结晶条件来控制晶粒度的大小，便成为改善力学性能的重要手段。

2. 影响晶粒大小的因素

金属结晶后的晶粒大小主要取决于形核速率（N，简称形核率）和长大速率（G，简称长大率）。形核率是指单位时间内在单位体积液态金属中产生的晶核数，长大率是指单位时间内晶核长大的线速度。形核率越大，单位体积中所生成的晶核数目越多，晶粒就越细小；若形核率一定，长大率越小，则结晶时间越长，生成的晶核越多，晶粒也越细小。从金属结晶的过程可知，凡是能促进形核率、抑制长大的因素，都能细化晶粒。

3. 晶粒大小的控制

(1) 增大金属的过冷度

金属结晶时,随着过冷度的增加,形核率(N)和长大率(G)均会增大,但增大的速度不同,如图2-19所示。当过冷度较小时,形核率增加速度小于长大率;随着过冷度的增大,形核率和长大率都增大,但前者的增大更快,比值N/G也增大,使晶粒细化。当过冷度过大或温度过低时,形核率和长大率反而下降,实际应用中一般达不到这样的过冷度。

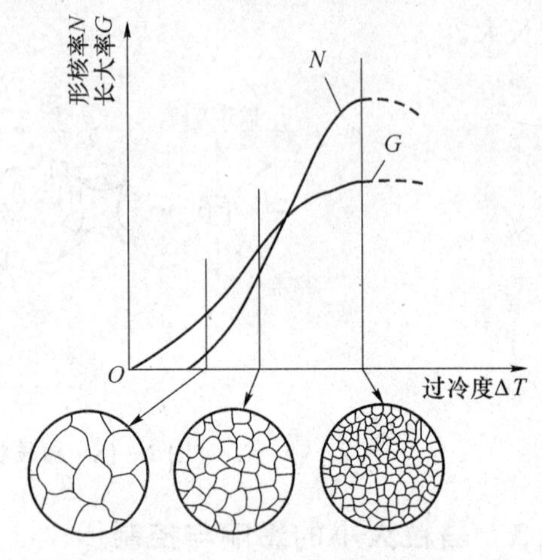

图2-19　形核率N和长大率G与过冷度ΔT的关系

增大过冷度的方法主要是提高液态金属的冷却速度。例如在铸造生产中,采用金属模代替砂型铸模,可大大提高铸件的冷却速度,获得细小的晶粒。

(2) 变质处理

对于一些大型铸件,由于散热较慢,难以获得较大的过冷度,而且冷却速度过大往往会导致铸件变形,甚至开裂。实际生产中,通常在浇注前向液体金属中加入某些物质,形成大量分散的固体质点,增加非自发晶核的数量,使晶粒得到细化。加入的物质称为变质剂,如向铸铁液中加入的硅铁、硅钙、硅钙钡合金,向钢水中加入的钛、钒、铝以及向铝合金液体中加入的钛、锆等,都是变质剂,均能起到细化晶粒的作用。

(3) 振动或搅拌

在金属结晶的过程中,采用机械振动、超声波振动或电磁搅拌等方法,促使液态金属剧烈运动,造成正在生长中的较大的树枝状晶体折断、破碎,破碎的晶枝又成为新的晶核,增大了形核率,使晶粒细化。

2.3　合金的结晶与相图

2.3.1　合金的相结构

虽然纯金属具有良好的导电性、导热性,但由于其强度、硬度、耐磨性等力学性能较低,不适于制造力学性能要求较高的机械零件,因此,目前机械工业中广泛使用的金属材料是合金。

1. 合金的基本概念

① 合金。由两种或两种以上的金属元素或金属与非金属元素,通过熔化或其他方法结合在一起的具有金属特性的物质,称为合金。

② 组元。组成合金的最基本的独立的物质叫做组元。组元可以是组成合金的元素,也可以是稳定的化合物。

③ 合金系。由两个或两个以上组元按不同比例配制成的一系列不同成分的合金,这一系列合金构成一个合金系统,称为合金系。

④ 相。合金中具有相同化学成分、相同晶体结构并有界面与其他部分分开的均匀组成部分称为相。

⑤ 组织。通过肉眼、放大镜或显微镜等所观察到的材料内部的微观形貌图像称为组织。用肉眼或放大镜观察到的组织称为宏观组织，在光学或电子显微镜下观察到的组织称为显微组织。组织是由数量、大小、形状和分布方式不同的各种相所组成的。合金的组织是决定材料性能的根本因素。

⑥ 结构。晶体中原子的排列方式称为结构。

2. 合金的相结构

合金的相结构是指合金组织中相的晶体结构。根据合金中各组元的相互作用的不同，合金中的相结构可分为固溶体和金属化合物两大类。

(1) 固溶体

在固态下合金组元之间相互溶解形成的均匀的相称为固溶体。固溶体是单相，其晶格类型与其中某一组元相同，该组元称为溶剂(一般含量较多)，另一组元称为溶质(一般含量较少)。

按溶质原子在溶剂晶格中存在的位置不同，固溶体可分为置换固溶体和间隙固溶体两类。

① 置换固溶体

溶质原子代替了部分溶剂原子而占据了溶剂晶格某些结点位置，称为置换固溶体，如图2-20(a)所示。

按溶质原子在溶剂中的溶解度不同，置换固溶体可分为有限固溶体和无限固溶体两种。形成置换固溶体时，溶质在溶剂中的溶解度主要取决于两者在周期表中的相互位置、晶格类型和原子半径差。一般来说，在周期表中的位置越靠近、晶格类型相同和原子半径差越小，则溶解度越大。在各方面条件都满足的情况下，溶质和溶剂可以任何比例形成置换固溶体，这种固溶体称为无限固溶体；反之，溶质在溶剂中的溶解度是有限的，称为有限固溶体。如铜镍合金中，铜与镍原子可以按任何比例互相溶解，为无限固溶体，而铜锌合金、铜锡合金则只能形成有限固溶体。有限固溶体的溶解度与温度密切相关，一般温度越高，溶解度越大。

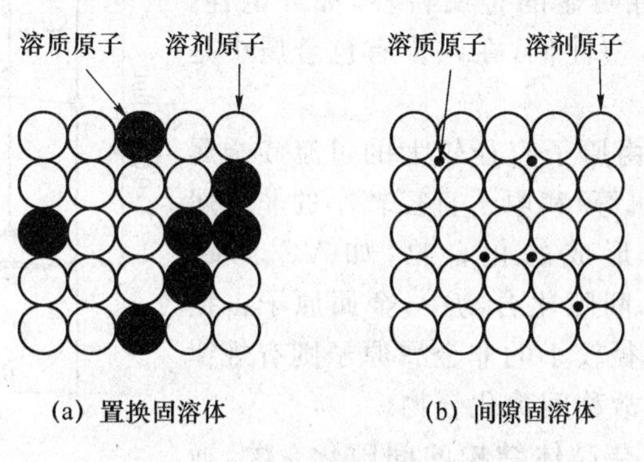

图2-20　固溶体的两种类型

② 间隙固溶体

溶质原子嵌入溶剂晶格的间隙内形成的固溶体称为间隙固溶体。由于溶剂晶格的间隙是有限的，因此要求溶质原子的直径必须较小。间隙固溶体中的溶质元素大多是原子直径较小的非金属，如碳、氮、硼等。

无论是置换固溶体，还是间隙固溶体，随着溶质原子的溶入，都将使晶格发生畸变，如

图2-21所示。晶格畸变增大了位错运动的阻力,使金属的滑移变形更加困难,从而提高固溶体的强度和硬度。这种通过溶入溶质原子,使固溶体的强度和硬度提高的现象称为固溶强化。固溶强化是金属强化的重要机制之一。

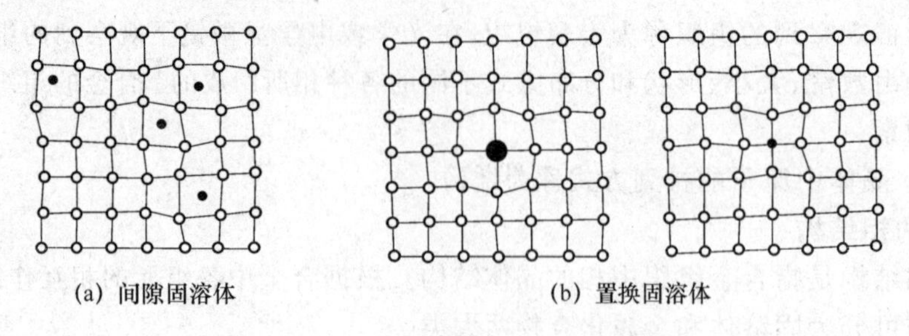

图2-21 形成固溶体时的晶格畸变

在溶质含量适当时,可显著提高材料的强度和硬度,而塑性和韧性没有明显降低。如纯铜的强度 σ_b 为220 MPa,硬度为40 HB,断面收缩率 ψ 为70%;当加入19%的镍形成单相固溶体后,强度升高到390 MPa,硬度升高到70 HB,而断面收缩率仍有50%。

(2) 金属化合物

合金组元相互作用形成的具有金属特性的新相称为金属化合物。一般可用分子式来表示。金属化合物的晶格类型不同于组成它的任何一个组元,一般具有复杂的晶体结构,熔点高,性能硬而脆。当金属化合物呈细小颗粒状均匀分布在固溶体基体上时,使合金的强度、硬度和耐磨性提高,而对塑性和韧性影响不大,这一现象称为弥散强化。因此,金属化合物通常作为材料的重要强化相。

① 正常价化合物。指严格遵守原子化合价规律的化合物,如 Mg_2Sn、Mg_2Si、ZnS等。

② 电子价化合物。指不遵守一般的化合价规律,但按一定电子浓度(价电子数与原子数之比值)化合的化合物,如CuZn、FeAl、Cu_5Zn_8、$CuZn_3$ 等。电子化合物主要以金属键结合,具有明显的金属特性,如导电性。电子价化合物的硬度高,塑性低,在许多有色金属中是重要的强化相。

③ 间隙化合物。指由原子直径较大的过渡族金属元素(铁、铬、锰、钼、钨、钒等)和原子直径较小的非金属元素(碳、氮、氢、硼等)形成的化合物,如VC、WC、Fe_3C、Cr_7C_3、$Cr_{23}C_6$ 等。间隙化合物中,金属原子占据新晶格的节点位置,而直径较小的非金属原子则有规律地嵌入晶格的间隙之中,故称间隙化合物。

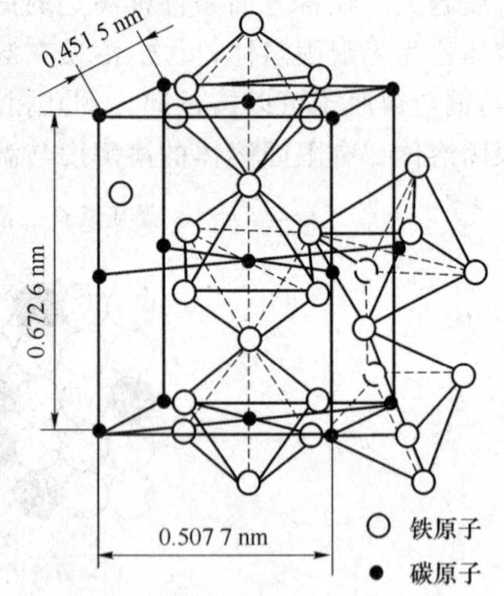

图2-22 Fe_3C 的晶体结构

Fe_3C 是一种具有复杂晶体结构的间隙化合物,通常称为渗碳体,其晶体结构如图2-22所示。Fe_3C 的性能特点是熔点高、硬而脆,可以提高钢的强度和硬度,是钢中的重要强化相。

2.3.2 二元合金相图

合金的性能取决于合金的组织和结构,与各组成相的数量、大小、形状和分布状态密切相关。因此,了解合金各组成相的特点及其随成分、温度的变化规律,运用合金相图研究合金性能，对于指导生产具有重要的意义。

1. 相图的建立

合金相图是表示合金系在平衡条件下合金的成分、温度与合金状态之间关系的图解，也称为平衡图或状态图。平衡是指在一定条件下合金系中参与相变过程的各相的成分和质量分数不再变化所达到的一种状态。此时合金系的状态稳定，不随时间改变。合金在极其缓慢冷却的条件下的结晶过程，一般可以认为是平衡的结晶过程。

二元合金相图用成分-温度坐标系的平面图来表示，通常用实验的方法来建立，主要有热分析法、金相分析法、硬度法、热膨胀法、磁性法、电阻法、X 射线分析法等，其中最常用的方法是热分析法。下面以铜镍二元合金为例，说明用热分析法建立铜镍合金相图的步骤。

(1) 配制一系列不同成分的铜镍合金。如配制铜的质量分数分别为 100%、80%、60%、40%、20%、0%，其余为镍的一组铜镍合金。

(2) 用热分析法分别测定各成分合金的冷却曲线，如图 2-23(a)所示。

(3) 根据冷却曲线上的转折点或平台温度，确定各合金的相变点(即合金的结晶开始及终了温度)。

(4) 将各成分合金的相变点分别标注在成分-温度的坐标图中，并连接意义相同的相变点，得到铜镍二元合金相图，如图 2-23(b)所示。

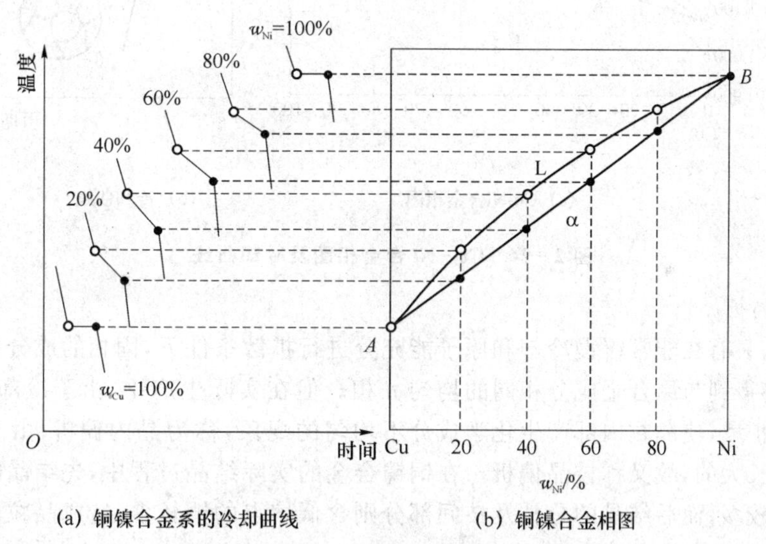

(a) 铜镍合金系的冷却曲线　　(b) 铜镍合金相图

图 2-23　用热分析法建立铜镍合金相图

2. 匀晶相图

合金的两组元在液态和固态均能无限互溶的合金相图称为匀晶相图。具有这类相图的二元合金系主要有 Cu-Ni、Au-Ag、Fe-Cr 及 Fe-Ni 等。这类合金结晶时，都会由液相结晶出单相固溶体，这种结晶过程称为匀晶转变。下面以 Cu-Ni 合金相图为例进行分析。

(1) 相图分析

如图 2-24(a) 所示的 Cu-Ni 合金相图中，*A* 点为纯铜熔点(1 083 ℃)，*B* 点为纯镍熔点(1 452 ℃)。*ACB* 线为合金开始结晶的温度线，称为液相线；*ADB* 线为合金结晶终了的温度线，称为固相线。液相线以上为液相区，用 L 表示；固相线以下为固相区，合金全部形成均匀的单相固溶体，用 α 表示；液相线与固相线之间为液相与固相共存的区域，称为两相区，用(L+α)表示。

(2) 合金的结晶过程

由于铜、镍两组元能以任何比例形成单相 α 固溶体,因此,任何成分的 Cu-Ni 合金在冷却时都有相似的结晶过程。下面以$w_{Ni}=60\%$的铜镍合金为例进行分析。

图 2-24(b) 为$w_{Ni}=60\%$铜镍合金的冷却曲线,当液态合金缓冷到 t_1 温度时,开始从液相中结晶出 α 相,随温度继续下降,α 相的量不断增多,剩余液相的量不断减少。缓冷至 t_3 温度时,液相全部转变为 α 相,结晶结束。温度继续下降,合金组织不再发生变化。

从图 2-24(a)可以看出,在结晶过程中,液相和固相的成分是在不断变化的。在 t_1 温度时,开始从成分为 L_1($w_{Ni}=60\%$)的液相中结晶出的是成分为 α_1 的固溶体;温度降至 t_2 时,通过原子扩散,固溶体的成分沿固相线变化为 α_2,液相的成分则沿液相线变化为 L_2;温度进一步降至 t_3 时,结晶终了,全部转变为成分与原合金相同的 α_3($w_{Ni}=60\%$)的固溶体;

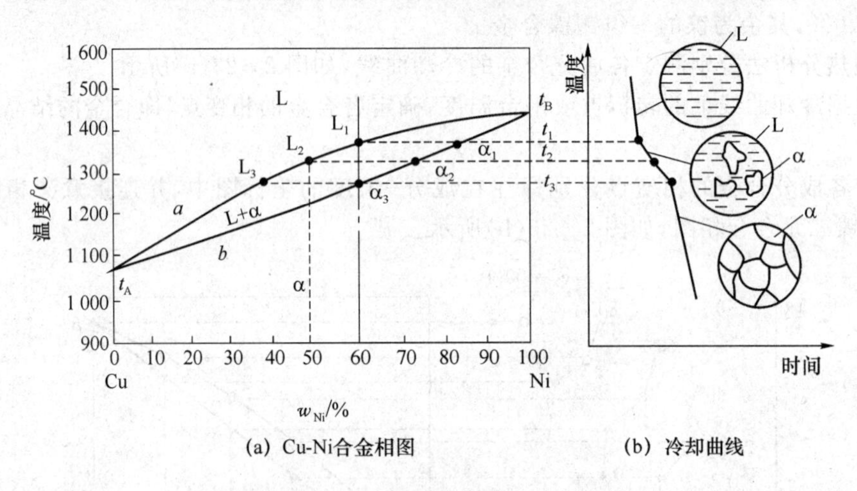

(a) Cu-Ni合金相图　　(b) 冷却曲线

图 2-24　Cu-Ni 合金相图及冷却曲线

(3) 晶内偏析

如上所述,只有在非常缓慢冷却和原子能充分进行扩散条件下,固相的成分才能沿固相线均匀变化,最终得到与原合金成分相同的均匀 α 相。但在实际生产中,由于冷却速度较快,原子来不及充分扩散,使晶粒内部产生化学成分不均匀的现象,称为晶内偏析;由于晶粒通常是以树枝状方式长大的,故又称枝晶偏析。在铜镍合金的实际结晶过程中,先结晶的树枝状晶轴含高熔点的镍较多,而后结晶的分枝及枝间部分则含低熔点的铜较多,造成晶粒内呈现出心部镍含量较多,表层镍含量较少。

晶内偏析会使晶粒内部的性能不一致,降低合金的力学性能(如塑性和韧性)、加工性能和耐蚀性。因此,生产中常采用扩散退火或均匀化退火的方法,使原子充分扩散,达到成分均匀化的目的。

3. 共晶相图

合金的两组元在液态无限互溶,在固态有限互溶,且在结晶过程中发生共晶转变所形成的相图,称为共晶相图。具有这类相图的二元合金系主要有 Pb-Sn、Pb-Sb、Ag-Cu 及 Al-Si 等。这类合金结晶时,在一定温度(共晶温度)下,从具有一定成分的液相中同时结晶出两种不同的固相,这种结晶过程称为共晶转变或共晶反应。下面以 Pb-Sn 合金相图为例进行分析。

(1) 相图分析

如图 2-25 所示的 Pb-Sn 合金相图中,A 点为纯铅熔点(327.6 ℃),B 点为纯锡熔点

(231.9 ℃)；C 点为共晶点，其成分为 $w_{Sn}=61.9\%$，温度为 183 ℃。具有共晶成分($w_{Sn}=61.9\%$)的液态合金在共晶温度(183 ℃)将发生共晶转变，同时结晶出 E 点成分的 α 相和 F 点成分的 β 相。

$$L_C \xrightleftharpoons{183\ ℃} \alpha_E + \beta_F \tag{2-1}$$

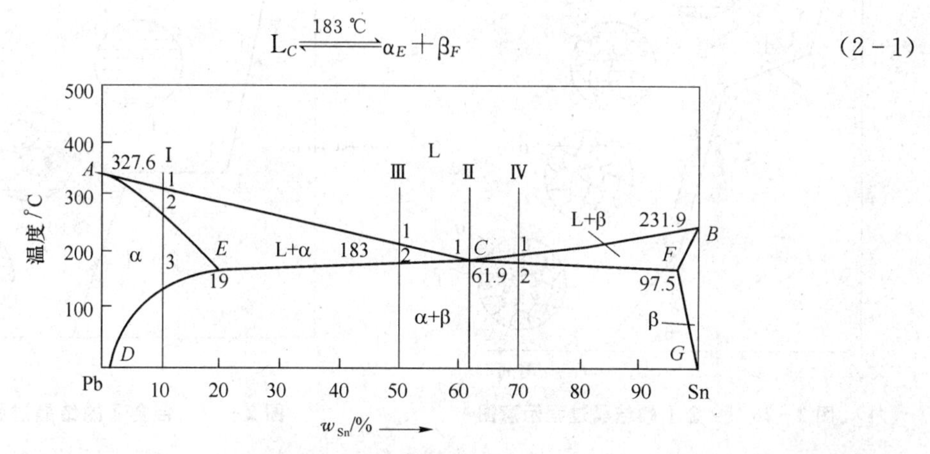

图 2-25　Pb-Sn 合金相图

发生共晶转变时，L、α 和 β 三相共存，它们各自的成分是确定的，反应在恒温下平衡地进行。共晶转变产物为两个固相的机械混合物，称为共晶体。

ACB 线为液相线，*AECFB* 线为固相线，*ED* 线为锡在铅中的固溶线，表示在不同的温度下，锡在铅中的溶解度曲线；同理，*FG* 线为铅在锡中的固溶线。水平线 *ECF* 为共晶转变线，成分在 *EF* 范围内的合金平衡结晶时都会发生共晶反应。

合金系有 L、α 和 β 三个相，L 为铅锡合金形成的液相，α 相为锡溶于铅中的固溶体，β 相为铅溶于锡中的固溶体。

相图中有 L、α 和 β 三个单相区，(L+α)、(L+β) 和(α+β)三个双相区。

(2) 典型合金的结晶过程

① 合金Ⅰ

合金Ⅰ的平衡结晶过程如图 2-26 所示。

1 点以上，合金为液相；

1～2 点，合金从 1 点开始发生匀晶转变，结晶出 α 固溶体，到 2 点全部结晶为 α 固溶体；

2～3 点，合金不断冷却过程中，α 固溶体不发生任何结构变化；

3 点以下，从 3 点开始，由于锡在 α 相中的溶解度沿 *ED* 线降低，将从 α 相中不断析出 β 相。

为了区别从液体中结晶出的初生 β 相，通常把从 α 相中析出 β 固溶体的过程称为二次结晶，析出的 β 固溶体称为二次 β 相，用 β_{II} 表示。温度降低到室温时，α 相中锡的质量分数逐渐变为 D 点。最后合金得到的组织为 $\alpha+\beta_{II}$，其组成相是 D 点成分的 α 相和 G 点成分的 β 相。

成分位于 D 和 E 之间的合金，其结晶过程均与合金Ⅰ相似，室温组织都是由 $\alpha+\beta_{II}$ 组成，只是两相的相对含量不同，合金成分越靠近 E 点，则 β_{II} 的量越多。

② 合金Ⅱ

合金Ⅱ的平衡结晶过程如图 2-27 所示。

合金Ⅱ为共晶成分($w_{Sn}=61.9\%$)，当液态合金冷却到 1 点(183 ℃)时，将发生共晶转变，同时结晶出 α_E 和 β_F 固溶体。

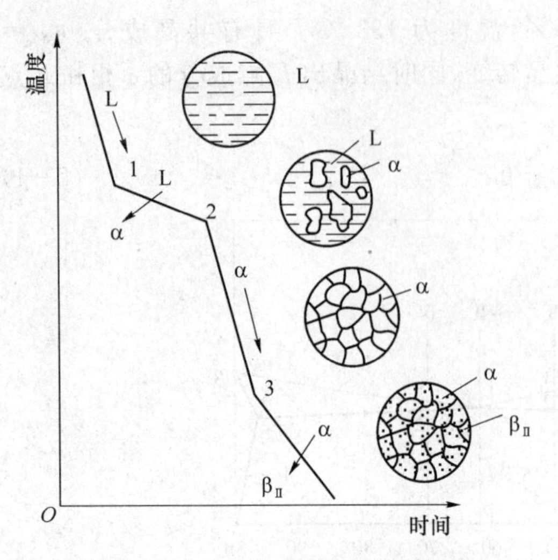

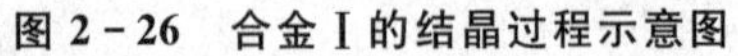
图 2-26　合金Ⅰ的结晶过程示意图

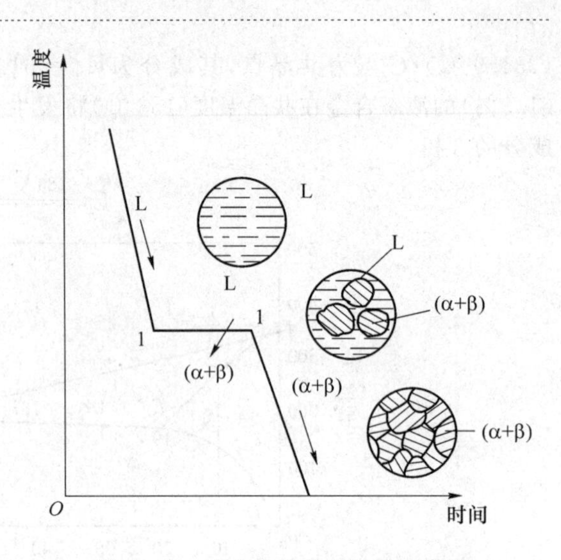

图 2-27　合金Ⅱ的结晶过程示意图

$$L_C \xrightleftharpoons{183\ ^\circ\mathrm{C}} \alpha_E + \beta_F \qquad (2-2)$$

共晶转变是在恒温(183 ℃)下进行的,直到液相全部消失为止。

在合金继续冷却至室温的过程中,共晶体中的 α 和 β 相将分别沿 ED 和 FG 线发生变化,并分别析出 $\beta_{Ⅱ}$ 和 $\alpha_{Ⅱ}$ 相。由于析出的 $\alpha_{Ⅱ}$ 和 $\beta_{Ⅱ}$ 相数量较少,且常依附于共晶体中的 α 和 β 相生长,在显微镜下很难分辨,故一般忽略不计,认为合金Ⅱ的室温组织全部为共晶体(α+β),图 2-28为 Pb-Sn 共晶合金的显微组织。

③ 合金Ⅲ

合金Ⅲ的平衡结晶过程如图 2-29 所示。

1 点以上,合金为液相。

1~2 点,合金从 1 点开始发生匀晶转变,结晶出 α 固溶体。随着温度的降低,α 相不断析出,成分沿 AE 线变化;液相不断减少,成分沿 AC 线变化。当温度降低到 2 点时,剩余液相的成分达到 C 点成分,并发生共晶转变,直至全部生成(α+β)共晶组织为止,而先结晶的初生 α 相不参与转变,此时的合金组织为初生 α 固溶体和共晶体 (α+β)。

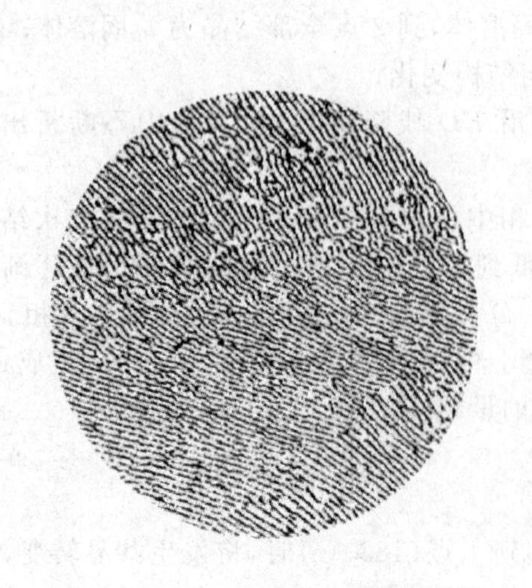
图 2-28　Pb-Sn 共晶合金显微组织

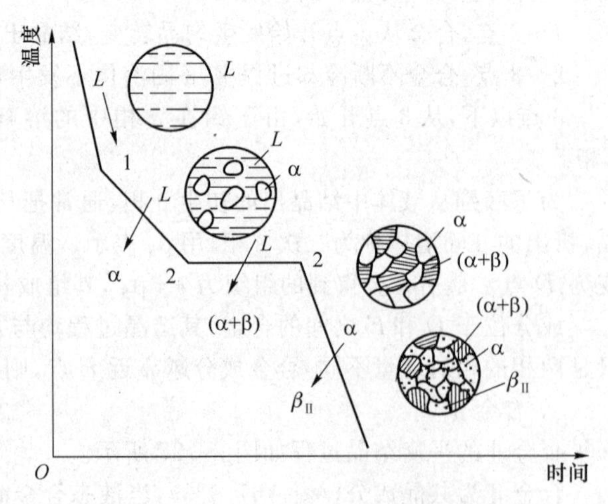

图 2-29　亚共晶合金的结晶过程示意图

2 点以下，在 2 点以下继续冷却的过程中，初生 α 相中将不断析出 β_{II} 相，而从共晶体中的 α 和 β 相析出的 β_{II} 和 α_{II} 相，同样由于数量较少且难以分辨，也忽略不计，因此，合金Ⅲ的室温组织为 $\alpha+\beta_{\text{II}}+(\alpha+\beta)$。

凡成分位于 E、C 点之间的合金称为亚共晶合金，其结晶过程与合金Ⅲ相似，室温组织都是 $\alpha+\beta_{\text{II}}+(\alpha+\beta)$，只是初生 α 相和共晶组织（α+β）的相对含量不同，合金成分越靠近 C 点，则初生 α 相的量越少而共晶组织（α+β）的量越多。

④ 合金Ⅳ

合金Ⅳ的成分位于 C、F 点之间，其结晶过程与合金Ⅲ类似。所不同的是由液相先结晶出初生 β 相，二次结晶由初生 β 相析出的是 α_{II} 相，因而合金Ⅳ的室温组织为 $\beta+\alpha_{\text{II}}+(\alpha+\beta)$。

4. 其他相图

（1） 包晶相图

合金的两组元在液态无限互溶，在固态有限互溶，且在结晶过程中发生包晶反应所形成的相图，称为包晶相图。具有这类相图的二元合金系主要有 Pt－Ag、Ag－Sn、Cu－Sn 及 Cu－Zn 等。

这类合金结晶时，可由一种液相与一种固相在恒温下相互作用而转变为另一种固相，这种结晶过程称为包晶转变或包晶反应，图 2－30 为具有包晶转变的 Pt－Ag 合金相图。图中 E 点为包晶点，E 点对应的温度为包晶温度，水平线 CED 为包晶转变线。所有成分在 C、D 点之间的合金，在包晶温度（1 186 ℃）下都将发生包晶转变：

$$\alpha_C + L_D \xrightleftharpoons{1\ 186\ ℃} \beta_E \tag{2-3}$$

（2） 共析相图

具有共析转变相图称为共析相图，如图 2－31 所示。

液态合金在完全形成固溶体后的继续冷却过程中，一定成分的固相在恒温下转变为两种不同成分的新固相，这种转变过程称为共析转变或共析反应；转变产物为两相机械混合物，称为共析体。

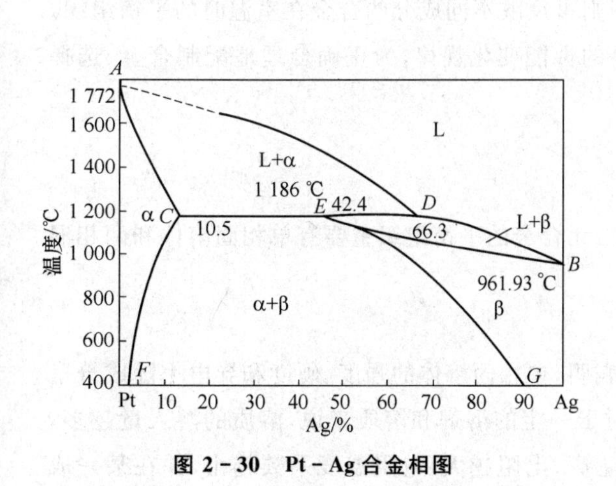

图 2－30　Pt－Ag 合金相图

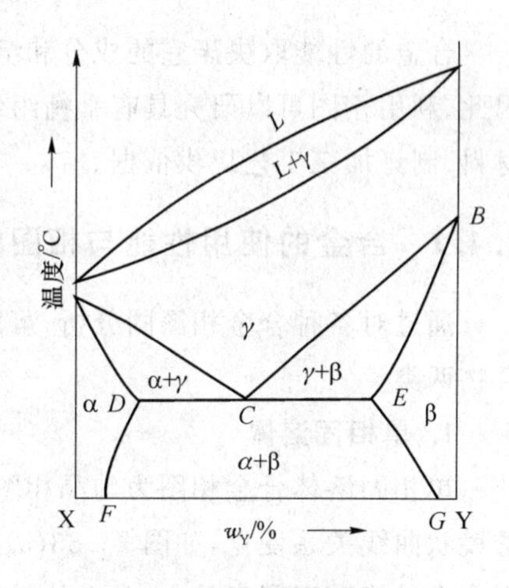

图 2－31　共析相图

图中 C 点为共析点，C 点对应的温度为共析温度，水平线 DCE 为共析转变线。所有成分在 D、E 点之间的合金，在共析温度下都将发生共析转变：

$$\gamma_C \xrightleftharpoons{\text{共析温度}} \alpha_D + \beta_E \tag{2-4}$$

由于共析转变是在固态下进行的,转变温度较低,原子扩散困难,需要较大的过冷度,共析转变产物比共晶转变产物更加细密。

(3) 形成稳定化合物的相图

具有一定的化学成分和固定的熔点,在熔化前不分解、也不产生任何化学反应的化合物称为稳定化合物。图 2－32 为具有稳定化合物的 Mg－Si 相图。

Mg 和 Si 能形成稳定化合物 Mg_2Si,因此可将 Mg_2Si 看成一个独立的组元,将 Mg－Si 相图分为 Mg－Mg_2Si 和 Mg_2Si－Si 两个共晶相图来进行分析。

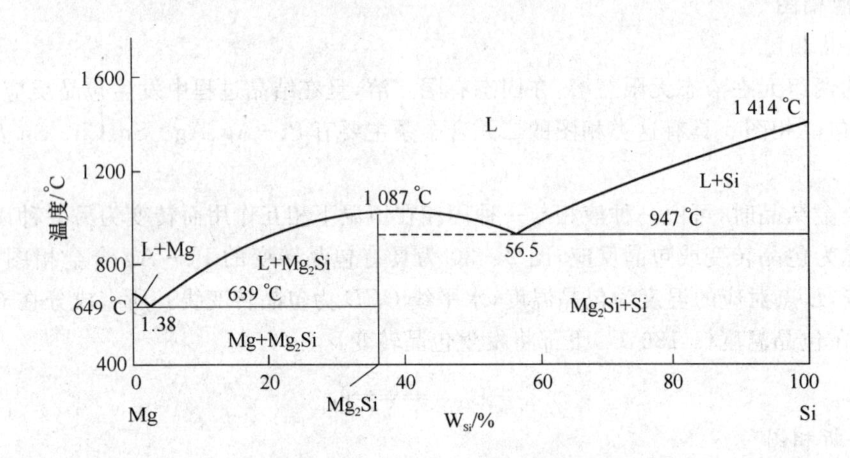

图 2－32 具有稳定化合物的相图

2.4 合金性能与相图的关系

合金的性能取决于它的成分和组织,相图则可反映不同成分的合金在室温时的平衡组织。因此,利用相图可以研究具有平衡组织的合金的性能变化规律,为正确合理地配制合金、选择材料、制订加工工艺提供依据。

2.4.1 合金的使用性能与相图的关系

通过对各种合金相图的分析,可以看出,二元合金的平衡组织主要有单相固溶体和两相混合物两类。

1. 单相固溶体

单相固溶体合金相图为匀晶相图。实验表明,单相固溶体的强度、硬度和导电率随成分呈透镜状曲线关系变化,如图 2－33(a)所示。对于一定的溶剂和溶质来说,溶质的溶入量越多,则合金晶格畸变程度越大,合金的强度、硬度越高,电阻越大、电阻温度系数越小,并在某一成分下达到极值。

2. 两相混合物

当合金形成普通两相混合物时，其性能随成分在两相性能之间呈直线变化，为两相性能的算术平均值，如图 2－33(b)所示。当合金形成共析或共晶机械混合物时，其性能还与组织的形态有很大关系，组织越细密，强度、硬度越高，并会偏离直线关系(见图中虚线)，在共析点或共晶点附近出现极值。

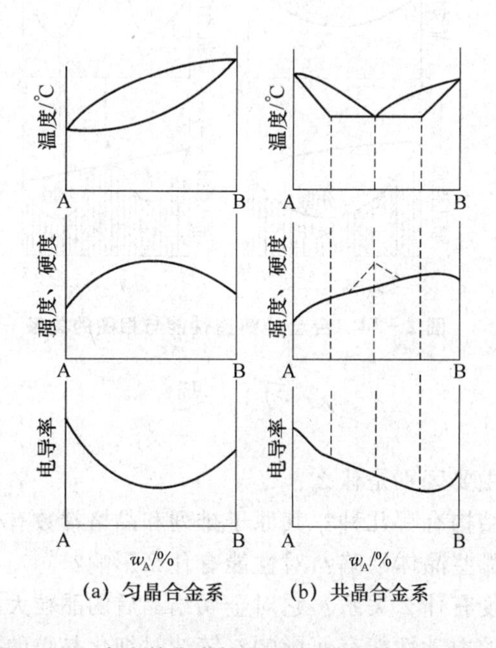

图 2－33　合金的力学性能、物理性能与相图的关系

2.4.2　合金的工艺性能与相图的关系

1. 合金的铸造性能

如图 2－34 所示，纯组元和共晶成分的合金的流动性最好，缩孔集中，铸造性能好。相图中液相线和固相线之间距离越小，液态合金的结晶温度范围越窄，合金的流动性就越好，对浇注和铸造质量越有利。相反，合金的液相线与固相线温度间隔大时，形成枝晶偏析的倾向性大，同时先结晶出的树枝晶阻碍未结晶液体的流动，分散缩孔增多，使铸造性能恶化。所以，铸造合金常选共晶或接近共晶的成分。

2. 合金的压力加工性能

单相固溶体合金的塑性较好，变形抗力小，变形均匀，不易开裂，具有良好的压力加工性能。当合金为两相机械混合物时，其变形抗力较大，特别是在晶界处有网状分布的硬而脆的第二相时，其塑性、韧性和强度会显著下降，压力加工性能最差。但两相机械混合物合金的切削加工性能比单相固溶体合金好。

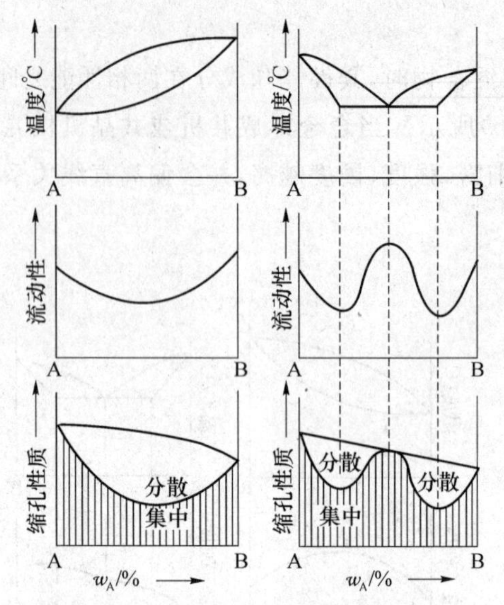

图 2-34 合金的铸造性能与相图的关系

习 题

1. 晶体和非晶体的主要区别是什么?

2. 常见的金属晶体结构有哪几种? 其原子排列和晶格常数有什么特点?

3. 实际金属中存在哪些晶体缺陷? 对性能有什么影响?

4. 过冷度与冷却速度有什么关系? 它对金属结晶后的晶粒大小有什么影响?

5. 晶粒粗细对金属的力学性能有何影响? 铸造时细化晶粒的方法有哪几种?

6. 何谓合金? 与纯金属相比,合金有哪些优点?

7. 何谓固溶体? 主要有哪两种? 它们在晶体结构上有何差别?

8. 何谓金属化合物? 它们的结构和性能各有何特点?

9. 下列为 Pb-Sb 合金的热分析数据:

纯铅的结晶温度为 327 ℃;

Pb95%-Sb5%合金结晶出 Pb 的温度为 296 ℃,共晶温度为 252 ℃;

Pb90%-Sb10%合金结晶出 Pb 的温度为 260 ℃,共晶温度为 252 ℃;

Pb88.8%-Sb11.2%合金共晶温度为 252 ℃;

Pb80%-Sb20%合金结晶出 Sb 的温度为 280 ℃,共晶温度为 252 ℃;

Pb50%-Sb50%合金结晶出 Sb 的温度为 485 ℃,共晶温度为 252 ℃;

Pb20%-Sb80%合金结晶出 Sb 的温度为 570 ℃,共晶温度为 252 ℃;

纯锑的结晶温度为 630 ℃。

(1)作出相图;(2)填写相区;(3)分析 $w_{Pb}=95\%$、$w_{Pb}=88.8\%$ 和 $w_{Pb}=50\%$ 三种合金的结晶过程;(4)画出这些合金在室温时的组织示意图。

10. 合金的工艺性能与相图有何关系?

11. 为什么铸造合金常选用接近共晶成分的合金? 为何要进行压力加工的合金常选用单相固溶体成分合金?

第3章 金属的塑性变形与再结晶

在工业生产上，广泛采用锻造、轧制、挤压、拉拔和冲压等成型工艺，各种压力加工方法都会使金属材料按预定的要求进行塑性变形，获得所需的形状和尺寸，同时其内部组织、结构和性能也发生了变化。通过塑性变形使材料硬度提高是强化金属的重要手段之一。因此，研究金属材料塑性变形及其在随后加热过程中组织、结构和性能的变化规律，对于充分发挥金属材料的力学性能，确定合适的压力加工工艺和热处理工艺，提高产品质量等方面都具有重要的意义。

3.1 金属的塑性变形

3.1.1 金属的弹性变形与塑性变形

金属在外力作用下发生形状和尺寸的变化称为变形。金属的变形按其性质可分为弹性变形和塑性变形。弹性变形是指外力去除后能恢复原来形状的变形，塑性变形是指外力去除后不能恢复而保留下来的那部分变形。塑性变形又称永久变形或不可逆变形。

工业上实际使用的金属材料绝大多数是多晶体，其塑性变形过程较为复杂。组成多晶体的晶粒实际上可以近似看做是简单的单晶体，为了便于分析研究塑性变形的实质，下面首先讨论单晶体的变形规律。

作用于单晶体试样的拉力 F 可沿一定的晶面分解为垂直于晶面的正应力 σ_N 和切应力 τ_N，如图 3-1 所示。

图 3-2 为晶体在正应力作用下的变形情况。在正应力 σ_N 作用下，晶格被拉长，原子偏离原来的平衡位置，如图 3-2(b)所示，当外力去除后，原子在引力作用下，恢复到原来的位置，变形消失，因而产生的是弹性变形；当正应力 σ_N 大于原子间引力时，晶体被拉断，产生脆性断裂，如图 3-2(c)所示。因此，晶体在正应力作用下只能产生弹性变形和脆性断裂，不能产生塑性变形。

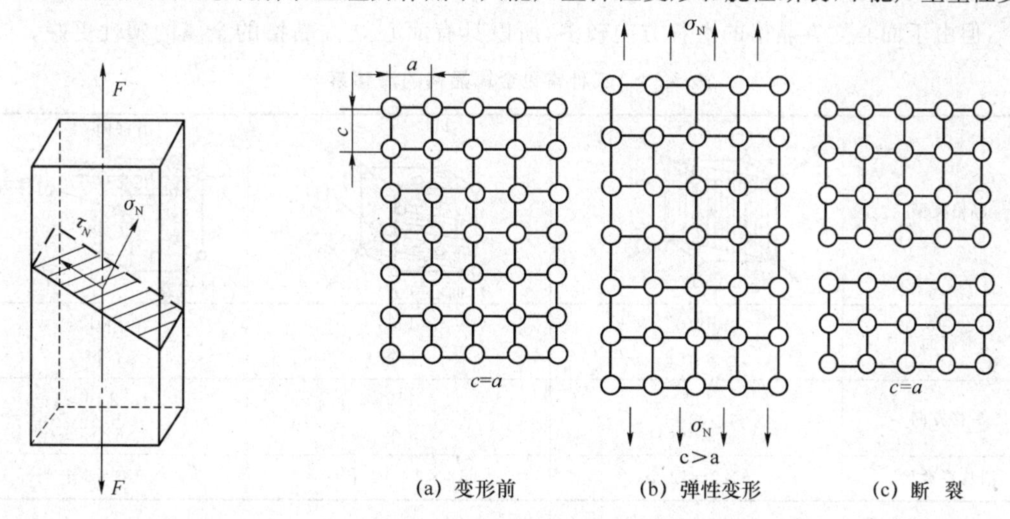

图 3-1 应力的分解

图 3-2 晶体在正应力作用下的变形示意图

图3-3为晶体在切应力作用下的变形情况。当切应力较小时,晶格发生变形,如图3-3(b)所示,若此时去除外力,晶格变形将消失,原子回复到原来的位置,即产生的是弹性变形;当切应力增大到一定值后,晶体的一部分沿着某一晶面相对于另一部分产生滑动,滑动的距离为原子间距离的整数倍,如图3-3(c)所示;若此时去除外力,晶格弹性变形的部分可以回复,但产生滑动的原子则不能回到它原来的位置,这样就产生了塑性变形,如图3-3(d)所示。

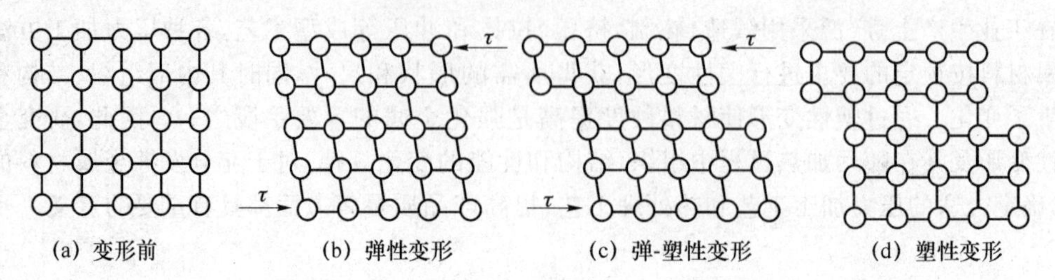

图3-3 晶体在切应力作用下的变形示意图

3.1.2 单晶体的塑性变形

单晶体的塑性变形方式主要有滑移和孪生两种,其中滑移是主要方式。

1. 滑 移

在切应力的作用下,晶体的一部分沿着一定的晶面上的一定方向相对于另一部分产生相对滑动的现象称为滑移,如图3-3所示。产生滑移的晶面和晶向分别称为滑移面和滑移方向。

滑移通常沿着晶体中原子排列密度最大的晶面(密排面)和其上密度最大的晶向(密排方向)进行,这是由于密排面之间、密排方向之间的原子间距最大,原子结合力最弱,可在较小的切应力作用下引起它们之间的相对滑动。

一个滑移面与其上的一个滑移方向组成一个滑移系。滑移系越多,金属发生滑移的可能性越大,塑性就越好。从表3-1可以看出,面心立方和体心立方晶格的滑移系均为12个,密排六方晶格的滑移系为3个,因此密排六方晶格的塑性较低。实验证明,滑移方向对滑移所起的作用比滑移面大,滑移方向越多,材料塑性越好。如面心立方和体心立方晶格的滑移系均为12个,但由于面心立方晶格的滑移方向较多,所以具有面心立方晶格的金属的塑性更好。

表3-1 三种常见金属晶格的滑移系

晶格类型	(110) <111> 体心立方	<111> (111) 面心立方	滑移面 滑移方向 密排六方
滑移面	{110} 6个	{111} 4个	{0001} 1个
滑移方向	<111> 2个	<110> 3个	$\langle \bar{1}2\bar{1}0 \rangle$ 3个
滑移系数目	6×2=12个	4×3=12个	1×3=3个

如果将试样表面抛光后进行塑性变形，然后用显微镜观察，可以在其表面看到许多平行的滑移痕迹，称为滑移带，图3-4为铝变形后出现的滑移带。如果进一步用电子显微镜观察，则可以看出每个滑移带都是由很多平行的更细的滑移线和台阶组成的，如图3-5所示。滑移线实际上就是晶面（滑移面）经过滑移后留下的痕迹。两条滑移线之间的区域称为滑移层。

图3-4　铝变形后出现的滑移带

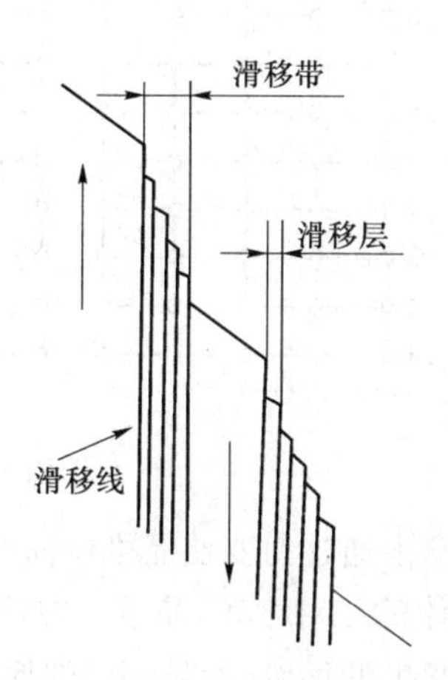

图3-5　滑移带结构示意图

若按图3-3的形式，晶体在切应力的作用下，一部分相对于另一部分产生整体的刚性滑动，则计算出的滑移所需最小切应力与实际测量的结果相去甚远。实验证明，由于晶体中存在位错，滑移实际上是在切应力作用下，通过位错线沿滑移面的移动来实现的，如图3-6所示。

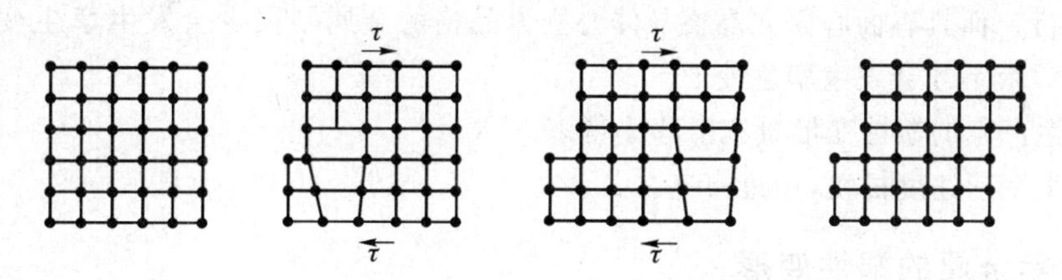

图3-6　刃型位错移动产生滑移的示意图

晶体通过位错移动而产生滑移时，并不需要整个滑移面上的全部原子同时移动，只需位错附近的少量原子作微量的移动即可，因而位错移动所需的切应力就小得多，且与实测值基本相符。位错这种容易移动的特点称为"位错的易动性"。当晶体内存在少量位错时，滑移易于进行，可显著地降低金属的强度；当位错密度超过一定值时，随着位错密度的增加，由于位错之间以及位错与其他缺陷之间存在相互牵制作用，使位错运动受阻，滑移所需的切应力增加，使得金属的强度和硬度提高。

2. 孪　生

在切应力作用下，晶体的一部分相对于另一部分沿一定的晶面和晶向发生剪切变形的变形方式称为孪生，如图3-7所示。发生孪生的晶面和晶向分别称为孪生面和孪生方向，发生切变、位向改变的这一部分晶体称为孪晶。孪晶与未变形部分晶体以孪生面为对称面呈镜像分布。

滑移和孪生的主要区别如下。

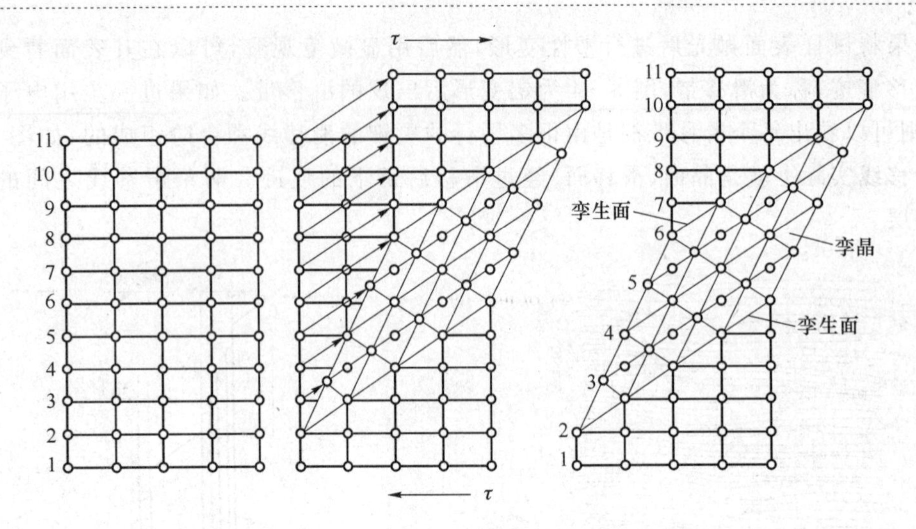

图 3-7　孪晶中的晶格位向变化

(1) 孪生通过切变使晶格位向改变,且变形晶体与未变形部分呈对称分布;滑移是晶体中两部分晶体的相对滑动,晶格位向不变。

(2) 孪生变形时,孪晶带内的原子沿孪生方向的位移都是原子间距的分数倍,而滑移变形时,原子在滑移方向的位移是原子间距的整数倍。

(3) 孪生所需的临界切应力比滑移的大得多,例如镁的孪生临界切应力为5~35 MPa,而滑移临界切应力仅为0.5 MPa。因此,只有在滑移变形难于进行时,才会产生孪生变形。一些具有密排六方结构的金属,由于滑移系少,特别是在不利于滑移取向时,塑性变形常以孪生变形的方式进行。而具有面心立方晶格与体心立方晶格的金属则很少会发生孪生变形,只有在低温或冲击载荷下才会发生孪生变形。

(4) 孪生产生的塑性变形量比滑移小得多。

(5) 孪生变形速度极快,接近声速。

3.1.3　实际金属的塑性变形

工程上使用的金属绝大多数是多晶体。多晶体中每个晶粒的变形方式与单晶体相似,但由于各个晶粒位向不同,晶粒之间存在晶界,其塑性变形要复杂得多。多晶体塑性变形的主要方式仍然是滑移和孪生。

1. 晶粒位向的影响

在多晶体中,由于各个晶粒位向不同,在外力作用下,当一部分处于有利于滑移方向的晶粒开始进行滑移时,必然会受到另一部分处于不利方向的晶粒的制约,各晶粒必须相互协调、相互适应才能变形,这样就使得滑移阻力增加,塑性变形抗力提高。

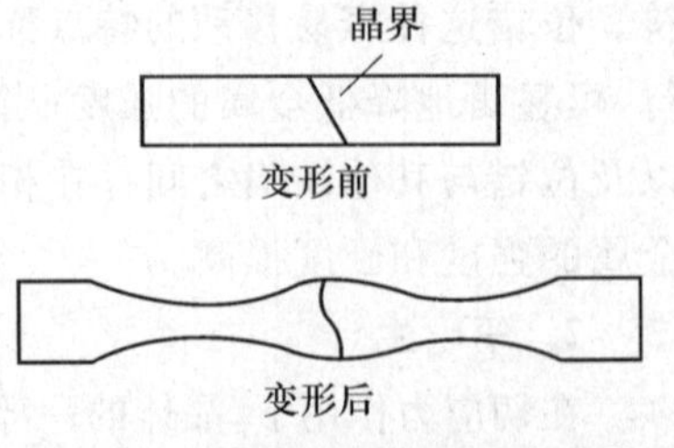

图 3-8　由两个晶粒组成的试样在拉伸时的变形

2. 晶界的影响

如果把由两个晶粒组成的试样进行拉伸试验,可以发现晶界处变形很小,而远离晶界处则明显缩小,出现了所谓的"竹节"现象,如图3-8所示。说明晶界处的塑性变形抗力比晶粒本身大得多。这是因为晶界附近晶格畸变大,原子排列比较紊乱，同时也是杂质原子和各种缺陷集中的地方，这些都会阻碍位错的运动，从而提高变形抗力。

3. 多晶体的塑性变形过程

多晶体中每个晶粒位向不一致，其滑移面和滑移方向的分布也不相同，所以在外力作用下，每个晶粒中不同滑移面和滑移方向上受到的切向分应力不相同，如图3-9所示。拉伸时，切应力在与外力成45°方向上为最大，而在与外力平行或垂直的方向上最小。因此，在多晶体金属试样中，凡滑移面和滑移方向位于或接近于与外力成45°方位的晶粒将首先发生塑性变形，通常称这些位向的晶粒为处于“软位向”；而滑移面和滑移方向处于或接近于与外力平行或垂直的晶粒，称为“硬位向”。可见，处于硬位向的晶粒受到的切应力最小，最难发生滑移。

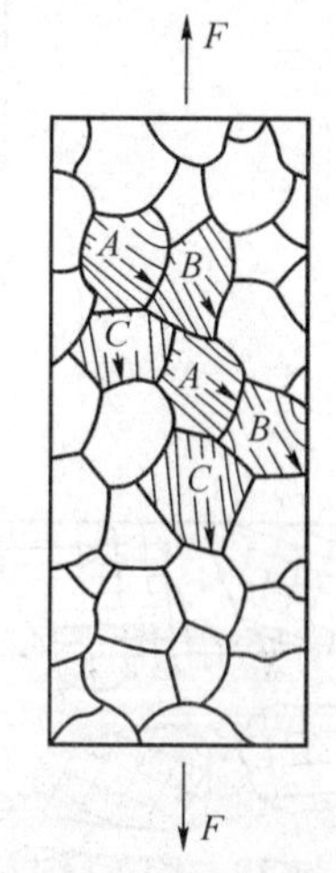

图3-9 多晶体的塑性变形

处于软位向的晶粒首先发生滑移，产生的位错在晶界处受阻逐渐堆积，而其周围处于硬位向的晶粒还不能进行滑移，只能以弹性变形相适应。随着外力的增大，应力集中程度也不断增大，当达到一定程度后，变形将越过晶界，传递到另一批晶粒中，促使其发生滑移变形。所以，多晶体金属的塑性变形，是在各晶粒相互影响、相互制约的条件下逐批发生的，从少量晶粒开始逐步扩大到大量晶粒，从不均匀变形逐步过渡到较为均匀的变形。图3-9中分别用A、B、C表示了不同位向的晶粒分批滑移的先后次序。

晶粒越细，相同体积内的晶粒数目越多，晶界面积和不同位向的晶粒就越多，其塑性变形抗力就越大，因而具有较高的强度和硬度。另一方面，变形时可能发生滑移的晶粒也越多，总的变形量可以分散在更多的晶粒内进行，使得变形较为均匀，不易产生应力集中，并使其能承受较大的塑性变形，因此，塑性和韧性越大。细化晶粒可以同时提高金属的强度、塑性和韧性，是强化金属的重要手段之一。

3.2 冷塑性变形对金属组织和性能的影响

3.2.1 冷塑性变形对金属组织的影响

金属的冷塑性变形是指在室温条件下进行的塑性变形。在冷塑性变形后，不仅改变了金属的外形，其组织结构和性能都会发生一系列的变化。

1. 晶粒变形

金属晶体在外力作用下产生塑性变形时，随着外形和尺寸的变化，其内部晶粒也会沿变形方向被拉长或压扁，如图3-10所示。当变形程度很大时，各晶粒将会被拉成细条状或纤维状，金属中的夹杂物也被拉长，晶界变得模糊不清，这种组织称为纤维组织。形成纤维组织后，金属的性能产生各向异性，例如，沿纤维方向的抗拉强度和塑性比垂直于纤维方向的高得多。

2. 亚结构细化

金属无塑性变形或塑性变形程度很小时，位错分布一般是均匀的。但金属经大的塑性变形后，由于位错的密度增大和发生交互作用，大量位错堆积在局部地区，并相互缠结，形成不均匀的分布，使晶粒分化成许多位向略有不同的小晶块，这些小晶块称为亚晶粒，这种结构称为亚结构，如图3-11所示。在亚晶粒边界上聚集着大量的位错,而亚晶粒内部的晶格则比较完整。随着塑性变形程度增大,变形的晶粒逐渐被细化成许多细小的亚结构,亚晶界增加,位错密度显著增大,对滑移变形过程有巨大阻碍作用,显著地提高了晶体的变形抗力,对强化金属材料起着十分重要的作用。图3-12是位错密度与强度关系示意图。

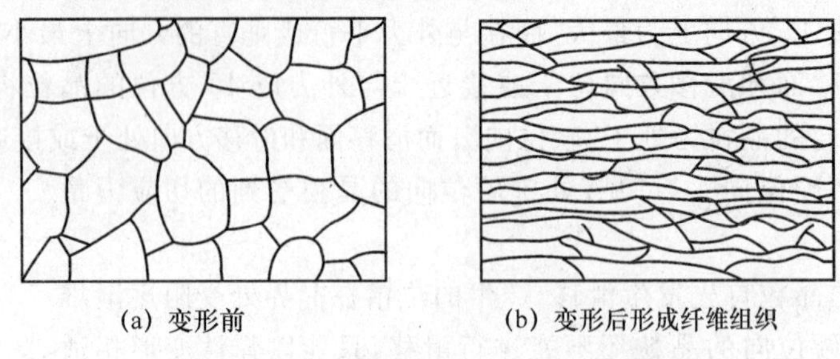

图3-10 变形前后晶粒形状变化示意图

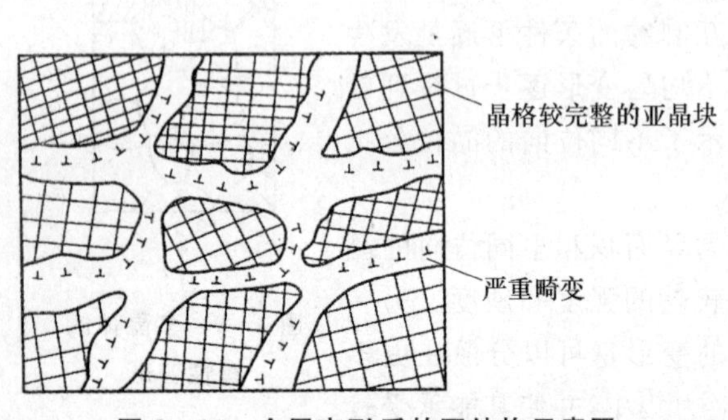

图3-11 金属变形后的亚结构示意图

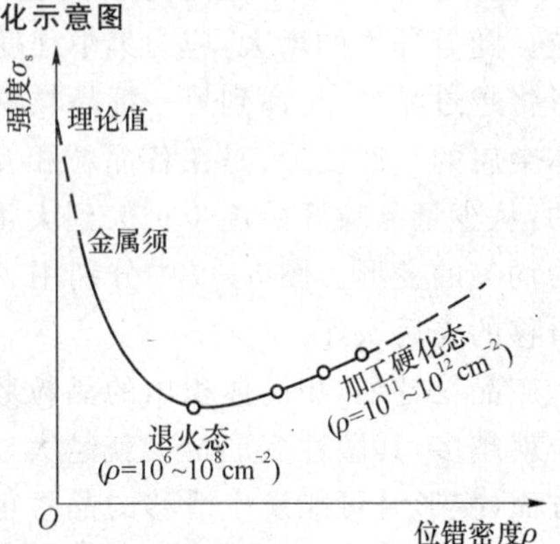

图3-12 位错密度与强度关系示意图

3. 形变织构产生

在多晶体金属中,晶粒的位向是无规则排列的,宏观性能表现为各向同性。金属经过大量变形(70%以上)后,由于晶粒发生转动,各晶粒的某一位向将与外力方向趋于一致,这种现象称为择优取向,这种有序化的结构称为形变织构。织构的形成使多晶体金属出现各向异性。

形变织构的性质与金属的变形方式有关。例如,面心立方晶格的金属,在拉拔时形成的织构称为丝织构,其特点是大多数晶粒的取向是＜111＞晶向并与拉丝方向平行;而同样是面心立方晶格的金属,在轧制时则形成板织构,其特点是各晶粒的某一晶面{110}和某一晶向＜112＞都分别平行于轧制平面和轧制方向,如图3-13所示。

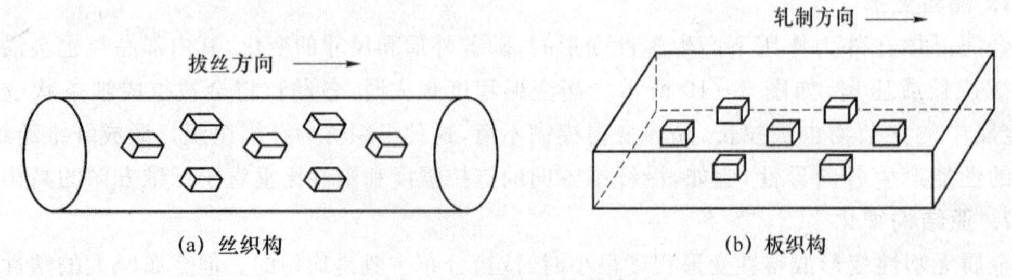

图3-13 形变织构示意图

3.2.2　冷塑性变形对性能的影响

1. 加工硬化

金属发生塑性变形时，随着变形程度的增大，强度和硬度逐步提高，塑性和韧性不断下降，这种现象称为加工硬化，又称形变强化。图 3-14 表示了 $w_C=0.3\%$ 碳钢冷轧后力学性能的变化情况。

产生加工硬化的原因是由于塑性变形后，晶界面积增大，位错密度增加，位错间的交互作用增强，造成位错运动阻力的增大，引起塑性变形抗力的提高。此外，原来晶粒破碎，形成细小的亚结构，在亚晶粒边界上聚集着大量位错，产生严重的晶格畸变，也对滑移产生巨大阻碍作用，因此，使金属变形抗力增加，塑性和韧性降低。

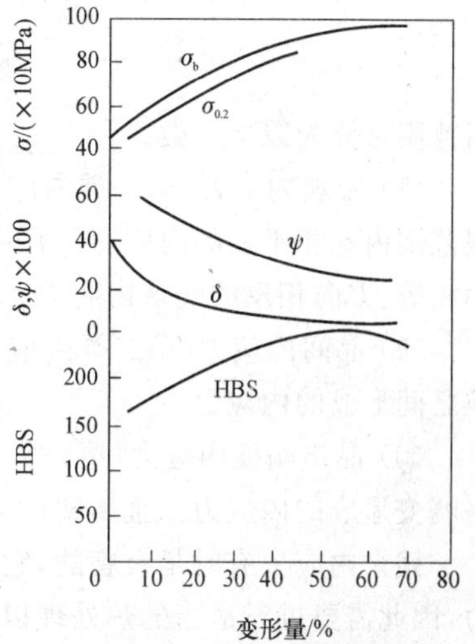

图 3-14　$w_C=0.3\%$ 碳钢冷轧后力学性能的变化

加工硬化在工业生产中具有重要的现实意义，主要表现在以下几个方面。

(1) 强化金属加工硬化可以提高金属的强度，是强化金属的一种重要手段。对于一些纯金属和不能通过热处理来提高强度的金属合金(如某些不锈钢、黄铜等)尤为重要。即使经过热处理后的某些金属材料亦可通过加工硬化来进一步提高强度，充分发挥材料的潜力。例如，可以使经热处理的冷拔钢丝强度提高到 3 100 MPa。

(2) 使变形均匀加工硬化有利于金属进行均匀变形。因为金属已经变形的部分得到强化时，继续的变形将主要在未变形的部分中进行，使变形分布更加均匀。例如，在冲压(拉伸)杯状制品时，由于已变形部位得到强化(不再变形)而未变形部位可以继续变形，从而获得均匀壁厚的成品。

(3) 提高安全性加工硬化具有较好的形变强化能力，能防止短时超载引起的突然断裂，提高金属零件和构件的安全性。

加工硬化不利的方面在于，金属塑性的降低，给进一步塑性变形带来困难。为了使金属恢复塑性，必须进行中间退火以消除加工硬化现象，但这样会使生产周期延长，成本增加。

2. 产生各向异性

由于纤维组织和形变织构的形成，使金属的性能产生各向异性，如沿纤维方向的强度和塑性明显高于垂直方向。织构的存在往往会给金属的性能带来不利影响，如用有织构的板材冲制筒形零件时，即由于在不同方向上塑性差别很大，零件的边缘会出现“制耳”，如图 3-15 所示。但在某些情况下，织构的各向异性也有有利的一面，如制造变压器铁芯的硅钢片，其晶格为体心立方，因沿<100>晶向最易磁化，采用具有这种织构的硅钢片制作铁芯，并使其<100>晶向平行于磁场方向，可使铁损大大减小，变压器的效率大大提高。

3. 物理、化学性能变化

塑性变形可影响金属的物理、化学性能，如使电阻增大，耐腐蚀性降低。

4. 产生残余内应力

残余内应力是指外力去除后，金属内部残留下来的应力。由于金属在发生塑性变形时，金属内部变形不均匀，位错、空位等晶体缺陷增多，金属内部会产生残余内应力。内应力按其作

(a) 无制耳

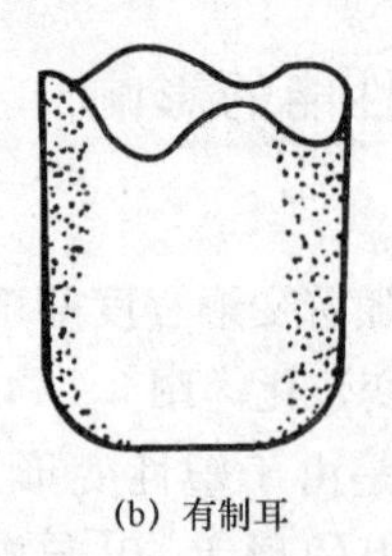
(b) 有制耳

图 3-15　冲压件的制耳示意图

用范围可分为以下三类。

(1) 宏观内应力(第一类内应力):是指由于金属材料的各部分变形不均匀而造成的在宏观范围内互相平衡的内应力。几乎各种机械制造工艺都会有由于不均匀的塑性变形而引起大小相等、方向相反的残余内应力。

(2) 晶间内应力(第二类内应力):是指由于晶粒或亚晶粒之间变形不均匀,在晶粒或亚晶粒之间形成的内应力。

(3) 晶格畸变内应力(第三类内应力):是指在金属塑性变形时,内部产生的大量位错使晶格畸变形成的内应力。金属塑性变形时所产生的内应力主要表现为第三类内应力。

残余内应力有时是有害的,它会导致工件变形、开裂和抗蚀性降低,使工件降低抗负荷能力,因此需要进行适当的热处理以消除残余应力。但如果控制得当,比如使内外应力叠加后互相抵消,可提高工件的抗负荷能力。例如弹簧、齿轮等零件,经喷丸处理后,在表面层造成压应力,可提高疲劳强度。第三类应力所造成的晶格畸变,增加了位错移动的阻力,提高了金属的抗塑变能力。

3.3　加热对冷塑性变形后金属组织和性能的影响

金属经塑性变形后,产生加工硬化现象,各种缺陷密度增加,组织结构和性能发生很大的变化,金属内部能量较高,因此,这种处于不稳定状态的组织有自发回复到较为稳定状态的趋势。但在室温下,由于原子活动能力弱,这种转变一般难以进行。如果对冷变形金属加热,使原子活动能力增强,可使金属恢复到变形前的稳定状态。随着加热温度的提高,变形金属将相继发生回复、再结晶和晶粒长大过程,其性能也将发生变化,如图 3-16 所示。

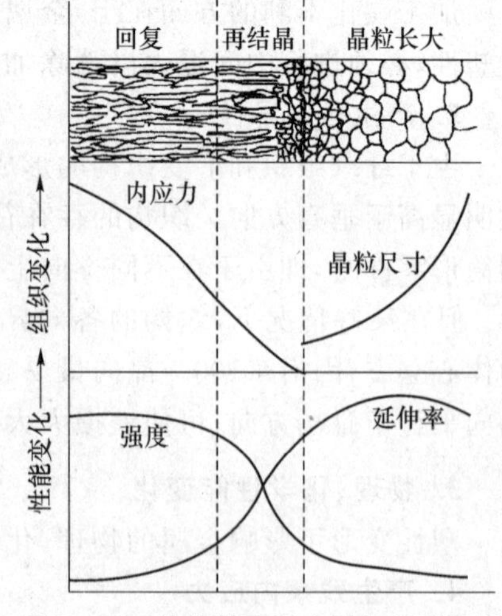

图 3-16　冷塑性变形金属加热时组织和性能变化示意图

3.3.1　回　复

回复是指冷塑性变形后的金属,在加热时,在光学显微组织发生改变前(即在再结晶晶粒形成前)所产生的某些亚结构和性能的变化过程。当加热温度较低时,原子扩散能力不大,只能使一些点缺陷和位错发生迁移,使晶格畸变程度降低,内应力显著下降。在回复阶段，主要是晶粒内部的位错等缺陷减少，晶粒仍保持变形后的形态，显微组织不发生明显的变化，材料的强度和硬度只略有降低，塑性略有提高，但残余应力则大大降低。

利用回复现象对已产生加工硬化的金属在较低温度下加热，可基本消除残余内应力，而保留其强化了的力学性能，这种处理称为去应力退火。例如，用深冲工艺制成的黄铜弹壳等零件，放置一段时间后，由于残余应力的作用，将产生变形，因此必须进行 260 ℃左右的去应力退火。又如，用冷拔钢丝卷制的弹簧，必须进行 250～300 ℃左右的去应力退火，以消除应力、稳定形状和尺寸，而硬度和强度基本保持不变。此外，对铸件和焊接件加工后及时进行去应力退火以防止变形和开裂，也是通过回复过程来实现的。

3.3.2　再结晶

当加热温度比回复阶段更高时，由于原子活动能力增大，金属的显微组织发生明显的变化，被拉长、压扁或破碎的晶粒通过重新生核、长大，形成新的、均匀细小的等轴晶粒，逐步取代全部变形组织，这个过程称为再结晶。如图 3-17(b)、(c)、(d)所示。

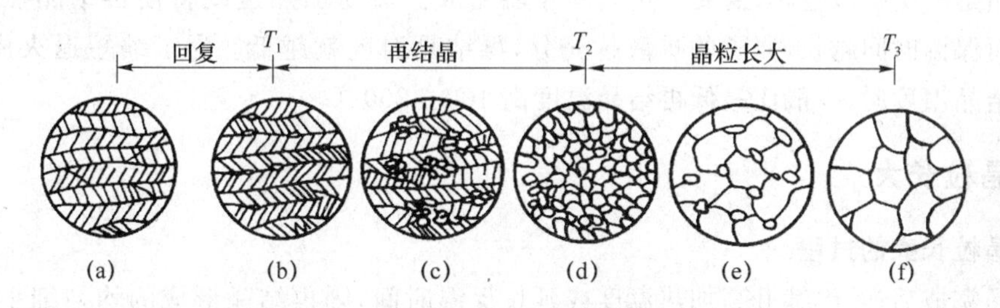

图 3-17　冷塑性变形金属退火时组织的变化

冷变形金属的再结晶过程也是通过形核和长大完成的，再结晶新晶核一般是在变形晶粒的晶界、滑移带以及晶格畸变严重的地方形成，这些部位的原子处在最不稳定状态，向着规则排列的趋势最大，再结晶的新晶粒不断增多的同时，其尺寸也相应长大，直至全部形成等轴晶粒，当变形晶粒全部被新生的、无畸变的再结晶晶粒所代替时，再结晶过程即告完成。但应强调的是，再结晶不是一个相变的过程，没有恒定的转变温度，也无晶格类型的变化。

冷变形金属进行再结晶后，金属的强度和硬度明显降低，而塑性和韧性大大提高，加工硬化现象被消除，内应力全部消失，各种性能基本上恢复到变形以前的水平。

变形后的金属发生再结晶的温度并非某一恒定温度，而是一个温度范围。通常再结晶温度是指开始再结晶的最低温度。工程上通常规定，经过大于 70% 的冷塑性变形的金属，在一小时加热内能完成再结晶过程的最低温度，称为再结晶温度。最低再结晶温度主要与下列因素有关。

(1) 预先变形度

金属再结晶前塑性变形的相对变形量称为预先变形度。预先变形度越大，金属的晶体缺陷就越多，组织越不稳定，开始再结晶的温度也就越低。当预先变形度达到一定值后，再结晶温度趋于某一最低值，这一温度称为最低再结晶温度，如图 3-18 所示。

(2) 金属的熔点

实验表明，各种纯金属的最低再结晶温度 $T_{再}$ 与该金属的熔点 $T_{熔点}$ 有如下关系：

$$T_{再}=(0.35\sim0.4)T_{熔点} \quad (3-1)$$

式中的温度单位为绝对温度(K)。

可见,金属的熔点越高,其再结晶温度也越高。

(3) 杂质和合金元素

由于杂质和合金元素,特别是高熔点元素的存在,会阻碍原子扩散和晶界迁移,可显著提高最低再结晶温度。例如,高纯度铝(99.999%)的最低再结晶温度为80 ℃;工业纯铝(99.0%)的最低再结晶温度却提高到了290 ℃。

图3-18 金属再结晶温度与变形度的关系

各种工业用合金的最低再结晶温度大约为

$$T_{再}=(0.5\sim0.7)T_{熔点} \quad (3-2)$$

(4) 加热速度和保温时间

再结晶是一个扩散过程,需要一定时间才能完成。提高加热速度将使再结晶在较高温度下发生。而保温时间越长,原子的扩散越充分,再结晶温度就越低。为了缩短退火周期,工业上选择再结晶温度时,一般比最低再结晶温度高100~200 ℃。

3.3.3 晶粒长大

1. 晶粒长大的过程

再结晶完成后,若继续升高加热温度或延长保温时间,则再结晶形成的均匀细小的等轴晶粒会逐渐长大。晶粒长大可以减少晶界面积,降低表面能,因而是一个降低能量的自发过程。

晶粒长大的实质是一个晶粒边界向另一个晶粒迁移的过程,如图3-19所示。通过大晶粒的边界向小晶粒迁移,将小晶粒的晶格位向逐步改变为与大晶粒相同的晶格位向,于是大晶粒以“吞并”小晶粒的方式长大,成为一个粗大晶粒。

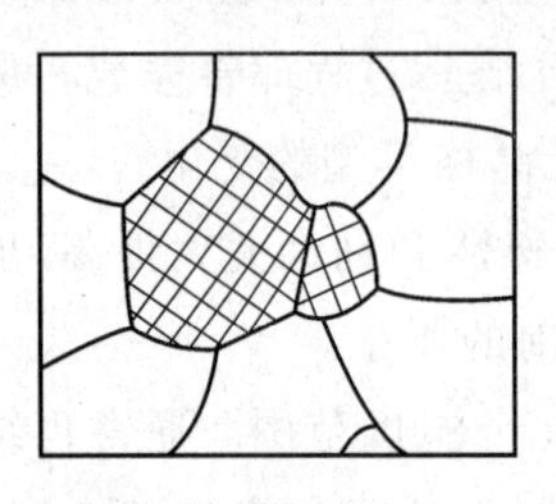

(a) “吞并”前

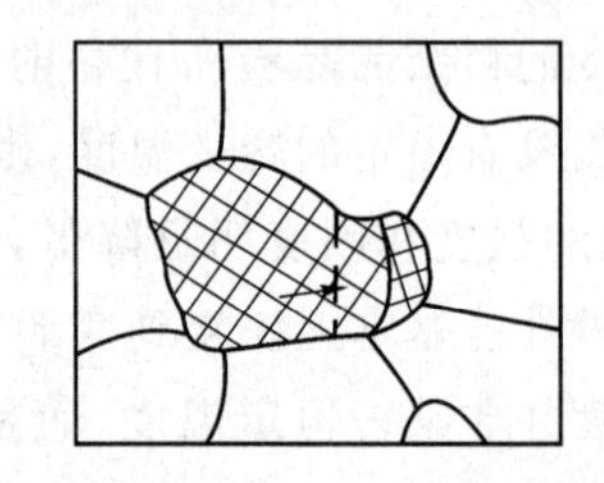

(b) 晶界移动,晶格位向转向,晶界面积减小

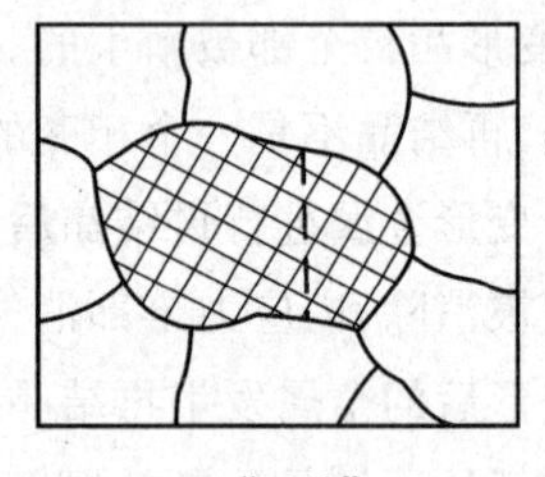

(c) “吞并”后

图3-19 晶粒长大示意图

金属冷塑性变形不均匀,再结晶后得到的晶粒大小差别大,大小晶粒之间的能量差就大,大晶粒很容易“吞并”小晶粒而越长越大,从而获得粗大晶粒,使金属的力学性能显著降低。这种晶粒不均匀急剧长大的现象称为二次再结晶。

2. 影响再结晶晶粒大小的因素

晶粒大小直接影响到金属的强度、塑性和韧性等力学性能,因此,在生产上必须对再结晶后的晶粒大小加以严格控制。影响再结晶退火后晶粒大小的主要因素是加热温度和变形度。

(1) 加热温度

再结晶时加热温度越高，则原子活动能力越强，晶界迁移越容易，晶粒长大也越快，如图 3－20所示。

(2) 变形度

变形度的影响主要与金属变形的均匀性有关，变形越不均匀，再结晶退火后的晶粒越大。

当变形度很小时，金属晶格畸变很小，不足以引起再结晶，晶粒保持不变。当变形度达到 2%～10 %时，金属中部分晶粒发生变形，但变形分布很不均匀，再结晶时生成的晶核少，晶粒大小相差极大，非常有利于晶粒发生吞并过程而很快长大，结果得到极粗大的晶粒。使晶粒发生异常长大的变形度称作临界变形度，如图 3－21 所示。生产上应尽量避免在临界变形度范围内进行塑性变形加工。超过临界变形度之后，随变形度的增大，晶粒变形趋于均匀，再结晶核心越来越多，因此再结晶后的晶粒越来越细小均匀。当变形度过大(＞90%)时，晶粒可能再次出现异常长大，一般认为是由于形变织构造成的。

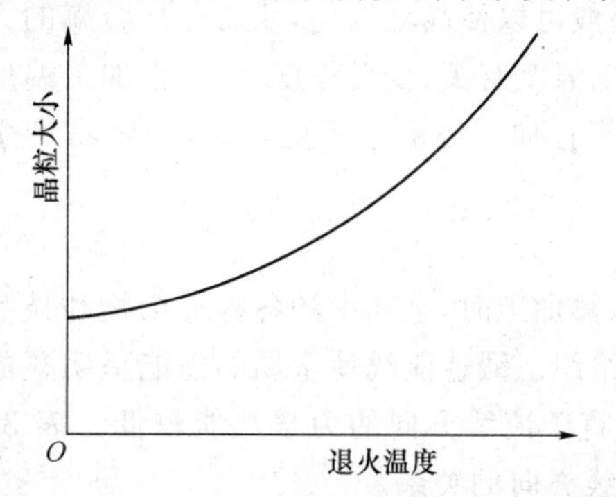

图 3－20　加热温度对再结晶后晶粒大小的影响

晶粒大小

O　临界变形度　预先变形度

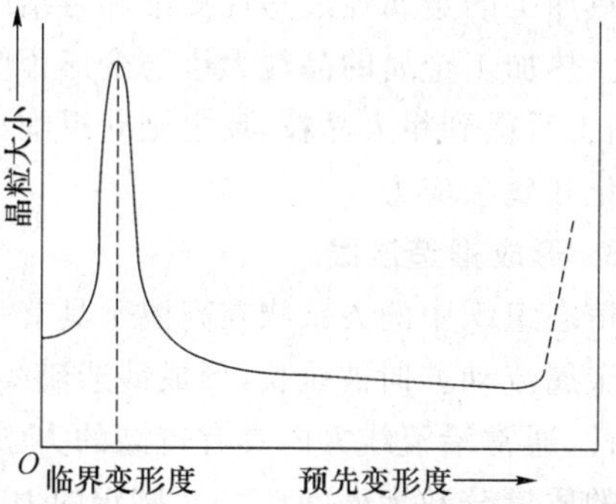

图 3－21　预先变形度对再结晶后晶粒大小的影响

3.4　金属的热加工

3.4.1　金属的热加工与冷加工

变形加工可分为冷加工和热加工两类，冷热加工不是根据变形时是否加热或温度高低，而是根据金属的再结晶温度来划分的。在再结晶温度以下的塑性变形称为冷加工，在再结晶温度以上的塑性变形称为热加工。例如，钨的最低再结晶温度为 1 200 ℃，那么在低于 1 200 ℃的高温下进行的变形加工仍属于冷加工。而铅、锡的最低再结晶温度均在零度以下，因此，它们在通常的室温下进行的加工便属于热加工了。

金属冷变形后，晶粒被压扁或拉长，变形过程中不发生再结晶，金属会产生加工硬化现象。而热加工时，由于热变形是在再结晶温度以上进行的，所以在热变形的过程中再结晶也会同时发生，使塑性变形产生的加工硬化立即被再结晶产生的软化效果所抵消，金属将不显示加工硬化现象。

在金属的实际热加工过程中，由于变形速度快，再结晶时间不充分，再结晶的软化往往来不及消除加工硬化的影响，因此需要提高温度来加速再结晶过程。所以，生产上金属的实际加热温度总是高于它的再结晶温度，当金属中含有少量杂质或合金元素时，加热温度往往要更高一些。

冷加工一般加工精度高,表面粗糙度值低,适用于塑性较好的材料制造截面尺寸较小的零件。热加工能打碎铸态金属中的粗大树枝晶和柱状晶,并通过再结晶获得等轴细晶粒,而使金属的机械性能全面提高。但由于热加工一般温度较高,金属表面易氧化,使得其表面比较粗糙,尺寸精度较低,适用于制造一些截面尺寸或加工变形量较大的半成品。

3.4.2 热加工后的金属组织和性能

热加工不会引起金属的加工硬化,但由于温度处于再结晶温度以上,变形加工后随即发生回复和再结晶,使金属的组织和性能发生显著改变。

1. 改善铸态金属的组织和性能

热加工能使铸态金属中的气孔、疏松、微裂纹焊合,提高金属的致密度,提高金属的力学性能,特别是韧性和塑性。

2. 细化晶粒

热加工的金属经过塑性变形和再结晶的作用,一般可以使晶粒细化,从而提高金属的力学性能。热加工金属的晶粒大小与变形程度和终止加工温度有关,变形程度小,终止加工温度过高,加工后得到粗大晶粒,反之则获得细小晶粒。但终止加工温度也不能过低,否则易产生加工硬化和残余应力。

3. 形成锻造流线

铸态组织中的夹杂物在高温下具有一定的塑性,热加工时,金属中的各种夹杂物和枝晶偏析沿金属流动方向被拉长,形成锻造流线,又称纤维组织。锻造流线使金属的性能呈明显的各向异性,通常沿流线方向具有较高的力学性能,而垂直于流线方向的力学性能较低。表3-2为碳的质量分数为$w_C=0.45\%$碳钢的力学性能与流线方向的关系。

表3-2 碳的质量分数为0.45%碳钢的力学性能与流线方向的关系

取样方向	力学性能				
	σ_b/MPa	$\sigma_{r0.2}$/MPa	δ/%	ψ/%	a_K/(J·cm^{-2})
平行于流线	715	470	17.5	62.8	62
垂直于流线	675	440	10.0	31.0	30

因此,热加工时应使工件流线分布合理,以保证零件的使用性能。例如,锻造曲轴的流线分布合理,曲轴不易断裂;而切削加工制成的曲轴流线分布不合理,易沿轴肩发生断裂,如图3-22所示。

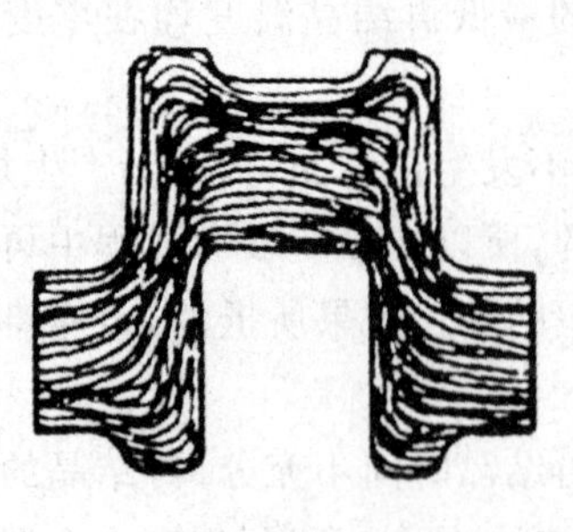
(a) 锻造曲轴

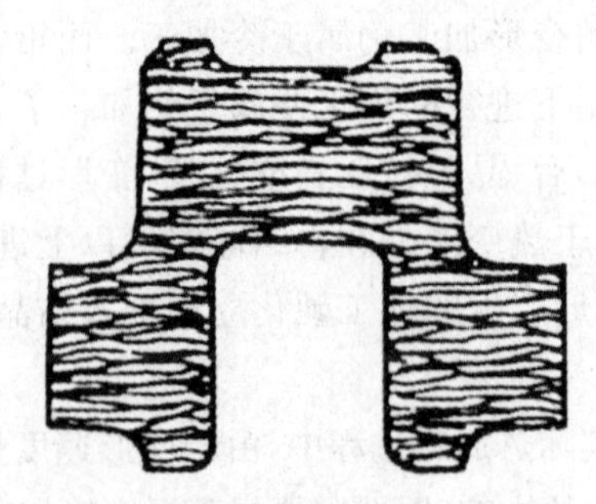
(b) 切削加工曲轴

图3-22 曲轴流线分布示意图

4. 形成带状组织

若钢的铸态组织中存在严重的偏析，或热变形加工温度过低，热加工后钢中常出现与变形方向呈平行交替分布的层状或条状组织，称为带状组织，如图 3－23 所示。

图 3－23　钢中的带状组织

带状组织使钢材的力学性能呈各向异性，横向塑性和韧性明显降低，热处理时产生变形，而且会使钢材组织、硬度不均匀；带状碳化物还影响轴承和工具（刃具）的使用寿命。带状组织一般被认为是有害的，生产中常采取交替改变变形方向、提高加热温度、延长保温时间、提高冷却速度等措施来减轻或消除带状组织。

习　题

1. 金属单晶体的塑性变形有哪几种方式？其主要区别是什么？
2. 为什么滑移面是原子密度最大的晶面，滑移方向是原子密度最大的方向？
3. 为什么金属晶体中实际测得的滑移所需最小切应力比理论值小得多？
4. 为什么细化晶粒可以同时提高金属的强度、塑性和韧性？
5. 冷塑性变形对金属组织和性能有何影响？
6. 什么是加工硬化？其产生原因是什么？
7. 金属塑性变形后可产生哪几种残余应力，它们对机械零件的性能有什么影响？
8. 什么是回复？什么是再结晶？
9. 影响再结晶后晶粒大小的主要因素有哪些？为什么生产上要尽量避免在临界变形度范围内进行压力加工？
10. 冷加工和热加工的主要区别是什么？
11. 热加工对金属组织和性能有何影响？钢材在热变形时为什么不出现加工硬化现象？

第4章　铁碳合金相图及碳钢

铁碳合金是指由铁和碳两种元素组成的合金。铁与碳可以形成Fe_3C、Fe_2C、FeC等一系列化合物，而稳定的化合物可以作为一个独立的组元，所以，整个铁碳合金相图也可以看作是由铁及其稳定化合物组成的一系列二元相图。当碳的质量分数大于5%时，合金既脆又硬，无实用价值，只有碳的质量分数小于5%的铁碳合金才有实际意义。因此，我们一般只对铁碳合金相图中碳的质量分数小于6.69%的部分进行研究，铁碳合金相图实际上就是指Fe-Fe_3C相图。

碳钢和铸铁是现代工业中应用最为广泛的金属材料，它们均属于铁碳合金的范畴。了解和掌握铁碳合金相图，对于钢铁材料的研究和利用，对于各种冷热加工工艺的制订都具有重要的指导意义。

4.1　铁碳合金的基本组织

4.1.1　纯　铁

铁属于过渡族元素，熔点为1 538 ℃，密度为7.87 g/cm^3。

固态铁的一个重要特性是具有同素异构性，即在不同温度范围具有不同的晶体结构。纯铁的同素异构转变是钢铁能够热处理的理论依据，是钢铁材料组织和性能多样、应用广泛的主要原因。图4-1为固态下铁的冷却曲线和晶体转变过程示意图，在不同的温度下，纯铁将发生不同的同素异构转变：

$$\underset{液相}{L} \xrightleftharpoons{1\,538\ ℃} \underset{体心立方}{\delta-Fe} \xrightleftharpoons{1\,394\ ℃} \underset{面心立方}{\gamma-Fe} \xrightleftharpoons{912\ ℃} \underset{体心立方}{\alpha-Fe} \tag{4-1}$$

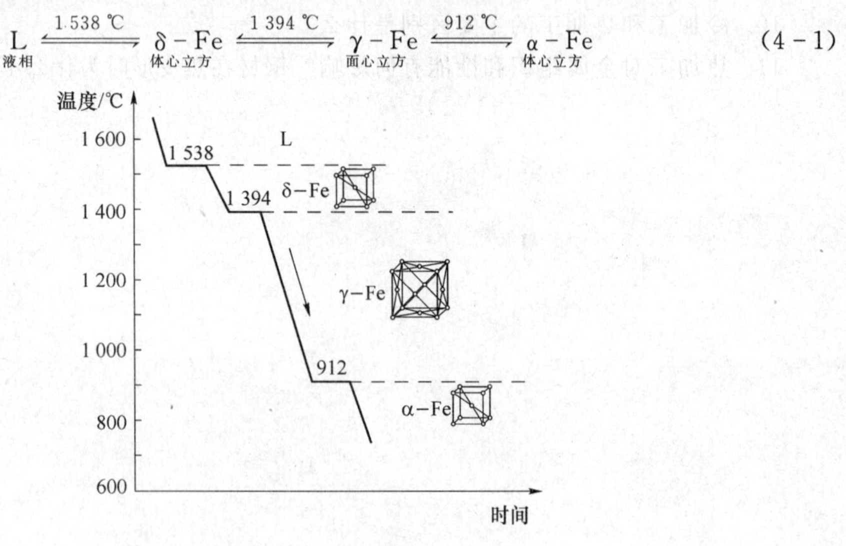

图4-1　纯铁的冷却曲线和晶体转变过程

工业纯铁通常含有少量的杂质，其含铁量一般为w_{Fe}＝99.8%～99.9%。其力学性能指标大致为：屈服强度$\sigma_{0.2}$＝100～170 MPa，抗拉强度σ_b＝180～280 MPa，伸长率δ＝30%～50%，断面收缩率ψ＝70%～80%，硬度＝50～80 HBS，冲击韧度a_K＝160～200 J/cm^2。

工业纯铁的塑性和韧性较好，但强度和硬度很低，在工程上很少使用。

770 ℃为纯铁的磁性转变点，又称居里点。在 770 ℃以下纯铁具有铁磁性，在 770 ℃以上则失去铁磁性。磁性转变时不发生晶格转变。

4.1.2　铁碳合金的基本组织

Fe 和 Fe_3C 是组成 Fe－Fe_3C 相图的两个基本组元。由于铁和碳的相互作用不同，铁碳合金中的基本组织有铁素体、奥氏体、渗碳体、珠光体和莱氏体等几种。

1. 铁素体

碳溶于 α－Fe 中形成的间隙固溶体称为铁素体，用符号“F”或“α”表示。在 α－Fe 体心立方晶格中，最大间隙半径只有 0.031 nm，比碳原子半径 0.077 nm 小得多，因而溶碳能力较低，在 727 ℃时溶碳量最大，w_C＝0.021 8%，随着温度下降，溶碳量逐渐减少，在 600 ℃时溶碳量约为w_C＝0.005 7%，在室温时为 0.000 8%，几乎为零。

铁素体在室温时的性能与纯铁相似，具有塑性和韧性较好，而强度和硬度很低的特点。

铁素体在 770 ℃以上无磁性，在 770 ℃以下具有铁磁性。

图 4－2 为铁素体的显微组织。

2. 奥氏体

碳溶于 γ－Fe 中形成的间隙固溶体称为奥氏体，用符号“A”或“γ”表示。在 γ－Fe 面心立方晶格中，间隙半径为 0.053 nm，略小于碳原子半径，所以溶碳能力较 α－Fe 大，在 1 148 ℃时溶碳量最大，w_C＝ 2.11%，随着温度的下降，溶碳量逐渐减少，在 727 ℃时的溶碳量为w_C＝0.77%。

力学性能指标大致为：抗拉强度σ_b≈400 MPa，伸长率δ＝40%～50%，硬度＝160～200 HBS。奥氏体也是一个强度、硬度较低而塑性、韧性较高的相。

奥氏体仅存在于 727 ℃以上的高温范围内。奥氏体为非铁磁性相。图 4－3 为奥氏体的显微组织。

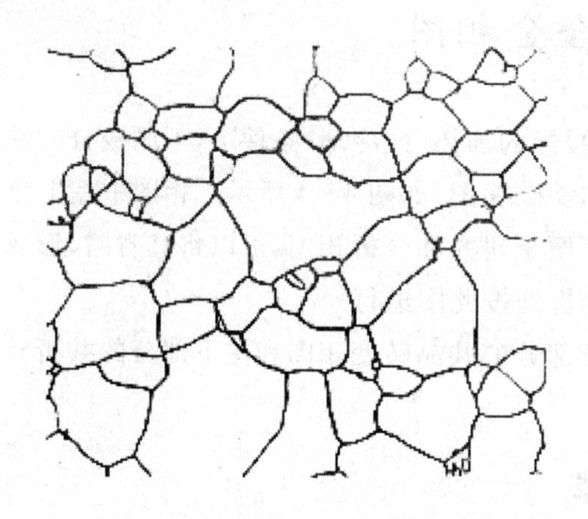

图 4－2　铁素体的显微组织

图 4－3　奥氏体的显微组织

3. 渗碳体

渗碳体是铁和碳形成的一种具有复杂晶格的间隙化合物，其晶胞内铁与碳原子数比为3∶1，通常用分子式Fe_3C表示。

渗碳体的含碳量为$w_C=6.69\%$，熔点为1 227 ℃。渗碳体的硬度很高，约为800 HBW，但强度较低，塑性和韧性几乎为零。因此，渗碳体是一个硬而脆的组织。

渗碳体是碳钢中主要的强化相，在钢和铸铁中常以片状、球状或网状的形式存在，它的形态、大小、数量和分布状态对钢的性能有很大影响。

渗碳体是一种亚稳定化合物，在适当条件下会分解出单质状态的碳，称为石墨。渗碳体中碳原子可被氮等小尺寸原子置换，而铁原子也可被Cr、Mn等金属原子置换，形成合金渗碳体，如$(Fe,Mn)_3C$、$(Fe,Cr)_3C$等。

渗碳体在低温时略具有铁磁性，在230 ℃以上磁性消失。

4. 珠光体

珠光体是铁素体和渗碳体组成的混合物，用符号“P”表示。

在金相显微镜下，当放大倍数较高时，能清楚地看到珠光体中渗碳体呈片状分布于铁素体基体上。

珠光体的强度较高，塑性、韧性和硬度介于渗碳体和铁素体之间，综合力学性能较好。其力学性能指标大致为：$\sigma_b\approx 770$ MPa，$\delta=20\%\sim35\%$，$A_{KV}=24\sim32$ J，硬度≈180 HBS。

5. 莱氏体

莱氏体是碳的质量分数为4.3%的合金。当合金冷却到1 148 ℃时，从液相中同时结晶出奥氏体和渗碳体的复合组织，称为莱氏体，又称高温莱氏体，用符号“Ld”表示。由于奥氏体在727 ℃时将转变为珠光体，所以室温下的莱氏体由珠光体和渗碳体组成，称为低温莱氏体，也称变态莱氏体，用符号“L′d”表示。

莱氏体的性能与渗碳体类似，也是既硬又脆的组织。

4.2 铁碳合金相图

铁碳合金相图是指在平衡条件下，即在极其缓慢的加热(或冷却)条件下，不同成分的铁碳合金，在不同的温度下所处状态的一种图形，简称铁碳相图，如图4-4所示。相图中左上角为包晶反应部分，由于在实际应用中意义不大，为了便于研究和分析相图，可以将其省略，形成如图4-5所示的简化铁碳合金相图，以下的相图分析均按此图进行。

简化后的铁碳合金相图可以看作是由右上半部分的共晶转变相图和左下部分的共析转变相图这两个简单二元相图叠加而成的相图。

4.2.1 铁碳合金相图中的特性点与特性线

1. 铁碳合金相图中的特性点

相图中主要特性点的温度、成分及含义见表4-1。

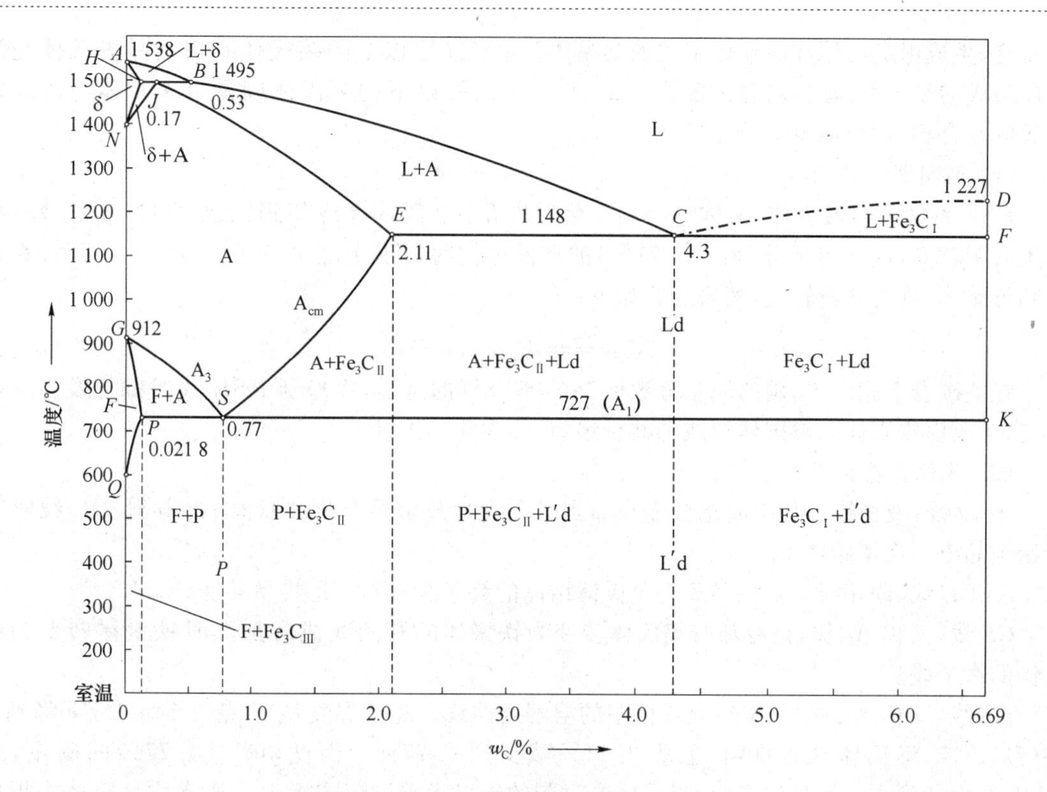

图 4-4　铁碳合金相图

表 4-1　Fe-Fe₃C 相图中的主要特性点

特性点	温度/℃	w_C/%	含　义
A	1 538	0	纯铁的熔点
C	1 148	4.30	共晶点，$L_C \rightleftharpoons A_E + Fe_3C$
D	1 227	6.69	渗碳体的熔点
E	1 148	2.11	碳在 γ-Fe 中的最大溶解度
F	1 148	6.69	共晶渗碳体成分点
G	912	0	同素异构转变点
K	727	6.69	共析渗碳体成分点
P	727	0.218	碳在 α-Fe 中的最大溶解度
S	727	0.77	共析点，$A_S = F_P + Fe_3C$
Q	600(室温)	0.005 7(0.000 8)	600 ℃(室温)时碳在 α-Fe 中的溶解度

2. 铁碳合金相图中的特性线

(1) 共晶转变线

ECF 线为共晶转变线，*C* 点为共晶点。液态合金在 1 148 ℃恒温下，由 *C* 点成分(w_C=4.3%)的液相同时结晶出 *E* 点成分(w_C=2.11%)的奥氏体和渗碳体，称为共晶转变，其表达式如下：

$$L_C \xrightleftharpoons{1\,148\ ℃} A_E + Fe_3C \tag{4-2}$$

在铁碳合金相图中，碳的质量分数 w_C>2.11%的液态合金，冷却到 *ECF* 线时都将发生共晶转变,生成由奥氏体和渗碳体组成的共晶体。在727 ℃以上的莱氏体是由共晶奥氏体与渗碳体组成的复合相,称为高温莱氏体(Ld),而在727 ℃以下的莱氏体则是由珠光体与渗碳体组成的复合相,称为低温莱氏体(L′d)。

(2) 共析转变线

PSK 线为共析转变线,又称 A_1 线,*S* 点为共析点。奥氏体冷却到该温度线(727 ℃)时将发生共析转变,由 *S* 点成分(w_C=0.77%)的奥氏体同时析出 *P* 点成分(w_C=0.021 8%)铁素体和渗碳体,称为共析转变,其表达式如下:

$$A_S \xrightleftharpoons{727\ ℃} F_P + Fe_3C \tag{4-3}$$

在铁碳合金相图中,碳的质量分数w_C>0.021 8%的合金,冷却到 *PSK* 线时都将发生共析转变,生成由铁素体和渗碳体组成的共析组织,称为珠光体(P)。

(3) 其他主要特性线

ACD 线,液相线。其中液态合金冷却到 *AC* 线时开始结晶出奥氏体;冷却到 *DC* 线时就开始结晶出一次渗碳体 $Fe_3C_Ⅰ$。

AECF 线,固相线。其中 *AE* 为奥氏体结晶的终了线;*ECF* 是共晶转变线。

GS 线,又称 A_3 线,是冷却时奥氏体转变为铁素体的开始线或者加热时铁素体转变为奥氏体的终了线。

ES 线,又称 A_{cm} 线,是碳在奥氏体中的溶解度曲线。随着温度从 *E* 点(1 148 ℃)下降到 *S* 点(727 ℃),奥氏体含碳量 w_C 也从 2.11%减少到 0.77%。因此,w_C>0.77%的碳钢,从 1 148 ℃冷却到 727 ℃的过程中,奥氏体中过剩的碳以渗碳体形式析出。通常称奥氏体中析出的渗碳体为二次渗碳体,用 $Fe_3C_Ⅱ$ 来表示,从液态中析出的渗碳体称为一次渗碳体,用 $Fe_3C_Ⅰ$ 来表示。

PQ 线,碳在铁素体中的溶解度曲线。*P* 点为最大溶解度点,达 0.021 8%;随着温度的下降,碳在铁素体中溶解度进一步减小,在室温时溶解度趋向于零。因此,从 727 ℃冷却到室温过程中,铁素体中过剩的碳将以渗碳体形式析出,称为三次渗碳体,$Fe_3C_Ⅲ$ 来表示。

3. 铁碳合金相图中的相区

(1) 单相区,有 L、A、F 和 Fe_3C 四个。

(2) 双相区,有 L+A、L+Fe_3C、A+F、A+Fe_3C 和 F+Fe_3C 共五个。根据碳的质量分数和室温组织形态的不同,A+Fe_3C 又可细分为 A+$Fe_3C_Ⅱ$、A+$Fe_3C_Ⅱ$+ Ld、Ld、Ld+$Fe_3C_Ⅰ$ 等子相区,F+Fe_3C 也可细分为 P+F、P、P+ $Fe_3C_Ⅱ$、P+ $Fe_3C_Ⅱ$ +L′d、L′d、L′d +$Fe_3C_Ⅰ$ 等子相区,如图 4-4、图 4-5 所示。

4.2.2 典型铁碳合金的结晶过程

1. 铁碳合金的分类

Fe-Fe_3C 相图上的合金,按其含碳量和室温组织的不同,一般分为工业纯铁、钢和白口铸铁三类。

(1) 工业纯铁w_C≤0.021 8%。

(2) 钢 0.021 8%<w_C≤2.11%。根据室温组织不同,钢又可以分为以下三种:

① 亚共析钢 0.021 8%<w_C≤0.77%;

② 共析钢w_C=0.77%;

③ 过共析钢 0.77%<w_C≤2.11%。

(3) 白口铸铁 $2.11\% < w_C < 6.69\%$。根据室温组织不同，白口铸铁又可以分为以下三种：

① 亚共晶白口铸铁 $2.11\% < w_C \leqslant 4.3\%$；

② 共晶白口铸铁 $w_C = 4.3\%$；

③ 过共晶白口铸铁 $4.3\% < w_C \leqslant 6.69\%$。

2. 典型铁碳合金的结晶过程

下面以六种典型铁碳合金为例，分析它们的结晶过程和室温下的平衡组织。六种合金在相图中的位置如图 4-5 中的Ⅰ～Ⅵ所示。

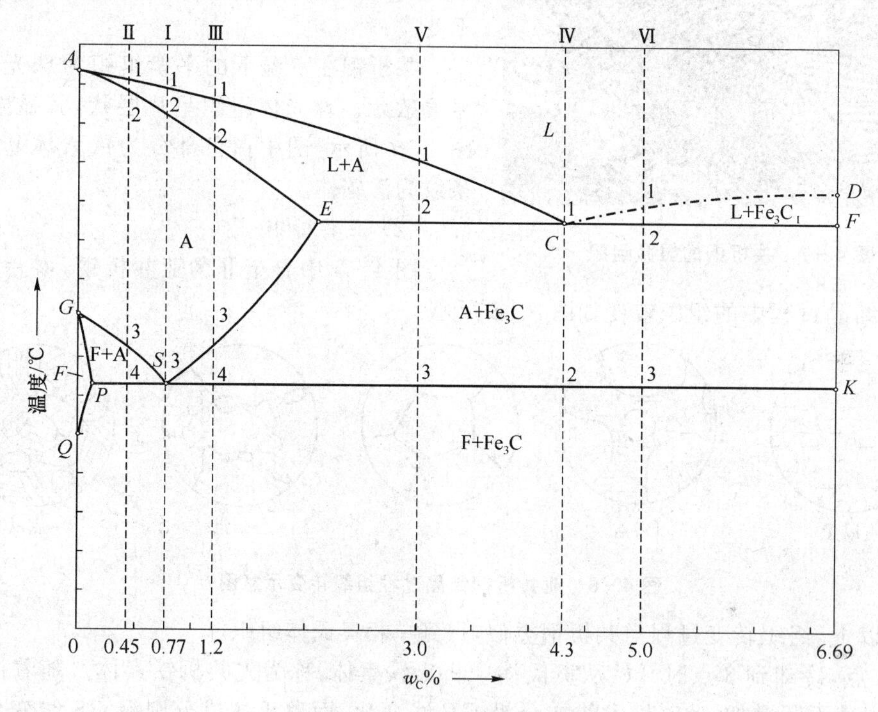

图 4-5　简化铁碳合金相图

(1) 共析钢

图 4-5 中合金Ⅰ为共析钢，$w_C = 0.77\%$。共析钢结晶过程中的组织转变如图 4-6 所示，其结晶过程如下。

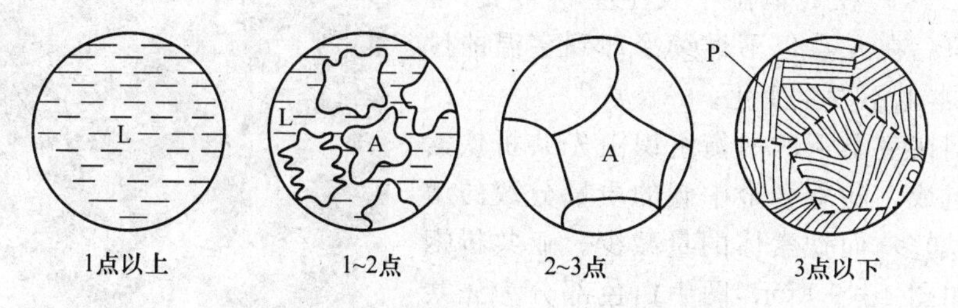

图 4-6　共析钢结晶过程组织转变示意图

1 点以上，合金为液相。

1～2 点，合金缓慢冷却到 1 点时开始从液相中结晶出奥氏体。随着温度的下降，奥氏体量不断增加，剩余液相不断减少，到 2 点时合金全部结晶为奥氏体。在结晶过程中，奥氏体的

成分沿 AE 线变化,同时液相成分沿 AC 线变化。

2~3点,合金在此区间为单相奥氏体组织,不发生变化。

3点,合金冷却到3点,即 S 点(727 ℃)时,奥氏体将在恒温下发生共析转变,同时析出片层状的铁素体和渗碳体,生成珠光体组织。

图4-7 共析钢的显微组织

3点以下,合金继续冷却到室温的过程中,铁素体的成分沿 PQ 线变化,同时析出三次渗碳体。由于其量极少,显微组织也难以分辨,所以一般忽略不计,认为在3点以下直至室温时组织保持不变。

共析钢在室温下的平衡组织为珠光体,用符号P表示。珠光体组织呈片层状,其显微组织如图4-7所示,图中白色部分为铁素体基体,黑色条纹为渗碳体。

(2) 亚共析钢

图4-5中合金Ⅱ为亚共析钢,$w_C=0.45\%$。亚共析钢结晶过程中的组织转变如图4-8所示。

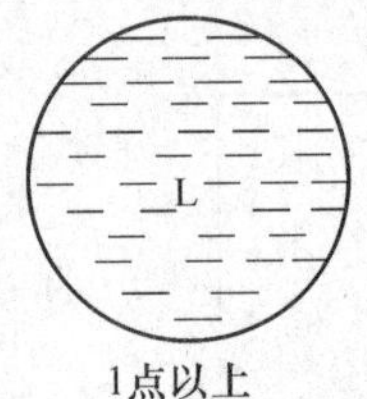

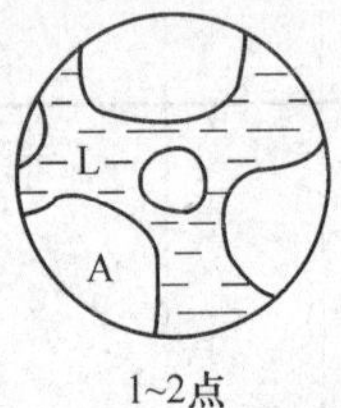

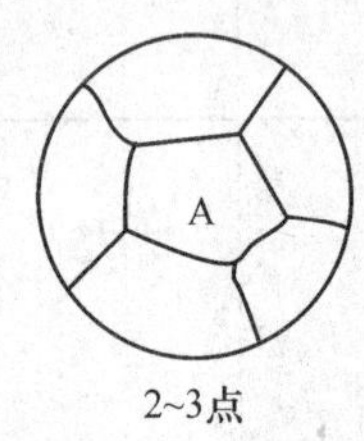

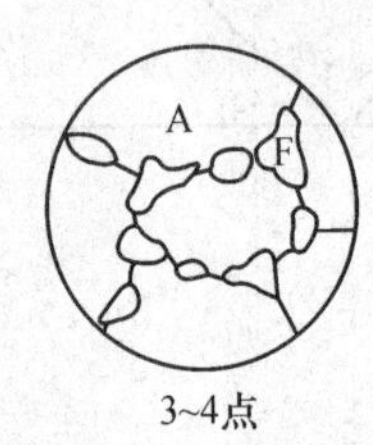

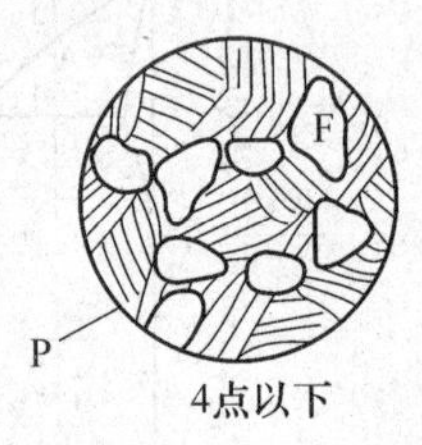

图4-8 亚共析钢结晶过程组织转变示意图

3点以上,组织转变过程与共析钢类似,得到单相奥氏体组织。

3~4点,冷却到3点时开始从奥氏体中析出铁素体,称为先共析铁素体。随着温度的下降,铁素体量不断增加,此时铁素体成分沿 GP 线变化,而奥氏体成分则沿 GS 线变化。析出的铁素体通常沿奥氏体晶界形核并长大。

4点及4点以下,合金冷却到4点(727 ℃)时,与 PSK 共析线相交,剩余奥氏体成分也达到 S 点,即 $w_C=0.77\%$,在此恒温下发生共析转变,生成珠光体组织。在4点以下继续冷却到室温的过程中,组织基本上不发生变化。

亚共析钢在室温下的平衡组织由先共析铁素体和珠光体组成。随着合金中碳的质量分数的增加,珠光体量增多,而铁素体的量减少。亚共析钢的显微组织如图4-9所示,图中白色部分为先共析铁素体,黑色部分为珠光体。

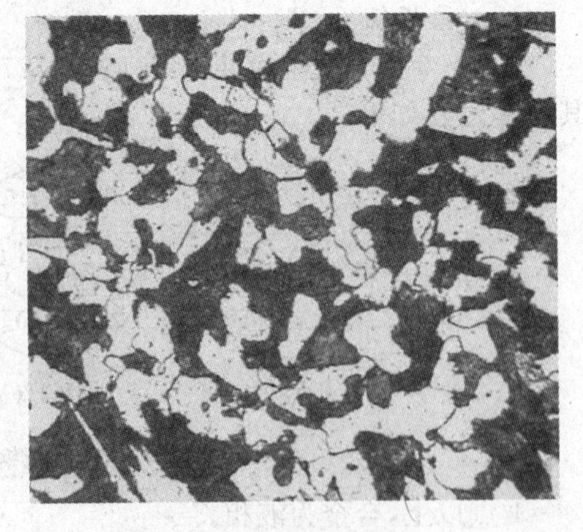

图4-9 亚共析钢的显微组织

(3) 过共析钢

图4-5中合金Ⅲ为过共析钢,$w_C=1.2\%$。过共析钢结晶过程中的组织转变如图4-10所示。

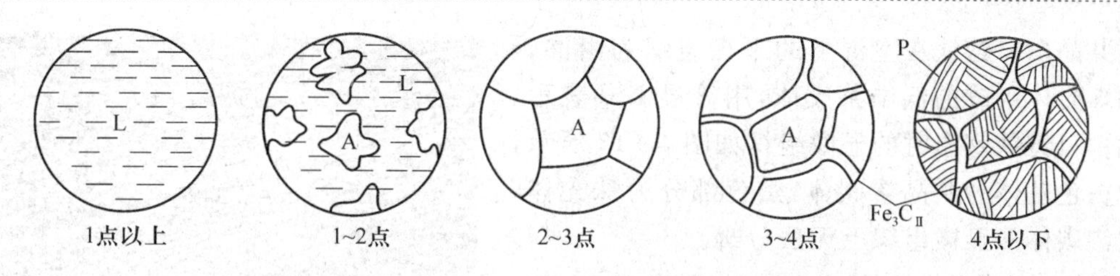

图 4－10　过共析钢结晶过程组织转变示意图

3 点以上，组织转变过程也与共析钢类似，得到单相奥氏体组织。

3～4 点，冷却到 3 点时开始从奥氏体中析出渗碳体，即二次渗碳体。随着温度的下降，渗碳体不断析出，奥氏体的成分沿 *ES* 线变化。二次渗碳体沿奥氏体晶界析出并呈网状分布。

4 点及 4 点以下，合金冷却到 4 点（727 ℃）时，与 *PSK* 共析线相交，剩余奥氏体成分也达到 *S* 点，即 $w_C = 0.77\%$，在此恒温下发生共析转变，生成珠光体组织。在 4 点以下继续冷却到室温的过程中，组织基本上不发生变化。

图 4－11　过共析钢的显微组织

过共析钢在室温下的平衡组织由珠光体和网状二次渗碳体组成。过共析钢的显微组织如图 4－11所示，图中黑白相间的层片状组织为珠光体，白色网状条纹为二次渗碳体。

（4）共晶白口铸铁

图 4－5 中合金Ⅳ为共晶白口铸铁，$w_C = 4.3\%$。共晶白口铸铁结晶过程中的组织转变如图 4－12 所示。

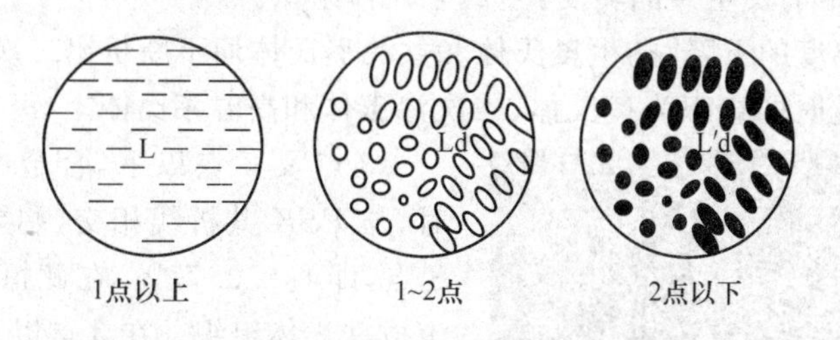

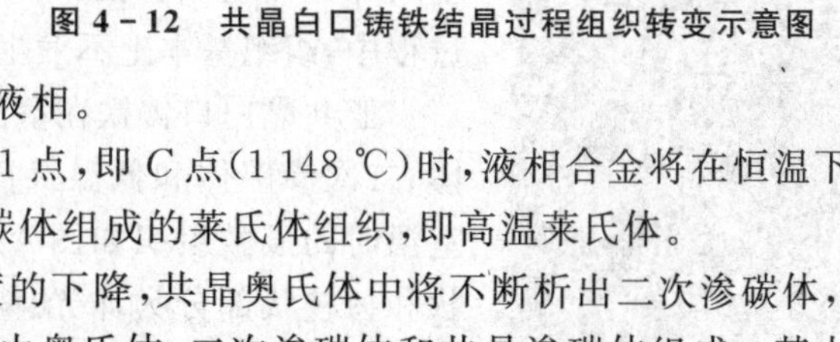

图 4－12　共晶白口铸铁结晶过程组织转变示意图

1 点以上，合金为液相。

1 点，合金冷却到 1 点，即 *C* 点（1 148 ℃）时，液相合金将在恒温下发生共晶转变，生成由共晶奥氏体和共晶渗碳体组成的莱氏体组织，即高温莱氏体。

1～2 点，随着温度的下降，共晶奥氏体中将不断析出二次渗碳体，奥氏体的成分沿 *ES* 线变化，此时的共晶组织由奥氏体、二次渗碳体和共晶渗碳体组成。其中，二次渗碳体一般依附在共晶渗碳体上析出并长大，从显微组织上难以分辨。

2 点，合金冷却到 2 点（727 ℃）时，与 *PSK* 共析线相交，剩余奥氏体的成分也达到 *S* 点，即 $w_C = 0.77\%$，在此恒温下发生共析转变，生成珠光体组织。

2 点以下，在 2 点以下继续冷却到室温的过程中，组织基本上不发生变化。

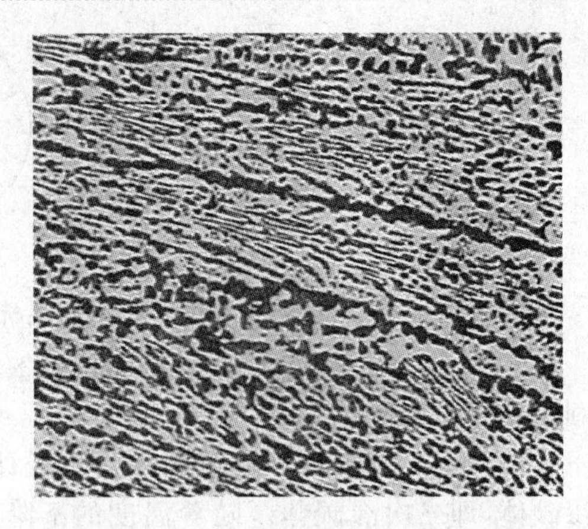
图 4-13　共晶白口铸铁的显微组织

共晶白口铸铁在室温下的平衡组织为由渗碳体和珠光体组成的低温莱氏体,用符号 L′d 表示。共晶白口铸铁室温时的显微组织如图 4-13 所示,图中白色基体为共晶渗碳体,黑色部分为珠光体,二次渗碳体从显微组织上无法分辨。

(5) 亚共晶白口铸铁

图 4-5 中合金Ⅴ为亚共晶白口铸铁,w_C=3.0%。亚共晶白口铸铁结晶过程中的组织转变如图 4-14 所示。

1 点以上,合金为液相。

1～2 点,缓慢冷却到 1 点时开始从液相中结晶出奥氏体,称为初生奥氏体。随着温度的下降,奥氏体量不断增加,剩余液相不断减少。在结晶过程中,奥氏体的成分沿 *AE* 线变化,同时液相成分沿 *AC* 线变化。

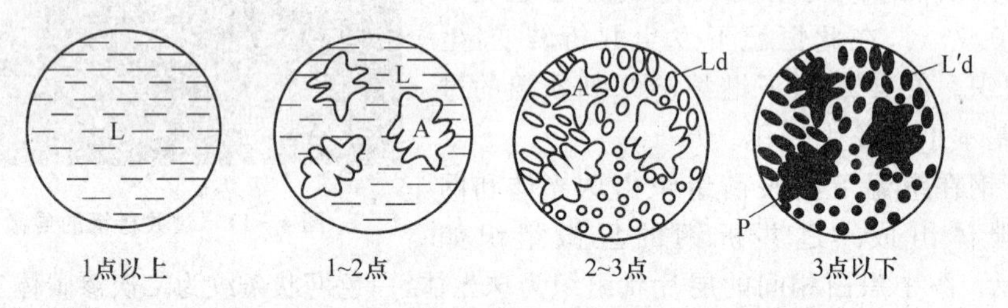

图 4-14　亚共晶白口铸铁结晶过程组织转变示意图

2 点,合金冷却到 2 点(1 148 ℃)时,与 *ECF* 共晶线相交,剩余液相的成分也达到 *C* 点,即 w_C=4.3%,在此恒温下发生共晶转变,生成莱氏体组织。

2～3 点,随着温度的下降,初生奥氏体和共晶奥氏体均不断析出二次渗碳体,奥氏体的成分沿 *ES* 线变化。此时的组织为奥氏体、二次渗碳体和高温莱氏体。

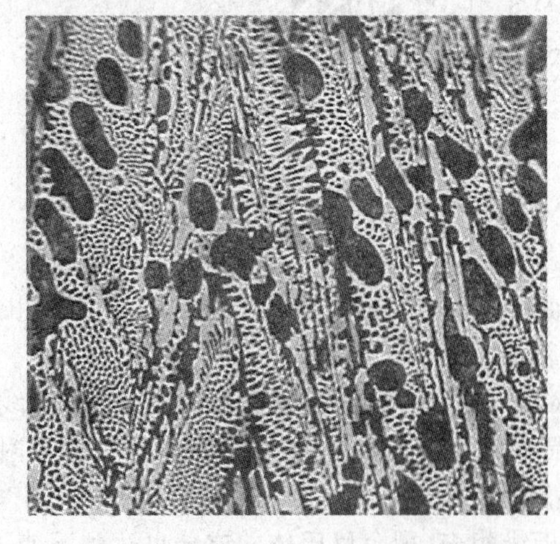
图 4-15　亚共晶白口铸铁的显微组织

3 点及 3 点以下,合金冷却到 3 点(727 ℃)时,与 *PSK* 共析线相交,剩余奥氏体成分也达到 *S* 点,即 w_C=0.77%,在此恒温下发生共析转变,生成珠光体组织。在 3 点以下继续冷却到室温的过程中,组织基本上不发生变化。

亚共晶白口铸铁在室温下的平衡组织为珠光体、二次渗碳体和低温莱氏体。亚共晶白口铸铁室温时的显微组织如图 4-15 所示,图中黑色点状和树枝状部分为珠光体,其余黑白相间的基体为低温莱氏体,二次渗碳体依附在共晶渗碳体上,难以分辨。

(6) 过共晶白口铸铁

图 4-5 中合金Ⅵ为过共晶白口铸铁,w_C=

5.0%。过共晶白口铸铁结晶过程中的组织转变如图 4-16 所示。

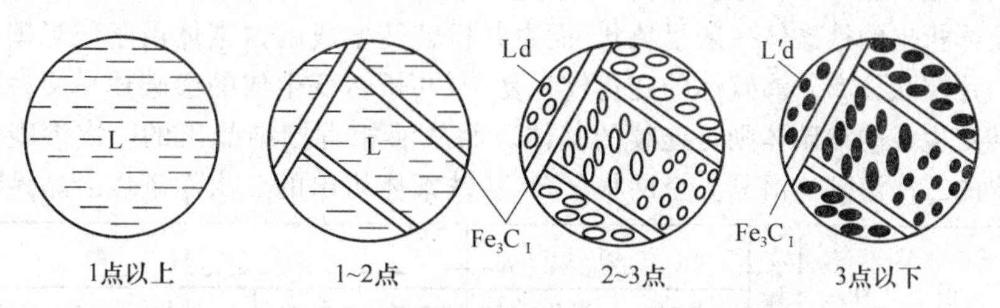

图 4-16 过共晶白口铸铁结晶过程组织转变示意图

1 点以上，合金为液相。

1～2 点，缓慢冷却到 1 点时开始从液相中结晶出一次渗碳体。随着温度的下降，渗碳体量不断增加，剩余液相不断减少。在结晶过程中，液相成分沿 *CD* 线变化。

2 点，合金冷却到 2 点（1 148 ℃）时，与 *ECF* 共晶线相交，剩余液相的成分也达到 *C* 点，即 $w_C=4.3\%$，在此恒温下发生共晶转变，生成莱氏体组织。此时的组织为一次渗碳体和高温莱氏体。

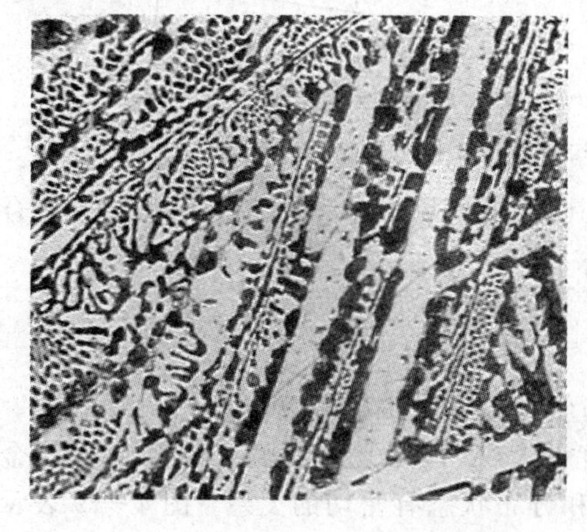

图 4-17 过共晶白口铸铁的显微组织

2～3 点，随着温度的下降，共晶奥氏体中不断析出二次渗碳体，奥氏体的成分沿 *ES* 线变化。

3 点及 3 点以下，合金冷却到 3 点（727 ℃）时，与 *PSK* 共析线相交，剩余奥氏体成分也达到 *S* 点，即 $w_C=0.77\%$，在此恒温下发生共析转变，生成珠光体组织。在 3 点以下继续冷却到室温的过程中，组织基本上不发生变化。

过共晶白口铸铁在室温下的平衡组织为一次渗碳体和低温莱氏体。过共晶白口铸铁室温时的显微组织如图 4-17 所示，图中白色板条状的为一次渗碳体，其余为低温莱氏体，二次渗碳体同样难以分辨。

4.3 碳的质量分数对铁碳合金组织和力学性能的影响

4.3.1 碳的质量分数对平衡组织的影响

一般说来，铁碳合金的室温组织都是由铁素体和渗碳体这两个基本相组成的。图 4-18 表示了铁碳合金的组织组成物的数量和相组成物的相对量与碳的质量分数的关系。从图中可以看出，当 $w_C=0\%$ 时，合金全部为铁素体。随着碳的质量分数的增加，铁素体的相对量不断减少，而渗碳体的相对量在不断增加。当 $w_C=6.69\%$ 时，合金全部为渗碳体，如图 4-18 中相组成物的相对量部分所示。

从组织组成物来看，随着碳的质量分数的增加，铁碳合金在室温下可以形成不同的组织，其变化如下：

$$F \to F+P \to P \to P+Fe_3C_{II} \to P+Fe_3C_{II}+L'd \to L'd \to L'd+Fe_3C_{I}$$

由于碳的质量分数和形成条件不同,铁素体和渗碳体的组织形态和分布都会产生很大的变化。如从奥氏体析出的铁素体一般呈块状,而由共析转变生成的铁素体由于同渗碳体相互制约,主要呈交替的片层状分布。渗碳体的变化较为复杂,共析转变生成的渗碳体呈交替的片层状,莱氏体中共晶转变生成的渗碳体则是连续的基体。而从液相直接结晶出的一次渗碳体呈长条状,从奥氏体析出的二次渗碳体沿晶界呈网状分布,从铁素体析出的三次渗碳体沿晶界则呈小片状。

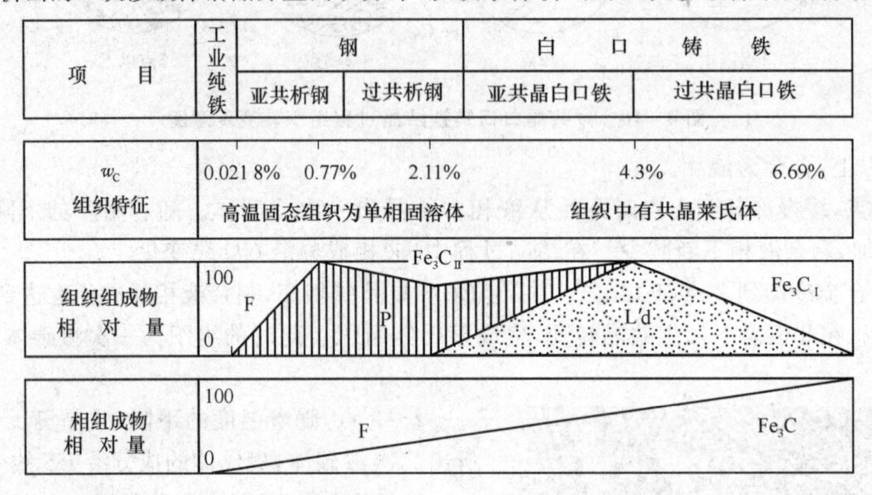

图 4-18 铁碳合金室温下的组织组成物和相组成物

同一种组成相从本质上看是相同的,但是,由于其数量、组织形态和分布的不同,对铁碳合金的性能会产生很大的影响。

4.3.2 碳的质量分数对力学性能的影响

在铁碳合金中,碳的含量和存在形式对合金的力学性能有直接的影响。

铁素体的力学性能特点是塑韧性好、强度和硬度低,渗碳体则是硬而脆。因此,铁碳合金的力学性能,和铁素体与渗碳体的相对量、组织形态和分布状态有密切的关系。图 4-19 表示了碳的质量分数对碳钢力学性能的影响。

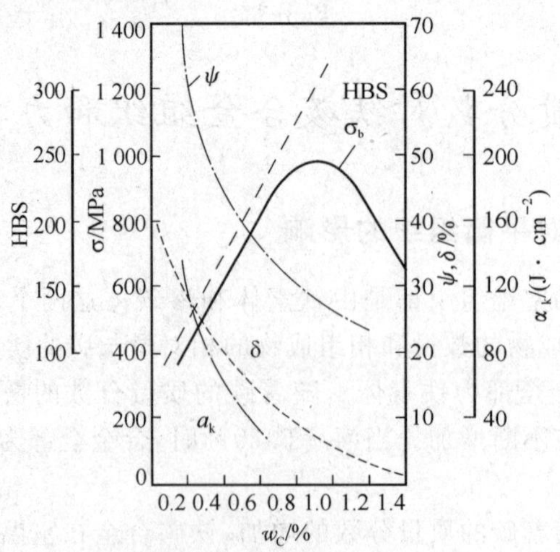

图 4-19 碳的质量分数对碳钢力学性能的影响

从图 4－19 可以看出，随着碳的质量分数的增加，碳钢的力学性能也表现出硬度直线上升，而塑性和韧性不断下降的特点。在强度方面，当w_C＜0.9％时，随着碳的质量分数的增加，碳钢的强度不断提高；在w_C＝0.9％时，强度出现峰值；而当w_C＞0.9％时，碳钢的强度反而开始下降。结合图 4－18 可以看出，由于工业纯铁、亚共析钢和共析钢等铁碳合金，随着碳的质量分数的增加，铁素体逐渐减少，而珠光体量相应增加，组织由单相铁素体逐步过渡到全部为珠光体组织，因此塑性和韧性不断下降，而强度和硬度则直线上升。在过共析钢中，随着碳的质量分数的增加，二次渗碳体量逐渐增加，因此塑性和韧性继续下降，硬度则继续提高。强度在开始阶段也继续提高，并在w_C＝0.9％时出现峰值，这时二次渗碳体量逐渐增加并形成连续的网状。随着碳的质量分数的增加，二次渗碳体量进一步增加，钢的脆性也不断增加，这样不仅降低了塑性和韧性，也使强度出现明显的下降。可见，强度是一个对组织形态较为敏感的力学性能指标。

在实际应用中，为了保证材料具有足够的强度、一定的塑性和韧性，碳钢中碳的质量分数一般不超过 1.4％，并且要设法控制二次渗碳体的形态，抑制或消除连续的网状渗碳体。

4.4　铁碳合金相图的应用

铁碳合金相图表达了平衡状态下合金的成分、温度和显微组织之间的关系，对生产实践具有重要的指导意义，是材料选择主要参考，也是制定铸造、锻造、焊接以及热处理等热加工工艺的重要依据。

1. 在选材方面的应用

通过铁碳合金相图中合金的成分和显微组织之间的关系，可以初步了解其力学性能，这样在设计和生产中，就可以根据零件的使用性能要求，合理地选择材料。例如，需要塑性好、韧性高的材料时，一般选用w_C＜0.25％的低碳钢；对于工作中需要承受一定的冲击载荷，要求材料的强度、塑性和韧性等性能都较好时，应选用w_C＝0.3％～0.55％的中碳钢；若需要硬度高、耐磨性好的材料，如各种工具用钢，应选用w_C＞0.55％的高碳钢；对于一些形状复杂、不受冲击、同时又需要较高的耐磨性的零件，则可选用白口铸铁铸造而成。

2. 在铸造方面的应用

根据铁碳合金的成分，可以从铁碳合金相图上确定合适的浇注温度，一般在液相线以上 100～200 ℃范围内，如图 4－20 所示。从铁碳合金相图可以看出，共晶成分（w_C＝4.3%）的铁碳合金熔点最低，结晶温度范围也最小，具有良好的铸造性能。因此，在铸造生产中，铸铁的成分大多在共晶点附近。

另外，碳钢铸造时，由于熔点高、结晶温度范围大，所以铸造性能较差，易产生收缩，其铸造工艺也比铸铁复杂得多。

3. 在锻造方面的应用

单相奥氏体为面心立方晶格，具有强度低，塑性好的特点，易于塑性变形，所以碳钢的锻造或轧制温度都选在高温奥氏体相区。一般始锻（轧）温度控制在固相线以下 100～200 ℃范围内，温度不能过高，否则会产生严重的氧化、脱碳，甚至晶界熔化的现象；终锻（轧）温度则因钢种而异，亚共析钢一般控制在 *GS* 线以上，过共析钢则控制在 *PSK* 线以上，终锻温度不能过低，以免钢的塑性降低,产生裂纹。根据图4-20可以选择合适的锻造或轧制工艺的温度范围。

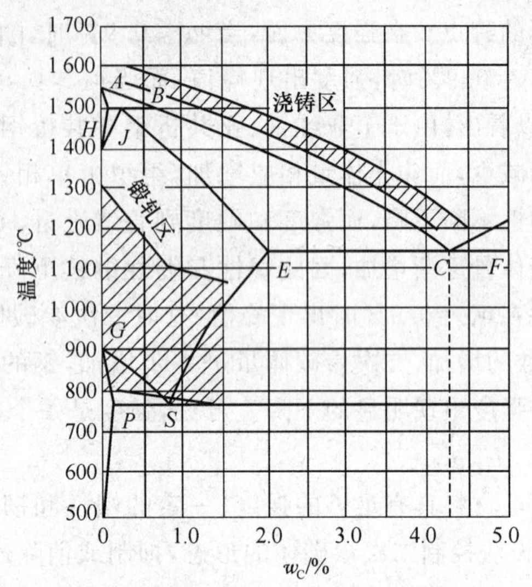

图4-20 铁碳合金相图与铸造、锻造工艺的关系

4. 在热处理方面的应用

从铁碳合金相图可以看出,铁碳合金在固态下加热或冷却时,都会发生相的变化,因而可以进行退火、正火、淬火和回火等热处理工艺,根据铁碳合金相图,还可以进一步制定出各种热处理工艺的加热温度。碳在奥氏体中的溶解度随着温度的提高而增加,这样就可以进行渗碳处理和其他化学热处理。这些将在第5章"钢的热处理"中详细介绍。

应当指出的是,铁碳合金相图仅反映了在极其缓慢的加热和冷却条件下,铁碳合金平衡组织的状态。而实际生产中的加热和冷却速度均较快,合金中除了碳以外,还会有多种合金元素、杂质元素,因此,不能完全依据铁碳合金相图来分析解决生产中的所有问题。

4.5 碳 钢

碳的质量分数小于2.11%的铁碳合金称为碳钢(非合金钢)。碳钢具有较好的力学性能,良好的工艺性能,冶炼工艺较简单,价格低廉,因而在机械制造、建筑和交通运输等各个行业得到广泛的应用。了解碳钢的分类、编号及用途,以及碳和一些常存杂质、非金属夹杂物对钢性能的影响,对于设计和生产中合理选择和正确使用碳钢具有非常重要的意义。

4.5.1 钢中的常存元素

碳钢中除铁和碳两个主要元素外,一般还含有锰、硅、硫、磷、氧、氮、氢等元素以及非金属夹杂物。这些元素往往是从矿石和冶炼过程中进入钢中的,一般统称为常存杂质元素,它们会对碳钢的组织和性能产生较大的影响。

1. 锰(Mn)

碳钢中锰的质量分数一般为$w_{Mn}=0.25\%\sim0.80\%$。锰是在炼钢过程中加入的,具有较好的脱氧能力,可以使钢中的FeO还原为铁;还可以与硫化合成MnS,减轻硫的有害影响。在室温下,锰可溶入铁素体形成置换固溶体,使铁素体得到强化;锰还能增加珠光体相对量,使组织细化,使钢的强度和硬度得到提高;一般认为锰在钢中是一种有益的元素。

2. 硅(Si)

硅在镇静钢中的质量分数一般为w_{Si}＝0.10%～0.40%；沸腾钢中w_{Si}＝0.03%～0.07%。硅是作为脱氧剂加入钢中的，可以和钢水中的 FeO 生成炉渣，从而改善钢的品质。在室温下，硅可溶于并强化铁素体，提高钢的强度、硬度和弹性。硅在钢中也是一种有益的元素。

3. 硫(S)

硫是由炼钢原料和燃料带入钢中的。在固态下，硫在铁素体中的溶解度极小，在钢中主要以 FeS 的形式存在。FeS 可以和铁形成低熔点(985 ℃)的共晶体，并且主要分布在奥氏体晶界上。当钢加热到 1 100～1 200 ℃进行锻造或轧制时，由于晶界上的低熔点共晶体熔化，使钢极易沿晶界开裂，这种现象称为热脆。因此，硫在钢中是一种有害的杂质元素，必须严格控制。

为了消除硫的有害影响，一般在炼钢时加入锰铁，适当提高钢中的含锰量，使锰与硫化合成高熔点(1 620 ℃)的 MnS，并呈颗粒状分布在晶粒内，而且 MnS 在高温下具有一定塑性，从而避免了热脆现象的产生。有时为了改善钢的切削性能，也人为地在钢中加入一些硫，形成较多 MnS，如硫系易切钢，在切削加工中对断屑非常有利。

4. 磷(P)

磷主要是由生铁带入钢中的。磷可溶于铁素体中，使铁素体得到强化，提高了钢的强度和硬度，但使钢的塑性和韧性显著降低。特别是在低温下使钢变脆，这种现象称为冷脆。磷在钢中也是一种有害的杂质元素，也要严格控制。

磷的存在会使钢在焊接时产生裂纹，使焊接性能变差。但适当提高磷的含量，可以改善钢的切削加工性能，如磷系易切钢。另外，加入适量的磷，还可以提高钢在大气中的耐腐蚀性。

5. 非金属夹杂物

非金属夹杂物是在炼钢过程中，少量炉渣、耐火材料及冶炼中反应产物进入钢液形成的，主要有氧化物、硫化物、硅酸盐和氮化物等。它们的存在会降低钢的力学性能，特别是降低塑性、韧性及疲劳强度。非金属夹杂物会在热加工时使钢中形成纤维组织与带状组织，产生各向异性。因此，对重要用途的钢要检查非金属夹杂物的数量、形状、大小与分布情况，并按相应的等级标准进行评级检验。

6. 气　体

钢在冶炼过程中，钢液中会吸收一些气体，如氮、氧和氢等，它们都会对钢的质量产生不良影响。其中氢会严重影响钢的力学性能，使钢易于脆断，称为氢脆。

4.5.2　碳钢的分类

根据国家标准 GB/T 13304 — 2008《钢分类》的规定，钢的分类分为“按化学成分分类”、“按主要质量等级和主要性能及使用特性分类”两部分。按化学成分分类，钢可分为非合金钢、低合金钢、合金钢三大类。按主要质量等级分类，非合金钢又可分为普通质量非合金钢、优质非合金钢和特殊质量非合金钢三类。

新的国家标准已经用“非合金钢”一词代替了传统的“碳素钢”。但是考虑到现行标准的推行以及生产实际应用情况，这里仍沿用常规的分类方法和术语，在介绍碳钢的牌号时对其新的分类加以适当说明。这里所说的碳钢就属于非合金钢的范畴。

1. 按冶炼浇注时的脱氧程度分类

(1) 沸腾钢

脱氧不完全的钢。在冶炼后期和浇注前用锰铁和少量铝作脱氧剂进行轻微脱氧，使大量的氧留在钢液中,浇入锭模后,与碳反应生成CO溢出,出现剧烈沸腾的现象,故称沸腾钢。沸腾钢中碳和硅含量一般都较低,具有良好的塑性。其主要缺陷是组织不够致密,成分偏析大,力学性能不均匀,适合生产普通碳钢。

(2) 镇静钢

完全脱氧的钢。钢液浇注前用锰铁、硅铁和铝等脱氧剂进行充分脱氧,使钢液浇入锭模后没有CO产生,钢液平静,故称镇静钢。其特点是组织致密、成分偏析较小,材质均匀,强度较高,适合生产优质钢或高级优质钢。

(3) 半镇静钢

半脱氧的钢。钢液脱氧程度不够充分,介于沸腾钢和镇静钢之间。

2. 按碳的质量分数分类

根据钢中碳的质量分数,可以分为:

(1) 低碳钢$w_C<0.25\%$;

(2) 中碳钢 $0.25\% \leqslant w_C \leqslant 0.60\%$;

(3) 高碳钢$w_C>0.60\%$。

3. 按钢质量分类

根据钢中所含有害杂质S、P的含量,可以分为:

(1) 普通碳素钢$w_S \leqslant 0.050\%$、$w_P \leqslant 0.045\%$;

(2) 优质碳素钢$w_S \leqslant 0.040\%$、$w_P \leqslant 0.040\%$;

(3) 高级优质碳素钢$w_S \leqslant 0.03\%$、$w_P \leqslant 0.035\%$。

4. 按钢的用途分

根据钢的用途不同,可以分为以下两类。

(1) 碳素结构钢,主要用于制造各种机械零件(如齿轮、轴、螺钉、螺母、曲轴和连杆等)和工程构件(如建筑、桥梁和船舶等),这类钢一般属于低碳钢和中碳钢。

(2) 碳素工具钢,主要用于制造各种刃具、量具和模具等,一般属于高碳钢。

4.5.3 碳钢的牌号、性能及用途

1. 碳素结构钢

根据标准GB700—2006的规定,碳素结构钢的牌号由代表屈服点的字母、屈服点数值、质量等级符号及脱氧方法符号等四个部分顺序组成。例如:Q235AF。

符号:Q——钢材屈服点,“屈”字汉语拼音首位字母;

A、B、C、D——分别为质量等级;

F——沸腾钢“沸”字汉语拼音首位字母;

Z——镇静钢“镇”字汉语拼音首位字母;

TZ——特殊镇静钢“特镇”两字汉语拼音首位字母。

在牌号组成表示方法中,“Z”与“TZ”符号可以省略。

碳素结构钢中的硫、磷和非金属夹杂物含量比优质碳素结构钢多,在相同含碳量及热处理条件下,其塑性、韧性较低。但是,因其价格便宜,工艺性好,产量较大,力学性能也能满足一般工程结构及普通机器零件的要求,所以应用很广。这类钢一般在供应状态下直接使用,不需要进行热处理。

碳素结构钢在标准GB/T 13304—2008中主要属于普通质量非合金钢,其牌号和化学成

分见表 4－2,力学性能见表 4－3。

表 4－2　普通碳素结构钢的牌号和化学成分(摘自 GB700－2006)

<table>
<tr><th rowspan="2">牌　号</th><th rowspan="2">统一数字代号</th><th rowspan="2">等　级</th><th rowspan="2">厚度(或直径)/mm</th><th rowspan="2">脱氧方法</th><th colspan="5">化学成分(质量分数)/%,不大于</th></tr>
<tr><th>C</th><th>Si</th><th>Mn</th><th>P</th><th>S</th></tr>
<tr><td>Q195</td><td>U11952</td><td>—</td><td>—</td><td>F、Z</td><td>0.12</td><td>0.30</td><td>0.50</td><td>0.035</td><td>0.040</td></tr>
<tr><td rowspan="2">Q215</td><td>U12152</td><td>A</td><td rowspan="2">—</td><td rowspan="2">F、Z</td><td rowspan="2">0.15</td><td rowspan="2">0.35</td><td rowspan="2">1.20</td><td rowspan="2">0.045</td><td>0.050</td></tr>
<tr><td>U12155</td><td>B</td><td>0.045</td></tr>
<tr><td rowspan="4">Q235</td><td>U12352</td><td>A</td><td rowspan="4">—</td><td rowspan="2">F、Z</td><td>0.22</td><td rowspan="4">0.35</td><td rowspan="4">1.40</td><td rowspan="2">0.045</td><td>0.050</td></tr>
<tr><td>U12355</td><td>B</td><td>0.20</td><td>0.045</td></tr>
<tr><td>U12358</td><td>C</td><td>Z</td><td rowspan="2">0.17</td><td>0.040</td><td>0.040</td></tr>
<tr><td>U12359</td><td>D</td><td>TZ</td><td>0.035</td><td>0.035</td></tr>
<tr><td rowspan="5">Q275</td><td>U12752</td><td>A</td><td>—</td><td>F、Z</td><td>0.24</td><td rowspan="5">0.35</td><td rowspan="5">1.50</td><td>0.045</td><td>0.050</td></tr>
<tr><td rowspan="2">U12755</td><td rowspan="2">B</td><td>≤40</td><td rowspan="2">Z</td><td>0.21</td><td rowspan="2">0.045</td><td rowspan="2">0.045</td></tr>
<tr><td>>40</td><td>0.22</td></tr>
<tr><td>U12758</td><td>C</td><td rowspan="2">—</td><td>Z</td><td rowspan="2">0.20</td><td>0.040</td><td>0.040</td></tr>
<tr><td>U12759</td><td>D</td><td>TZ</td><td>0.035</td><td>0.035</td></tr>
</table>

表 4－3　普通碳素结构钢的力学性能(摘自 GB700－2006)

<table>
<tr><th rowspan="3">牌 号</th><th rowspan="3">等 级</th><th colspan="6">屈服强度 R_{eH}/(N/mm²)不小于</th><th rowspan="3">抗拉强度 R_{tu}/(N/mm²)</th><th colspan="5">断后伸长率 A/%,不小于</th><th colspan="2">冲击试验(V 型缺口)</th></tr>
<tr><th colspan="6">厚度(或直径)/mm</th><th colspan="5">厚度(或直径)/mm</th><th rowspan="2">温度/℃</th><th rowspan="2">冲击吸收功(纵向)/J 不小于</th></tr>
<tr><th>≤16</th><th>>16～40</th><th>>40～60</th><th>>60～100</th><th>>100～150</th><th>>150～200</th><th>≤40</th><th>>40～60</th><th>>60～100</th><th>>100～150</th><th>>150～200</th></tr>
<tr><td>Q195</td><td>—</td><td>195</td><td>185</td><td>—</td><td>—</td><td>—</td><td>—</td><td>315～430</td><td>33</td><td>—</td><td>—</td><td>—</td><td>—</td><td>—</td><td>—</td></tr>
<tr><td rowspan="2">Q215</td><td>A</td><td rowspan="2">215</td><td rowspan="2">205</td><td rowspan="2">195</td><td rowspan="2">185</td><td rowspan="2">175</td><td rowspan="2">165</td><td rowspan="2">335～450</td><td rowspan="2">31</td><td rowspan="2">30</td><td rowspan="2">29</td><td rowspan="2">27</td><td rowspan="2">26</td><td>—</td><td>—</td></tr>
<tr><td>B</td><td>+20</td><td>27</td></tr>
<tr><td rowspan="4">Q235</td><td>A</td><td rowspan="4">235</td><td rowspan="4">225</td><td rowspan="4">215</td><td rowspan="4">215</td><td rowspan="4">195</td><td rowspan="4">185</td><td rowspan="4">375～500</td><td rowspan="4">26</td><td rowspan="4">25</td><td rowspan="4">24</td><td rowspan="4">22</td><td rowspan="4">21</td><td>—</td><td>—</td></tr>
<tr><td>B</td><td>+20</td><td rowspan="3">27</td></tr>
<tr><td>C</td><td>0</td></tr>
<tr><td>D</td><td>−20</td></tr>
<tr><td rowspan="4">Q275</td><td>A</td><td rowspan="4">275</td><td rowspan="4">265</td><td rowspan="4">255</td><td rowspan="4">245</td><td rowspan="4">225</td><td rowspan="4">215</td><td rowspan="4">410～540</td><td rowspan="4">22</td><td rowspan="4">21</td><td rowspan="4">20</td><td rowspan="4">18</td><td rowspan="4">17</td><td>—</td><td>—</td></tr>
<tr><td>B</td><td>+20</td><td rowspan="3">27</td></tr>
<tr><td>C</td><td>0</td></tr>
<tr><td>D</td><td>−20</td></tr>
</table>

Q195、Q215 塑性好,强度较低,焊接性能良好,一般用于桥梁、高压线塔、金属构件、建筑构架等工程结构件,制造铆钉、铁丝、垫铁、冲压件等载荷较小的零件以及焊接件。

Q235 具有一定的强度,焊接性能尚可,可用于制作要求不高的金属结构件和重要的焊接结构。

Q255、Q275 的强度较高,可用于制作轴类、链轮、齿轮和吊钩等强度要求较高的零件。

2. 优质碳素结构钢

优质碳素结构钢的牌号是用两位数字表示，这两位数字表示平均碳的质量分数的万分数。例如45钢，表示钢中平均碳的质量分数为0.45%。

优质碳素结构钢按含锰量的不同，可分为普通含锰量（w_{Mn}=0.35%～0.8%）和较高含锰量（w_{Mn}=0.70%～1.20%）两组。含锰量较高的一组，应在牌号数字后附加“Mn”，如15Mn、70Mn等。如为沸腾钢，则在牌号数字后面加符号“F”，如08F、15F等。含锰量较高的优质碳素结构钢淬透性稍好、强度也较高，但是两组不同含锰量的钢，用途类似。

优质碳素结构钢的硫、磷含量较低（w_S≤0.035%，w_P≤0.035%），非金属夹杂物含量较少，组织均匀，表面质量较好，塑性、韧性都较高，出厂时既保证化学成分，又保证力学性能。主要用于制造较重要的机械结构零件，一般都要经过热处理以达到要求的力学性能指标。

优质碳素结构钢在标准GB/T 13304 — 2008中主要属于优质非合金钢，其牌号、化学成分和力学性能见表4-4。

表4-4 优质碳素结构钢的牌号、化学成分和力学性能（摘自GB/T 699 — 1999）

牌号	化学成分/(%)			力学性能						
	C	Si	Mn	σ_b/MPa	σ_s/MPa	δ_5/%	ψ/%	A_{KU}/J	HBS 未热处理	HBS 退火钢
				不小于					不大于	
08F	0.05～0.11	≤0.03	0.25～0.50	295	175	35	60		131	
10F	0.07～0.13	≤0.07	0.25～0.50	315	185	33	55		137	
15F	0.12～0.18	≤0.07	0.25～0.50	355	205	29	55		143	
08	0.05～0.11	0.17～0.37	0.35～0.65	325	195	33	60		131	
10	0.07～0.13	0.17～0.37	0.35～0.65	335	205	31	55		137	
15	0.12～0.18	0.17～0.37	0.35～0.65	375	225	27	55		143	
20	0.17～0.23	0.17～0.37	0.35～0.65	410	245	25	55		156	
25	0.22～0.29	0.17～0.37	0.50～0.80	450	275	23	50	71	170	
30	0.27～0.34	0.17～0.37	0.50～0.80	490	295	21	50	63	179	
35	0.32～0.39	0.17～0.37	0.50～0.80	530	315	20	45	55	197	
40	0.37～0.44	0.17～0.37	0.50～0.80	570	335	19	45	47	217	187
45	0.42～0.50	0.17～0.37	0.50～0.80	600	355	16	40	39	229	197
50	0.47～0.55	0.17～0.37	0.50～0.80	630	375	14	40	31	241	207
55	0.52～0.60	0.17～0.37	0.50～0.80	645	380	13	35		255	217
60	0.57～0.65	0.17～0.37	0.50～0.80	675	400	12	35		255	229
65	0.62～0.70	0.17～0.37	0.50～0.80	695	410	10	30		255	229
70	0.67～0.75	0.17～0.37	0.50～0.80	715	420	9	30		269	229
75	0.72～0.80	0.17～0.37	0.50～0.80	1 080	880	7	30		285	241
80	0.77～0.85	0.17～0.37	0.50～0.80	1 080	930	6	30		285	241
85	0.82～0.90	0.17～0.37	0.50～0.80	1 130	980	6	30		302	255

续表 4-4

牌号	化学成分/(%)			力学性能						
	C	Si	Mn	σ_b/MPa	σ_s/MPa	δ_5/%	ψ/%	A_{KU}/J	HBS	
									未热处理	退火钢
				不小于					不大于	
15Mn	0.12～0.18	0.17～0.37	0.70～1.00	410	245	26	55		163	
20Mn	0.17～0.23	0.17～0.37	0.70～1.00	450	275	24	50		197	
25Mn	0.22～0.29	0.17～0.37	0.70～1.00	490	295	22	50	71	207	
30Mn	0.27～0.34	0.17～0.37	0.70～1.00	540	315	20	45	63	217	187
35Mn	0.32～0.39	0.17～0.37	0.70～1.00	560	335	18	45	55	229	197
40Mn	0.37～0.44	0.17～0.37	0.70～1.00	590	355	17	45	47	229	207
45Mn	0.42～0.50	0.17～0.37	0.70～1.00	620	375	15	40	39	241	217
50Mn	0.47～0.55	0.17～0.37	0.70～1.00	645	390	13	40	31	256	217
60Mn	0.57～0.65	0.17～0.37	0.70～1.00	695	410	11	35		269	229
65Mn	0.62～0.70	0.17～0.37	0.70～1.00	715	430	9	30		285	229
70Mn	0.67～0.75	0.17～0.37	0.70～1.00	785	450	8	30		285	229

08、08F 、10 和 10F，属于低碳钢。钢中碳的质量分数很低，塑性、韧性、冷成型性能和焊接性能良好，一般以冷轧薄板的形式供应，主要用来制造冷冲压零件，如各种容器、汽车外壳零件等。

15～25，也属于低碳钢。塑性好，具有良好冷冲压性能和焊接性能，可以制作各种冷冲压件、焊接件。经渗碳后，可以提高零件的表面硬度和耐磨性，而心部仍具有一定的强度和较高的韧性，可以制造尺寸较小、对心部强度要求不高的渗碳零件，如齿轮、链轮和活塞销等。

30～55，属于中碳钢。这类钢经过调质后，既具有较高强度，又具有较好的塑性和韧性，综合力学性能良好，主要用于制造齿轮、轴类和连杆等零件，如机床主轴、机床齿轮、汽车和拖拉机的曲轴等。其中 45 钢是应用最为广泛的中碳结构钢。

60～85，属于高碳钢。这类钢经淬火＋中温回火后，具有较高的弹性极限和屈服强度，主要用于制造各类弹簧，如各种螺旋弹簧、板簧和弹簧垫圈等弹性元件。

含锰量较高的优质碳素结构钢，用途和相同牌号的钢类似。其淬透性稍好、强度也较高，可制作截面稍大或力学性能要求稍高的零件。

3. 碳素工具钢

碳素工具钢的牌号是在汉字“碳”或其汉语拼音首位字母 “T”的后面加数字表示，数字表示钢中平均碳的质量分数的千分数。若为高级优质碳素工具钢，则在牌号后加字母“A”或汉字“高”。例如 T8 表示钢中平均碳的质量分数为 0.8%的碳素工具钢，T12A 表示钢中平均碳的质量分数为 1.2%的高级优质碳素工具钢。

碳素工具钢化学成分的特点是碳的质量分数高（w_C＝0.65%～1.35%），对 S、P 杂质限制严格，经热处理（淬火＋低温回火）后具有较高的硬度，随着碳的质量分数的增加，未溶的二次渗碳体量增多，钢的耐磨性提高，而韧性则降低。因此，不同牌号的碳素工具钢适用于不同的工作条件。

碳素工具钢在标准 GB/T 13304 — 2008 中属于特殊质量非合金钢，其牌号、化学成分及力学性能见表 4-5。

表4-5 碳素工具钢的牌号、化学成分和力学性能(摘自GB/T 1298—2008)

牌号	化学成分/%					退火状态硬度/HBS	淬火温度/℃(冷却剂)	试样淬火硬度/HRC
	C	Mn	Si	S	P			
T7	0.65~0.74	≤0.40	≤0.35	≤0.030	≤0.035	≤187	800~820,水	≥62
T8	0.75~0.84					≤187	780~800,水	
T8Mn	0.80~0.90	0.40~0.60				≤187	780~800,水	
T9	0.85~0.94	≤0.40				≤192	760~780,水	
T10	0.95~1.04					≤197	760~780,水	
T11	1.05~1.14					≤207	760~780,水	
T12	1.15~1.24					≤207	760~780,水	
T13	1.25~1.35					≤217	760~780,水	

T7、T8,硬度高、韧性也较好,可用于制作承受振动和冲击载荷的工具,如木工工具、气动工具、凿子、锤子、冲头、锻模等。

T9、T10、T11,硬度较高、耐磨性较好,同时具有一定的韧性,可用于制作不受剧烈振动、冲击的工具和耐磨零件,如车刀、刨刀、丝锥、板牙、冲模、冲头、手工锯条及形状简单的量具等。

T12、T13,硬度高、耐磨性好,但韧性较低,用于制造不受冲击,又要求极高硬度的工具和耐磨零件,如锉刀、刮刀、量规、塞规等。

4. 铸造碳钢

有许多零件形状较为复杂,难以用锻造或切削加工的方法成型,如轧钢机机架、水压机横梁、汽车和拖拉机齿轮、气门摇臂等。而这些零件的力学性能指标又要求较高,采用铸铁难以满足使用要求,这时可以选用铸钢件。

一般工程用铸造碳钢的牌号用"铸钢"两字汉语拼音首位字母"ZG"表示,后面加两组数字,第一组数字代表最低屈服强度值(MPa),第二组数字代表最低抗拉强度值(MPa)。例如ZG 270—500表示最低屈服强度为270 MPa,最低抗拉强度为500 MPa的铸造碳钢。

一般工程常用铸造碳钢在标准GB/T 13304 — 2008中属于优质非合金钢,其牌号、化学成分、力学性能及用途见表4-6。

表4-6 一般工程用铸造碳钢的牌号、化学成分、力学性能及用途(摘自GB 11352—2009)

牌号	化学成分/%				室温力学性能					用途举例
	C	Si	Mn	P、S	$\sigma_s(\sigma_{0.2})$/MPa	σ_b/MPa	δ/%	ψ/%	A_{KV}/J (α_{KU}/(J·cm^{-2}))	
	不大于				不小于					
ZG 200—400	0.20	0.50	0.80	0.04	200	400	25	40	30(60)	有良好的塑性、韧性和焊接性。用于受力不大、要求韧性好的各种机械零件,如机座、变速箱壳等
ZG 230—450	0.30	0.50	0.90	0.04	230	450	22	32	25(45)	有一定的强度和较好的塑性、韧性,焊接性良好。用于受力不大、要求韧性好的各种机械零件,如砧座、外壳、轴承盖、底板、阀体和犁柱等

续表 4-6

牌号	化学成分/%				室温力学性能					用途举例
	C	Si	Mn	P、S	$\sigma_s(\sigma_{0.2})$ /MPa	σ_b /MPa	δ/%	ψ/%	A_{KV}/J (α_{KU}/(J·cm^{-2}))	
	不大于				不小于					
ZG 270－500	0.40	0.50	0.90	0.04	270	500	18	25	22(35)	有较高的强度和较好的塑性，铸造性良好，焊接性尚好，切削性好。用作轧钢机机架、轴承座、连杆、箱体、曲轴和缸体等
ZG 310－570	0.50	0.60	0.90	0.04	310	570	15	21	15(30)	强度和切削性良好，塑性、韧性较低。用于载荷较高的零件，如大齿轮、缸体、制动轮和辊子等
ZG 340－640	0.60	0.60	0.90	0.04	340	640	10	18	10(20)	有高的强度、硬度和耐磨性，可切削性中等，焊接性较差，流动性好，裂纹敏感性较大。用作齿轮、棘轮等

习　题

1. 何谓金属的同素异构转变？试画出纯铁的结晶冷却曲线，并写出其同素异构转变的反应式。

2. 铁碳合金的基本相有哪些？它们的结构、组织和性能各有何特点？

3. 何谓共析反应？何谓共晶反应？它们有何区别？

4. 默画简化的铁碳合金相图，标出各点、线的符号、成分、温度和各区的相和组织组成物。

5. 说明 Fe_3C_{I}、Fe_3C_{II}、Fe_3C_{III} 的异同，它们各是在什么条件下产生的。

6. 根据铁碳合金相图，分别画出碳的质量分数为 0.35%、0.77%、1.3%、2.8%、4.3%和 5.5%的合金缓冷至室温的冷却曲线和室温组织。

7. 在退火状态下，比较 45、T8、T12 钢在强度、硬度、塑性、韧性等方面的差异，并说明原因。

8. 在退火状态下，碳对钢的组织与性能有何影响？为什么工业用钢中碳的质量分数一般 $w_C \leqslant 1.4\%$？

9. 在铁碳合金相图上标出锻造和铸造的大致温度范围，并说明原因。

10. 什么叫热脆？分析其产生原因和防止热脆的方法。

11. 指出磷在钢中的形态以及对钢性能的影响。

12. 说明 Q235 — A · F、08F、20、45、60、T12 A 钢所属钢类，大致含碳量、性能及主要用途。

第 5 章　钢的热处理

钢的热处理是将钢在固态下进行加热、保温和冷却，以改变其组织，并获得所需性能的工艺方法。绝大多数机械零件都要通过热处理来提高力学性能，充分发挥材料性能潜力，延长使用寿命。此外，热处理还可以改善零件的工艺性能，提高加工质量，减少刀具磨损，满足机械零件在加工和使用过程中对材料性能的要求。因此，热处理在机械制造业占有十分重要的地位。

根据加热和冷却方式的不同，热处理可以分为下列几类。

(1) 普通热处理：包括退火、正火、淬火和回火等。

(2) 表面热处理：包括表面淬火和化学热处理等。其中表面淬火主要包括感应加热表面淬火、火焰加热表面淬火、电接触加热表面淬火等，化学热处理主要包括渗碳、渗氮和碳氮共渗等。

此外，按照热处理在零件生产过程中的位置和作用不同，热处理工艺还可分为预备热处理和最终热处理。

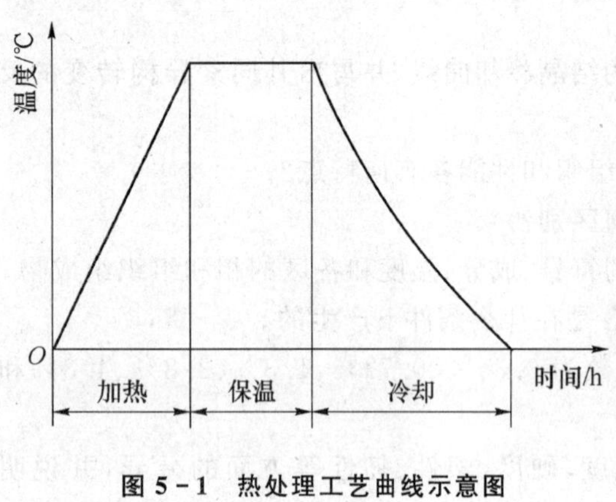

图 5-1　热处理工艺曲线示意图

预备热处理是零件加工过程中的一道中间工序，也称为中间热处理，是穿插在粗、精加工之间的热处理，其目的在于改善铸、锻毛坯件组织、消除应力，为后续的机加工或进一步的热处理做准备。最终热处理是零件加工的最终工序，其目的是使经过各种加工工艺符合要求的形状和尺寸后的零件，达到所需要的使用性能。

无论哪一种热处理工艺，都是由加热、保温和冷却三个阶段组成的，因此，热处理工艺可用温度-时间的关系曲线来表示，这种曲线称为热处理工艺曲线，如图 5-1 所示。

5.1　钢在加热时的组织转变

对于钢铁材料大多数的热处理工艺来说，
需要将钢铁加热到 Ac_3 或 Ac_1 点以上，获得完全或部分奥氏体组织，这一过程称为奥氏体化。加热时形成的奥氏体的成分、均匀性和晶粒大小等因素，对冷却转变后钢的组织和性能有着显著的影响。

5.1.1　奥氏体的形成

金属或合金在加热或冷却过程中，发生相变的温度称为相变点(温度)，或称临界点。由铁碳合金相图可知，A_1、A_3 和 A_{cm} 是平衡条件下的固态相变点，但在实际加热和冷却条件下，固态相变都有不同程度的过热度或过冷度，在加热时要高于平衡相变点，在冷却时要低于平衡相变点。因此，为了与平衡条件下的相变点相区别，通常将实际加热时的各相变点用 Ac_1、Ac_3、Ac_{cm} 表示，冷却时的各相变点用 Ar_1、Ar_3、Ar_{cm} 表示，如图 5-2 所示。

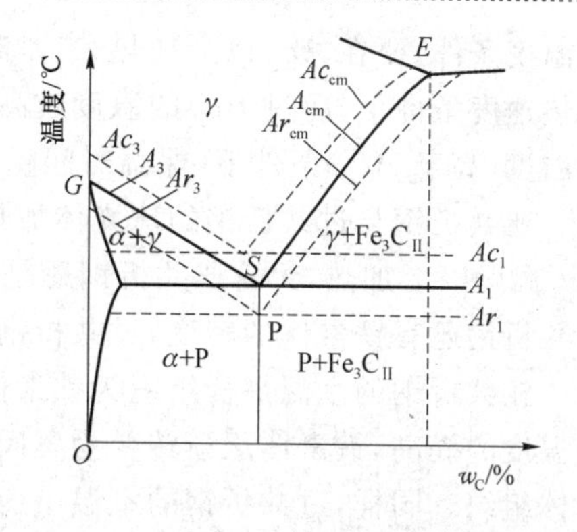

图 5-2　钢在加热和冷却时的临界点

1. 奥氏体形成的基本过程

下面以共析钢为例，说明奥氏体的形成过程。

共析钢在 A_1 温度以下时，是由铁素体和渗碳体相间排列的层片状组织。在 A_1 温度时，铁素体具有体心立方晶格，$w_C=0.021\ 8\%$；渗碳体具有复杂斜方晶格，$w_C=6.69\%$；奥氏体具有面心立方晶格，$w_C=0.77\%$。因此，珠光体向奥氏体的转变是铁素体和渗碳体晶格改组和铁、碳原子扩散的过程，并且遵循形核与核长大的相变基本规律。

奥氏体的形成一般分为奥氏体晶核形成、奥氏体晶核长大、残余渗碳体溶解和奥氏体成分均匀化四个阶段，如图 5-3 示。

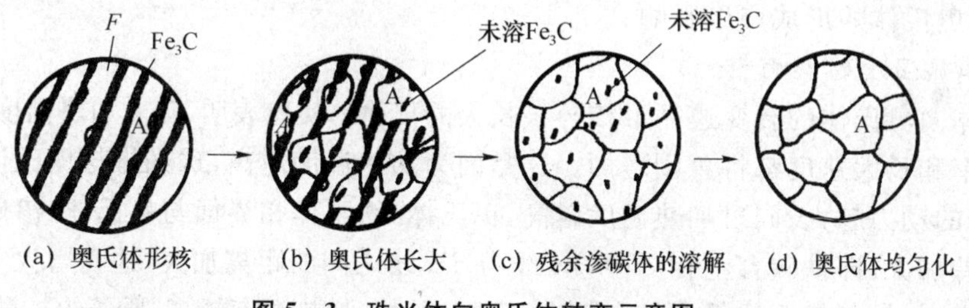

(a) 奥氏体形核　(b) 奥氏体长大　(c) 残余渗碳体的溶解　(d) 奥氏体均匀化

图 5-3　珠光体向奥氏体转变示意图

(1) 奥氏体晶核的形成

钢加热到 A_1 温度时，奥氏体晶核优先在铁素体与渗碳体的相界面上形成，如图 5-3(a) 所示。这是因为相界面上原子排列紊乱，能量较高，碳的分布也不均匀，为形成奥氏体晶核在结构、成分和能量上提供了有利的条件。

(2) 奥氏体晶核的长大

奥氏体晶核形成后，它的一侧与渗碳体相接，另一侧与铁素体相接。通过原子扩散，铁素体晶格逐步改组，渗碳体不断溶解，这样奥氏体不断向其两侧的原铁素体区域及渗碳体区域扩展长大，直至珠光体完全消失，如图 5-3(b)所示。

(3) 残余渗碳体的溶解

由于渗碳体的晶体结构和成分与奥氏体相差较大，所以渗碳体向奥氏体的溶解速度必然远低于铁素体转变为奥氏体的速度。因此，在铁素体完全转变之后尚有不少未溶解的“残余渗碳体”存在，还需保温一定的时间，让剩余的渗碳体继续向奥氏体溶解，直到全部消失，如图 5-3(c)所示。

(4) 奥氏体成分的均匀化

即使渗碳体全部溶解，奥氏体内的成分仍不均匀，在原铁素体区域形成的奥氏体含碳量偏低，在原渗碳体区域形成的奥氏体含碳量偏高，还需保温足够时间，让碳原子充分扩散，奥氏体成分才可能均匀，如图 5-3(d)所示。

上述分析表明，珠光体转变为奥氏体并使奥氏体成分均匀必须有两个必要而充分条件：一是温度条件,要在 Ac_1 以上加热;二是时间条件,要求在 Ac_1 以上温度保持足够时间。在一定加热速度条件下,超过 Ac_1 的温度越高,奥氏体的形成与成分均匀化需要的时间愈短;在一定的温度(高于 Ac_1)条件下,保温时间越长,奥氏体成分越均匀。

亚共析钢与过共析钢的珠光体加热转变为奥氏体过程与共析钢转变过程是一样的,即在 Ac_1 温度以上加热,无论亚共析钢还是过共析钢中的珠光体,都要转变为奥氏体,所不同的是亚共析钢还有铁素体的转变,过共析钢也有二次渗碳体的溶解的过程。

亚共析钢的室温平衡组织为铁素体和珠光体,当加热到 Ac_1 后,珠光体向奥氏体转变;随着温度的提高,铁素体逐渐转变为奥氏体;当温度超过 Ac_3 时,铁素体全部消失,得到完全的奥氏体组织。同样,过共析钢的室温平衡组织为二次渗碳体和珠光体,当加热到 Ac_1 后,珠光体向奥氏体转变;随着温度的提高,二次渗碳体逐渐溶解于奥氏体之中;当温度超过 Ac_{cm} 时,二次渗碳体完全溶解,组织全部为奥氏体。

2. 影响奥氏体化的因素

从本质上讲,奥氏体的形成是一个渗碳体的溶解、铁素体到奥氏体的点阵重构以及碳原子在奥氏体中扩散的过程。所以凡是能影响这些过程的因素,如加热温度、化学成分、原始组织等,都将对奥氏体的形成产生影响。

(1) 加热温度的影响

珠光体向奥氏体的转变遵循形核与核长大的规律。实验表明,随着加热温度的升高,奥氏体的形核率和长大速度都将急剧增加。这是因为加热温度越高,珠光体与奥氏体的自由能差越大,转变的动力越大;同时加热温度越高,奥氏体-铁素体相界面与奥氏体-渗碳体相界面之间的浓度差加大,即铁碳合金相图中 GS 线与 SE 线之间的距离加大,这就增大了奥氏体中碳的浓度梯度,加快了奥氏体的形核和长大速度。另外,加热温度越高,原子的扩散能力越大,这也促使奥氏体形成速度加快。

(2) 化学成分的影响

随着钢中含碳量的增加,渗碳体的数量相应增加,而铁素体的数量却随之减少,使得铁素体和渗碳体的相界面总量增多,因而加速珠光体向奥氏体的转变。

钢中加入合金元素,并不改变加热时奥氏体形成的基本过程,但影响奥氏体的形成速度。首先合金元素可以改变钢的相变点;其次,除了钴以外,大多数合金元素都会减慢碳在奥氏体中的扩散速度,同时合金元素本身的扩散速度也很慢;再次,某些强烈形成碳化物元素,如钛、钒、锆、铌、钼和钨等,会在钢中形成特殊碳化物,其稳定性高于 Fe_3C,很难分解或溶入奥氏体中。因此,合金钢奥氏体化的过程大多比碳钢慢,需要较高的温度和较长的保温时间。

(3) 原始组织的影响

对于相同成分的钢,晶粒越细,原始组织越分散,则铁素体与渗碳体的相界面就越多,奥氏体形成速度也越快。另外原始组织中渗碳体的形态对奥氏体的形成速度也有影响,片状珠光体比粒状珠光体转变速度快,因为前者比后者具有更大的相界面面积。

5.1.2 奥氏体晶粒的大小及其控制

1. 奥氏体晶粒度的概念

奥氏体晶粒的大小对热处理后的组织和性能有着重要的影响,这就需要深入了解影响奥氏体晶粒的大小的因素及其控制措施,才能获得期望大小的奥氏体晶粒。

奥氏体晶粒度是表示奥氏体晶粒大小的尺度。奥氏体晶粒度一般分为八个标准等级，1～4 级为粗晶粒，5～8 级为细晶粒，如图 5-4 所示。

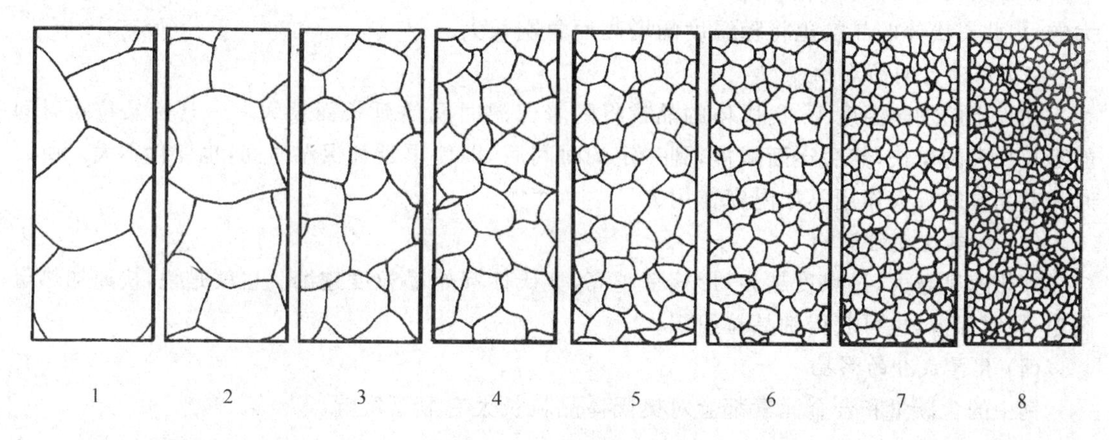

图 5-4　标准晶粒度等级

根据奥氏体的形成过程和晶粒长大情况，奥氏体晶粒度可分为起始晶粒度、实际晶粒度和本质晶粒度三种。

(1) 起始晶粒度，珠光体刚刚全部转变为奥氏体时的奥氏体晶粒度。它通常比较细小，当继续加热或保温时，它就会继续长大。

(2) 实际晶粒度，钢在实际生产中的具体加热条件下所获得的奥氏体晶粒度。其大小直接影响钢在冷却后的组织和性能。

(3) 本质晶粒度，在规定的加热条件下(加热到 930±10 ℃，保温 3～8 h)，所测得的奥氏体晶粒度。例如，某钢种在此条件下测得晶粒度为 1～4 级范围，则称其为本质粗晶粒钢；若测得晶粒度为5～8级，则称其为本质细晶粒钢。本质晶粒度并非指实际晶粒的大小，而仅仅是表示某种钢奥氏体晶粒的长大倾向。在 930 ℃以下时，本质细晶粒钢晶粒长大缓慢，但温度继续提高时，其晶粒也会迅速长大，甚至比本质粗晶粒钢长得更快，晶粒也更粗大；而本质粗晶粒钢在稍高于临界点时，也可得到细小得奥氏体晶粒，如图 5-5 所示。

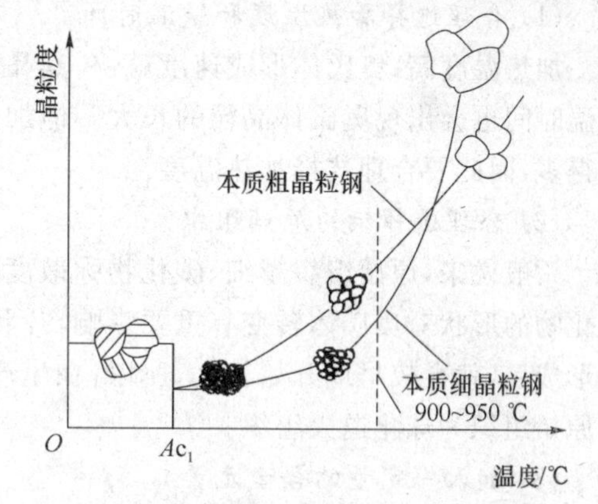

图 5-5　加热时奥氏体晶粒的长大倾向示意图

本质晶粒度与钢的化学成分和冶炼方法有关，一般用铝脱氧的钢以及含有钛、钨、钒、铌等元素的合金钢都是本质细晶粒钢，而用硅、锰脱氧的钢为本质粗晶粒。

2. 奥氏体晶粒长大及其影响因素

奥氏体的起始晶粒一般都比较细小，小晶粒晶界多，晶界总面积大，界面能高，处于高能量状态。这就必然引起奥氏体小晶粒发展成大晶粒，以减少晶界，降低界面能。尽管奥氏体长大是一个自由能降低的自发过程，但不同的外界因素可以在不同的程度上促进或抑制其长大过程的进行。这些影响因素主要有以下几方面。

(1) 加热温度的影响

由于奥氏体的晶粒长大是通过原子的扩散来实现的,而原子的扩散能力是随温度升高增大的,因此奥氏体的晶粒也将随温度的增高而急剧长大。

(2) 保温时间的影响

在一定的加热温度下,奥氏体的晶粒将随着保温时间的延长而长大。一开始晶粒随时间的延长长大的较快,然后逐渐减慢,到一定的时间后,即使再延长保温时间,也变化不大。所以时间对晶粒的长大作用不如温度作用大。

(3) 加热速度的影响

加热速度越大,过热度越大,形核率越高,奥氏体起始晶粒度越细。也就是说,快速加热至高温,短时保温,也可获得细晶粒组织。

(4) 化学成分的影响

钢中的含碳量和合金元素都会对奥氏体晶粒长大有显著影响。

① 含碳量的影响

在一定的加热温度和相同的加热条件下,当钢中的含碳量不超过一定的限度时,奥氏体晶粒长大倾向随钢中含碳量的增大而增大。这是因为随着含碳量的增加,碳及铁原子在奥氏体中的扩散速度增大,从而加速了奥氏体的晶粒长大。

② 合金元素的影响

凡是形成稳定碳化物的元素(如钛、钒、钽、铌、锆、钨、钼和铬等)、形成不溶于奥氏体的氧化物及氮化物的元素(如铝),都会在不同程度上阻碍奥氏体晶粒的长大。而锰和磷则有加速奥氏体晶粒长大的倾向。

3. 控制奥氏体晶粒长大的措施

(1) 合理选择加热温度和保温时间

加热温度高,奥氏体形成速度就快,其晶粒长大倾向就越大,实际晶粒度也就越粗。延长保温时间也会出现奥氏体晶粒的长大。但加热温度对晶粒长大的影响要比保温时间的影响显著得多,因此要合理选择加热温度。

(2) 合理选择钢的原始组织

一般说来,原始组织越细,碳化物弥散度越大,所得到的奥氏体起始晶粒就越细小。另外,碳化物的形状对奥氏体转变有重要影响,片状渗碳体溶解快,转变为奥氏体的速度也快,奥氏体形成后,就会较早地开始长大,所以,在生产中对高碳工具钢、滚动轴承钢一般要求其淬火前的原始组织为球化退火组织。

(3) 加入一定量的合金元素

晶粒的长大是通过晶界移动来实现的。加入合金元素,使其在晶界上形成十分弥散的化合物,如碳化物、氧化物、氮化物等,这些弥散的化合物都对晶界的迁移起着“钉扎”作用,即机械阻碍作用,阻碍晶粒长大。另外钢中加入硼及少量稀土元素,能吸附在晶界上,降低晶界的能量,从而减小晶粒长大的动力,也可限制或推迟晶粒的长大。

5.2 钢在冷却时的组织转变

同一种钢加热到奥氏体状态后,如果其后的冷却方式不同,奥氏体转变后的组织和性能也会有较大的差异。奥氏体的冷却方式主要有等温冷却和连续冷却两种，如图 5－6 所示。

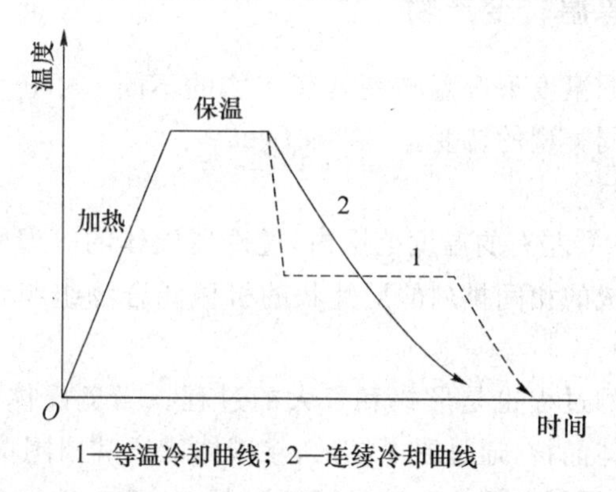

1—等温冷却曲线；2—连续冷却曲线

图 5－6　等温冷却曲线和连续冷却曲线示意图

由铁碳合金相图可知，在平衡条件下，当奥氏体在 A_1 温度时，会发生共析转变。当冷却速度加快时，奥氏体要过冷到 A_1 温度以下才能发生转变，这种处于临界点以下尚未发生转变的奥氏体称为过冷奥氏体。采用等温冷却的方式，将过冷奥氏体冷却 A_1 温度以下某一温度，并在此温度下进行的转变称为过冷奥氏体的等温转变。下面以共析钢为例说明过冷奥氏体的等温转变。

5.2.1　过冷奥氏体的等温转变曲线

冷奥氏体在不同过冷度下的等温转变过程中，转变温度、转变时间及转变产物量（转变开始及终了）的关系曲线图称为等温转变图，也称 TTT 曲线。由于曲线形状类似字母“C”，故习惯上又称 C 曲线。

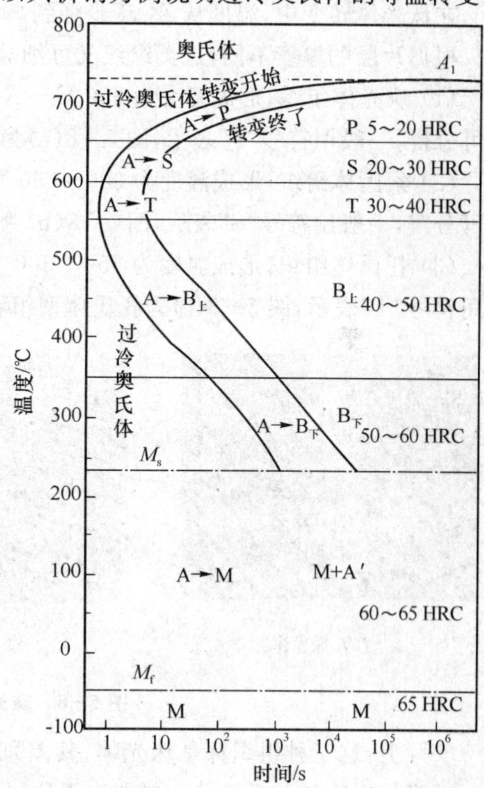

图 5－7　共析钢过冷奥氏体等温转变曲线

图 5－7 为共析钢过冷奥氏体的等温转变曲线。纵坐标表示转变温度，横坐标表示转变时间。图中左边曲线为过冷奥氏体等温转变开始线；右边曲线为过冷奥氏体等温转变终了线。A_1 线以上是奥氏体稳定区；A_1 与 M_s 之间、转变开始线以左为过冷奥氏体区，转变终了线以右为转变产物区，转变开始线和转变终了线之间为转变过渡区（即过冷奥氏体与转变产物共存区）。图的下方有两条水平线，M_s 称为上马氏体点，为过冷奥氏体向马氏体转变开始的温度；M_f 称为下马氏体点，为过冷奥氏体向马氏体转变终止的温度。M_s 与 M_f 之间为马氏体与过冷奥氏体共存区，M_f 以下为马氏体区。

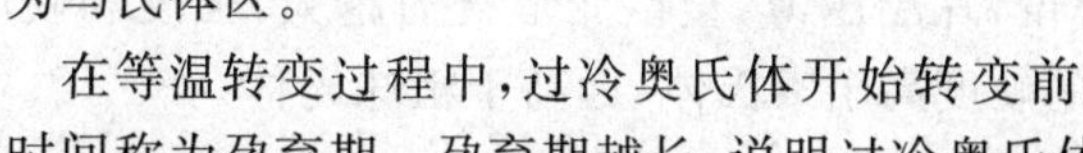

在等温转变过程中，过冷奥氏体开始转变前的时间称为孕育期。孕育期越长，说明过冷奥氏体越稳定。从图中可以看出，孕育期随转变温度的降低而变化，在 C 曲线的拐弯处孕育期最短，此时过冷奥氏体最不稳定，最容易分解。此处的 C 曲线俗称“鼻尖”，约为 550 ℃。

5.2.2 过冷奥氏体的等温转变产物

根据过冷奥氏体在不同温度下等温转变转变产物的不同，可分为珠光体转变、贝氏体转变和马氏体转变等三种不同类型的转变。

1. 珠光体转变

在温度 A_1 以下至550 ℃左右的温度范围内,过冷奥氏体的等温转变产物是珠光体,即形成铁素体与渗碳体两相组成的相间排列的层片状的机械混合物组织,这种类型的转变称为珠光体转变,又称高温转变。

奥氏体转变为珠光体的过程也是形核和长大的过程。当奥氏体过冷到 A_1 以下时,首先在奥氏体晶界上产生渗碳体晶核,通过原子扩散,渗碳体依靠其周围奥氏体不断地供应碳原子而长大。同时,由于渗碳体周围奥氏体含碳量不断降低,从而为铁素体形核创造了条件,使这部分奥氏体转变为铁素体。由于铁素体溶碳能力低($w_C<0.021\,8\%$),所以又将过剩的碳排挤到相邻的奥氏体中,使相邻奥氏体含碳量增高,这又为产生新的渗碳体创造了条件。如此反复进行,奥氏体最终全部转变为铁素体和渗碳体片层相间的珠光体组织。珠光体转变是一种扩散型转变,即铁原子和碳原子均进行扩散。

在珠光体转变中,温度从 A_1 逐步降到鼻尖的550 ℃时,层片状组织的片间距离也不断减小。根据片层的厚度不同,这类组织又可细分为以下三种类型。

(1) 珠光体组织,形成温度为650 ℃～A_1,片层较厚,一般在500倍以下的光学显微镜下即可分辨,一般用符号“P”表示,图5-8(a)为珠光体型组织的显微组织。

(2) 索氏体组织,形成温度为600～650 ℃,片层较薄,一般在800～1 000倍光学显微镜下才可分辨,一般用符号“S”表示,图5-8(b)为索氏体型组织的显微组织。

(3) 托氏体组织,形成温度为550～600 ℃,片层极薄,只有在电子显微镜下才能分辨,一般用符号“T”表示,图5-8(c)为托氏体型组织的显微组织。

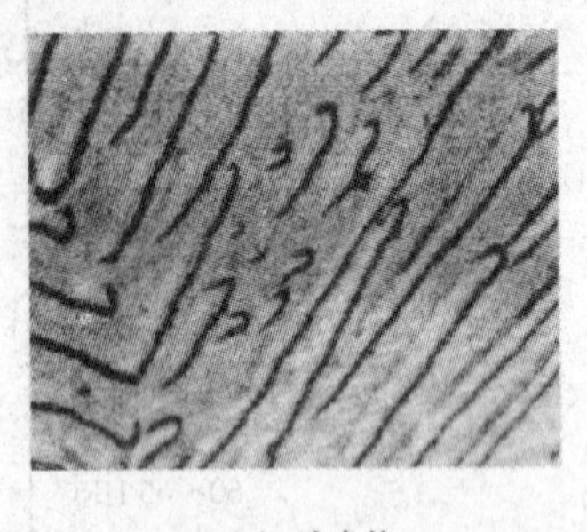

(a) 珠光体

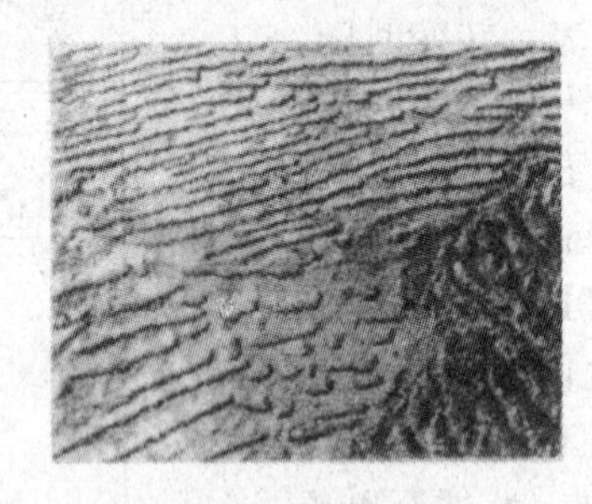

(b) 索氏体

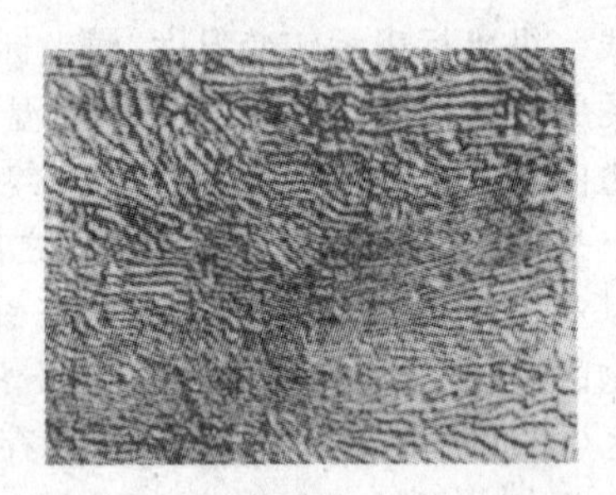

(c) 托氏体

图5-8 珠光体类型显微组织

实际上,这三种组织都是珠光体,其差别只是片层厚度不同,形成温度越低,层片厚度越小。珠光体组织的力学性能主要取决于片层厚度,片层越薄,塑性变形抗力越大,强度和硬度就越高,同时塑性和韧性也有所提高。托氏体的硬度高于索氏体,远高于粗珠光体。

2. 贝氏体转变

在 M_s～550 ℃范围内,过冷奥氏体的等温转变产物为贝氏体,这种类型的转变称为贝氏体转变,又称中温转变。贝氏体是由含碳量过饱和的铁素体与碳化物组成的复相组织,一般用符号“B”表示，其组织形态与碳化物的分布与珠光体型不同，硬度也比珠光体型的高。

奥氏体在中温区发生转变时，由于温度较低，铁原子扩散困难，只能以共格切变的方式来完成原子的迁移，而碳原子则有一定的扩散能力，可以通过短程扩散来完成原子迁移，所以贝氏体转变属于半扩散型相变。

根据贝氏体的组织形态和形成温度区间的不同，可将其分为上贝氏体和下贝氏体两种。

(1) 上贝氏体，形成温度为 350～550 ℃，条状或片状铁素体从奥氏体晶界开始向晶内以同样方向平行生长。随着铁素体的伸长和变宽，其中的碳原子向条间的奥氏体中富集，最后在铁素体条之间析出渗碳体短棒，奥氏体消失，形成上贝氏体。上贝氏体一般用符号“$B_{上}$”表示，典型的上贝氏体组织呈羽毛状，如图 5-9(a)所示。

(2) 下贝氏体，形成温度为 M_s～350 ℃，碳原子扩散能力低，铁素体在奥氏体的晶界或晶内的某些晶面上长成针状。尽管最初形成的铁素体固溶碳原子较多，但碳原子不能长程迁移，因而不能逾越铁素体片的范围，只能在铁素体内一定的晶面上以断续碳化物小片的形式析出，从而形成下贝氏体。下贝氏体一般用符号“$B_{下}$”表示，其组织在显微镜下呈黑色针状，如图 5-9(b)所示。

(a) 上贝氏体

(b) 下贝氏体

图 5-9　贝氏体显微组织

上贝氏体由于铁素体片较宽，碳化物较粗且不均匀地分布在铁素体片之间，因而脆性很大，强度很低，基本上没有实用价值。下贝氏体由于铁素体含碳量有一定的过饱和度，内部还均匀地分布着细小弥散的碳化物，因此其强度和硬度较高，塑性和韧性也较好，即具有较优良的综合机械性能，是生产上常用的组织。获得下贝氏体组织是强化钢材的有效途径之一。

3. 马氏体转变

过冷奥氏体冷却到 M_s 以下时将转变为马氏体。由于马氏体形成的温度很低，铁、碳原子均难以扩散，只是依靠铁原子的短距离移动来实现晶格改组，而过饱和的碳全部保留在 α-Fe 晶格中，形成的马氏体中，碳的溶解量为过饱和状态。因此，马氏体是碳在 α-Fe 中的过饱和固溶体，一般用符号“M”表示。马氏体是单相亚稳定组织。

(1) 马氏体转变的特点

① 无扩散性

马氏体转变需要很大的过冷度，温度很低，转变时只有晶格改组，而无铁、碳原子的扩散，因此马氏体转变是无扩散型转变。转变过程中没有化学成分的变化，马氏体与奥氏体碳的质量分数相同。

② 变温形成

马氏体转变不是在恒温下完成的，而是在 M_s 至 M_f 温度范围内连续冷却的过程中不断形成的。从 M_s 发生马氏体转变开始,随着转变温度的降低,马氏体的数量不断增加,如果中途停止,则转变也停止,若继续冷却,则转变继续进行,直到 M_f 时转变结束。

③ 高速长大

马氏体转变同样是形核和长大的过程。但由于长大速度极快,因此马氏体晶核一旦形成,便瞬间长大。马氏体转变量的增加,主要是新马氏体的不断形成,而不是由马氏体长大引起的。

④ 不完全性

即使温度降低到 M_f 以下,也不可能得到完全的马氏体,仍有一部分奥氏体未发生转变,因此马氏体转变是不完全的。这部分保留在钢中未转变的奥氏体,称为残余奥氏体。这是由于马氏体的比容比奥氏体的大,转变时发生体积膨胀,产生很大的内应力,从而抑制了马氏体转变的继续进行。

(2) 马氏体的结构和组织

由于马氏体中过饱和的碳原子被强制分布在 α-Fe 晶格空隙内,使得 α-Fe 晶格由体心立方晶格畸变为体心正方晶格,如图 5-10 所示。马氏体含碳量越高,晶格畸变程度就越大。

根据马氏体含碳量的不同,其形态可分为板条马氏体和片状马氏体。当 $w_C < 0.2\%$ 时,一般为板条马氏体;$w_C > 1.0\%$ 时,一般为片状马氏体;若 $w_C = 0.2\% \sim 1.0\%$ 时,则为板条马氏体和片状马氏体的混合组织。

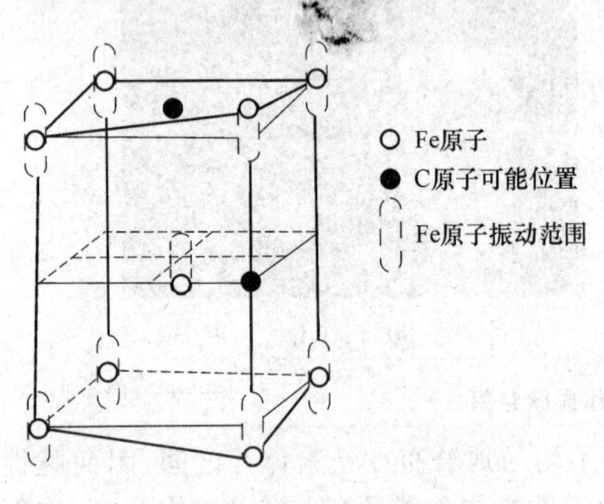

图 5-10 马氏体晶格示意图

板条马氏体又称低碳马氏体或位错马氏体。其立体形态呈椭圆形截面的细长条状,显微组织表现为一束束细长板条状组织,如图 5-11 所示。一个奥氏体晶粒内可以形成几个位向不同的马氏体束,束内马氏体条尺寸大致相同且平行排列。板条马氏体的亚结构为高密度的位错。

片状马氏体又称高碳马氏体、针状马氏体或孪晶马氏体。其立体形态呈双凸透镜的片状,在显微镜下呈针状,如图 5-12 所示。片状马氏体的亚结构主要是孪晶。在一个奥氏体晶粒内,最先形成的马氏体片贯穿整个晶粒,但不能穿越晶界,后形成的马氏体片又不能穿越先形成的马氏体片,所以越是后形成的马氏体,尺寸越小。实际热处理时一般加热得到的奥氏体晶粒非常细小,淬火所得到的马氏体片也极细,其形态在光学显微镜下难以分辨,故又称为隐晶马氏体。

(3) 马氏体的性能

马氏体的硬度主要取决于其含碳量,如图 5-13 所示。这是由于过饱和的碳引起晶格畸变,内部又存在大量的孪晶、位错等亚结构,这些都增加了塑性变形的抗力,因此,含碳量越高,马氏体硬度和强度越高。当碳的质量分数大于 0.6%时,硬度增加趋于平缓,这主要是由于残余奥氏体量的增加造成的。

马氏体的塑性和韧性也与其含碳量有关。片状马氏体由于碳的过饱和度大,晶格畸变严重,淬火应力较大,往往存在许多显微裂纹,并且内部亚结构为大量孪晶,所以塑性和韧性都很差。板条马氏体中碳的过饱和度小,淬火应力较小,内部亚结构为高密度位错,使其在具有高

(a) 板条马氏体形态

(b) 板条马氏体的显微组织

图 5-11　板条马氏体

(a) 片状马氏体形态

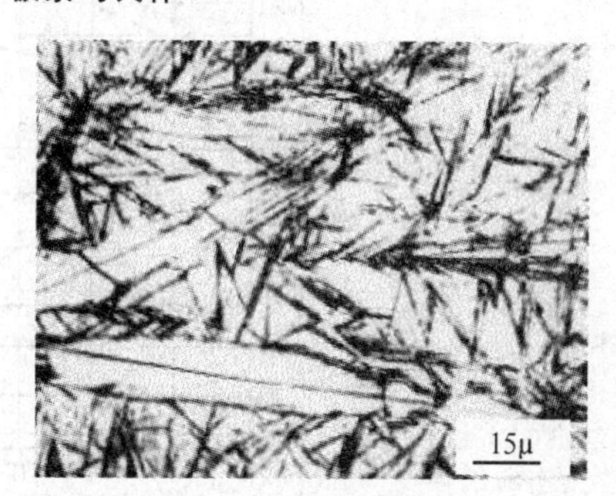

(b) 片状马氏体的显微组织

图 5-12　片状马氏体

强度、高硬度的同时还具有良好的塑性和韧性。

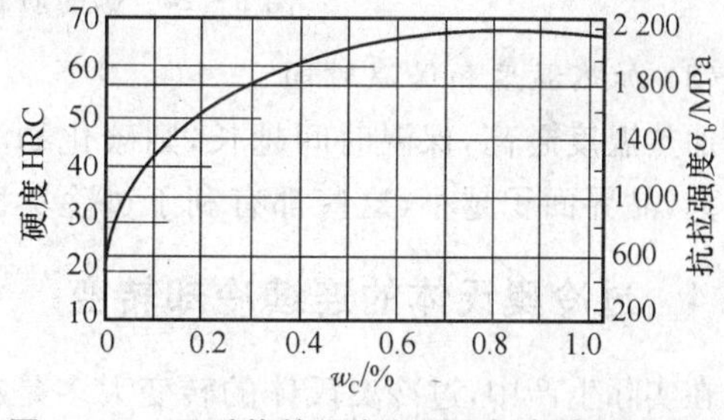

图 5-13　马氏体的强度和硬度与含碳量的关系

5.2.3　影响 C 曲线的因素

影响 C 曲线形状和位置的因素主要是奥氏体的化学成分和奥氏体化条件。

(1) 碳的质量分数

在正常加热条件下，亚共析钢随着碳的质量分数的增加，C 曲线向右移；而过共析钢随着碳的质量分数的增加，C 曲线向左移，故碳钢中以共析钢的过冷奥氏体最为稳定。

此外，碳的质量分数还会对 C 曲线形状产生影响，如图 5-14 所示。与共析钢相比，亚共析钢和过共析钢 C 曲线的鼻尖上部区域分别多出一条先共析相的析出线，这是因为在过冷奥氏体转变为珠光体之前，在亚共析钢中要先析出铁素体，在过共析钢中要先析出渗碳体。

(2) 合金元素

除钴以外，所有溶入冷奥氏体的合金元素都增加过冷奥氏体的稳定性，使 C 曲线右移，同时还使 M_s 和 M_f 点下降。

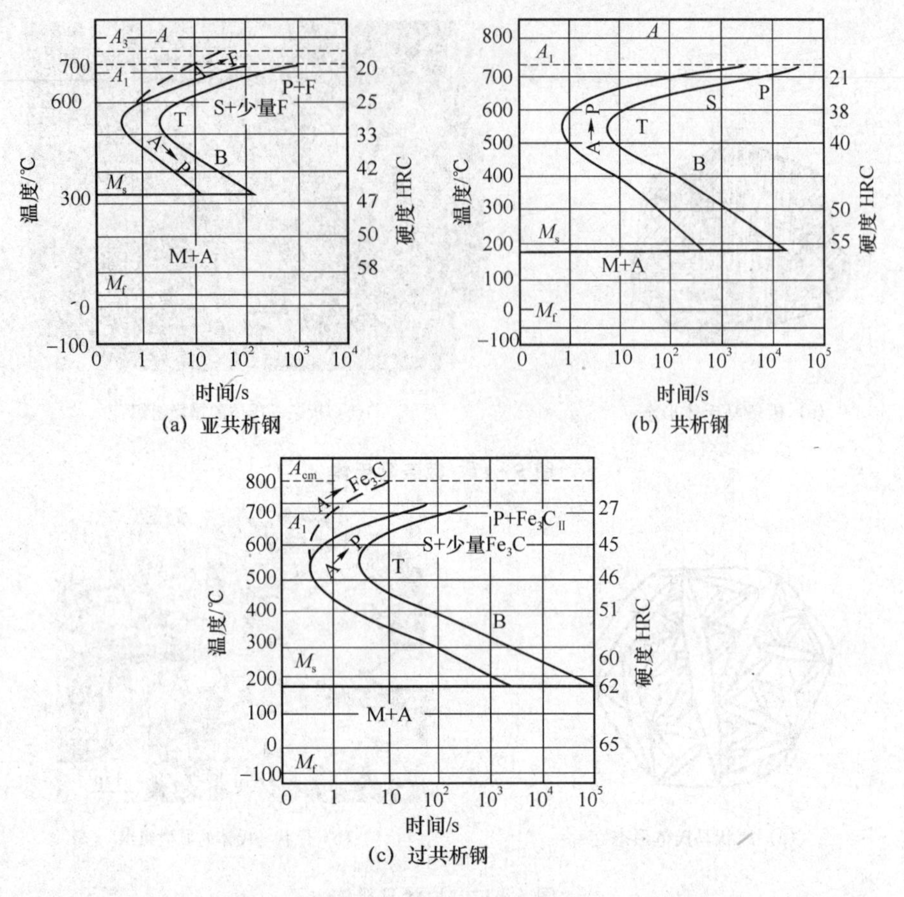

图5-14　碳的质量分数对C曲线的影响

(3) 加热温度和保温时间

加热温度越高,保温时间越长,则碳化物溶解得越完全,奥氏体的成分越均匀,同时晶粒也越粗大,晶界面积越小,这些都有利于过冷奥氏体稳定性的增加,使C曲线右移。

5.2.4　过冷奥氏体的连续冷却转变

在实际生产中,过冷奥氏体的转变大多是在连续冷却过程中进行,因此,过冷奥氏体的连续冷却转变曲线更具有实际意义。连续冷却转变曲线又称CCT曲线,是通过测量不同速度连续冷却时,奥氏体转变开始点和转变终了点而得到的,图5-15为共析钢的连续转变冷却曲线。

图5-15中,P_s 线为过冷奥氏体转变为珠光体的开始线,P_f 为转变终了线,两线之间为转变过渡区。KK' 线为转变的中止线,当冷却曲线碰到此线时,过冷奥氏体就中止向珠光体型组织转变,继续冷却一直保持到 M_s 点以下,使剩余的奥氏体转变为马氏体。V_k 称为CCT曲线的上临界冷却速度,是获得全部马氏体组织(实际上还含有一小部分残余奥氏体)的最小冷却速度。$V_{k'}$ 为下临界冷却速度,是获得全部珠光体组织的最大冷却速度。连续冷却转变曲线中没有C曲线的下部分,即共析钢在连续冷却转变时,没有贝氏体转变。

以不同的冷却速度连续冷却时,过冷奥氏体将会转变为不同的组织。通过连续转变冷却曲线可以了解冷却速度与过冷奥氏体转变组织的关系。根据连续冷却曲线与CCT曲线交点的位置,可以判断连续冷却转变的产物。由图中可知,冷却速度大于 V_k(相当于水冷)时,连续冷却转变得到马氏体组织；当冷却速度小于 $V_{k'}$（相当于炉冷或空冷）时，连续冷却转变得到珠光体组织；而冷却速度大于 $V_{k'}$ 而小于 V_k（相当于油冷）时，连续冷却转变将得到珠光体＋马氏体组织。V_k 越小，奥氏体越稳定，因而即使在较慢的冷却速度下也会得到马氏体，这对淬火工艺操作具有十分重要的意义。

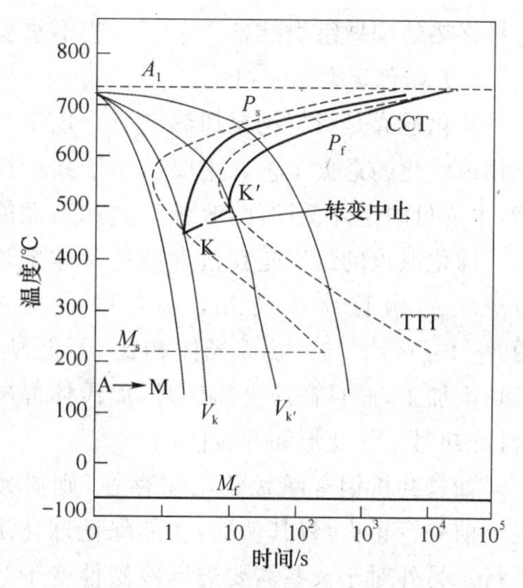

图5-15　共析钢的连续冷却转变曲线

连续冷却曲线更能反映热处理实际冷却状况，是选择热处理冷却制度的重要依据。但在实际生产中，由于连续冷却曲线的测定比较困难，资料又少，因此，利用C曲线定性地估算连续冷却转变产物，仍具有重要的现实意义。图5-15中的虚线部分即为共析钢的C曲线，经比较可以发现，连续冷却曲线向C曲线的右下方偏移了一些，说明连续冷却时，过冷奥氏体的稳定性有所增加。因此，利用C曲线估算连续冷却转变产物时，应考虑过冷奥氏体稳定性增加和连续冷却时没有贝氏体转变的因素。

5.3　钢的退火与正火

在机械零件制造过程中，退火与正火通常作为预备热处理工艺，对于性能要求不高的零件，也可作为最终热处理。

5.3.1　钢的退火

所谓退火，就是将金属或合金加热到适当温度，保温一定时间，然后缓慢冷却的热处理工艺。

1. 退火的目的

退火的目的主要有以下几点：

① 降低钢的硬度，有利于切削加工，提高塑性，有利于冷变形加工；

② 细化晶粒，消除因铸、锻、焊引起的组织缺陷，均匀钢的组织及成分，改善钢的性能或为以后的热处理做准备；

③ 消除钢中的内应力，防止变形和开裂。

2. 常用的退火工艺

根据退火的工艺特点和目的的不同，常用的退火工艺有完全退火、等温退火、球化退火、去应力退火和均匀化退火等。

(1) 完全退火

完全退火又称重结晶退火，是指将钢加热到 Ac_3 以上(30～50)℃，保温一定时间后随炉缓慢冷却，获得接近平衡组织的退火工艺。

完全退火一般用于亚共析钢的锻件、铸件、热轧型材及焊接件等，主要目的是降低钢的硬度，有利于切削加工；消除内应力，防止变形和开裂；细化晶粒，改善组织，提高钢的力学性能，为最终热处理做组织准备。对于一些不重要的零件,也可作为最终热处理。

(2) 球化退火

球化退火是指将钢材加热到 Ac_1 以上 20～30 ℃,保温一定时间,然后缓慢冷却,使钢中碳化物球状化的退火工艺。主要适用于共析钢和过共析钢,如碳素工具钢、合金工具钢、轴承钢等,主要目的是降低硬度,改善切削加工性能,并为淬火做组织准备。

球化退火的组织是在铁素体的基体上均匀分布着球状或颗粒状碳化物,称为球状珠光体,如图5-16所示。与片状珠光体相比,不但硬度低,便于切削加工,而且在淬火加热时,奥氏体晶粒不易粗大,冷却时工件变形和开裂倾向小。

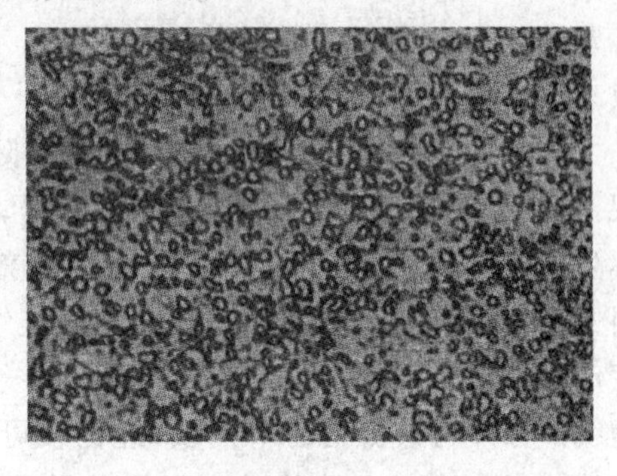

图5-16　球状珠光体的显微组织

如过共析钢有网状碳化物存在,则必须在球化退火前先行正火,将其消除,才能保证球化退火正常进行。另外对于一些需要进行冷塑性变形(如冲压、冷镦等)的亚共析钢,有时也可采用球化退火。

(3) 等温退火

等温退火是指将钢加热到 Ac_3 以上 30～50 ℃(亚共析钢)或 Ac_1 以上 30～50 ℃(共析钢和过共析钢),保温一段时间,以较快速度冷却到珠光体转变温度区间内的某一温度,经等温保持使奥氏体转变为珠光体组织,然后出炉空冷的退火工艺。等温退火主要用于高碳钢、高合金钢及合金工具钢等,目的与完全退火或球化退火基本相同,但退火后组织粗细均匀,性能一致,生产周期短,效率高。

(4) 去应力退火

去应力退火是指将钢加热到 A_1 以下某一温度(一般为 500～650 ℃),经适当保温后,缓冷到 300 ℃以下出炉空冷的退火工艺。由于加热温度低于 A_1,因此在整个处理过程中不发生组织转变。其主要目的是为了消除由于塑性变形、焊接、铸造、切削加工等所产生的残余应力。

(5) 均匀化退火

均匀化退火又称为扩散退火,是指将钢加热到熔点以下 100～200 ℃(通常为 1 050～1 150 ℃),保温 10～15 h,然后进行缓慢冷却的退火工艺。其主要目的是为了消除或减少成分或组织不均匀,一般用于质量要求较高的钢锭、铸件或锻件的退火。由于加热温度高、时间长,晶粒必然粗大。为此,必须再进行完全退火或正火,使组织重新细化。

5.3.2　钢的正火

正火是将钢材或钢件加热到临界温度以上,保温后空冷的热处理工艺。亚共析钢的正火加热温度为 Ac_3+(30～50) ℃;而过共析钢的正火加热温度则为 Ac_{cm}+(30～50) ℃。

正火与退火的主要区别在于冷却速度不同,正火冷却速度较大,得到的珠光体组织很细,因而强度和硬度也较高。

正火主要应用于以下几个方面。

(1) 消除网状二次渗碳体

所有的钢铁材料通过正火,均可使晶粒细化。而原始组织中存在网状二次渗碳体的过共析钢,经正火处理后可消除对性能不利的网状二次渗碳体,以保证球化退火质量。

(2) 作为最终热处理

对于力学性能要求不高的结构钢零件,经正火后所获得的性能即可满足使用要求,可用正火作为最终热处理。

(3) 改善切削加工性能

对于低碳钢或低碳合金钢,由于完全退火后硬度太低,一般在170 HB以下,切削加工性能不好。而用正火,则可提高其硬度,从而改善切削加工性能。所以,对于低碳钢和低碳合金钢,通常采用正火来代替完全退火,作为预备热处理。

钢的几种退火和正火工艺规范如图5-17所示。

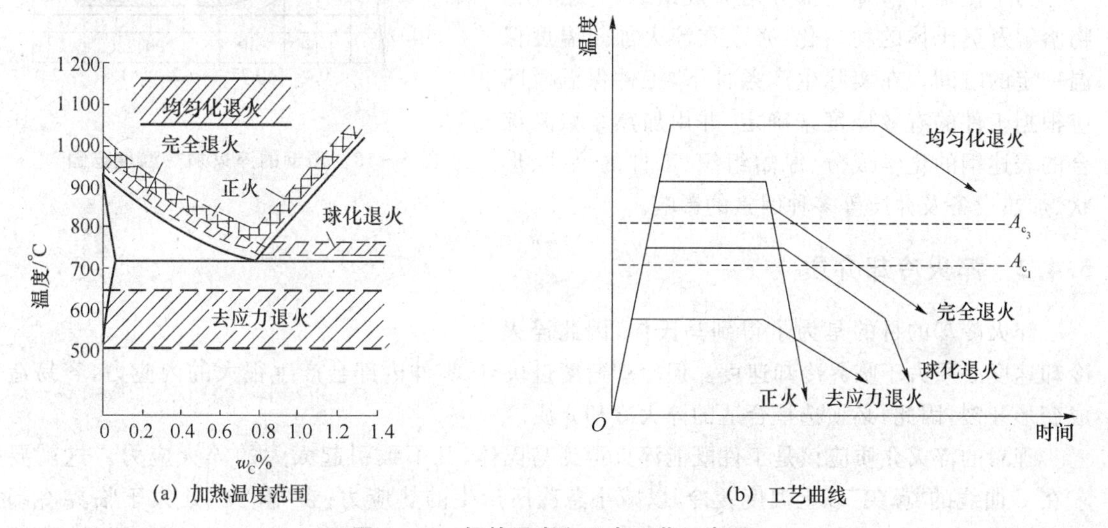

图5-17　钢的退火和正火工艺示意图

5.4　钢的淬火

淬火是将钢加热到 Ac_3 或 Ac_1 以上的某一温度,保温一定时间,然后以适当速度冷却,获得马氏体或下贝氏体组织的热处理工艺。

淬火的主要目的是为了得到马氏体或下贝氏体组织,然后配合以不同温度的回火,获得所需的力学性能。

5.4.1　淬火温度与保温时间

1. 淬火加热温度

淬火加热温度主要是根据钢的化学成分和临界点来确定的。碳钢的淬火加热温度如图5-18所示。

亚共析钢淬火加热温度一般在 Ac_3 以上30～50 ℃,淬火后可获得细小的马氏体组织。若淬火温度在 Ac_1～Ac_3 之间,则淬火后的组织中存在铁素体,从而造成淬火后的硬度不足,回火后强度也较低。若将亚共析钢加热到远高于 Ac_3 温度淬火,则奥氏体晶粒会显著粗大,而破坏淬火后的性能。所以亚共析钢淬火只能选择略高于 Ac_3 温度,这样既保证充分奥氏体化,又保持奥氏体晶粒的细小。

共析钢和过共析钢淬火加热温度一般在 Ac_1 以上 30～50 ℃。淬火后可获得细小马氏体和粒状渗碳体,残余奥氏体较少,这种组织硬度高、耐磨性好,而且脆性也较小。如果加热温度在 A_{cm} 以上,不仅奥氏体晶粒变得粗大,二次渗碳体也将全部溶解,必然会导致淬火后马氏体组织粗大,残余奥氏体量增加,从而降低钢的硬度和耐磨性,增加脆性,同时还使变形开裂倾向变得更加严重。

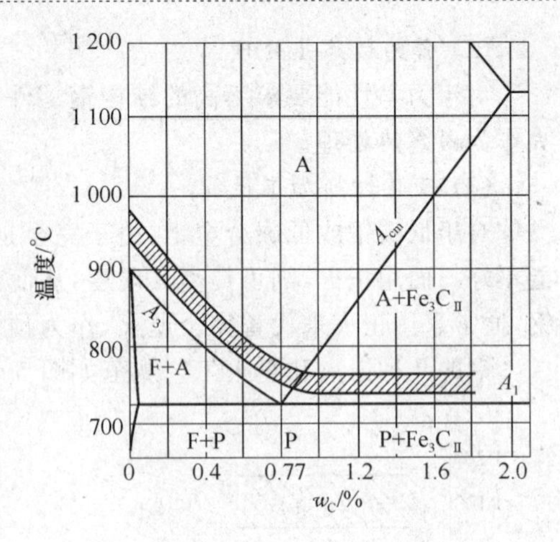

图 5-18　碳钢的淬火加热温度范围

2. 淬火保温时间

为了使工件内外各部分均完成组织转变、碳化物溶解及奥氏体的均匀化,必须在淬火加热温度保温一定的时间。在实际生产条件下,工件保温时间应根据工件的有效厚度来确定,并用加热系数来综合的表述钢的化学成分、原始组织、工件的尺寸、形状、加热设备及介质等多种因素的影响。

5.4.2 淬火冷却介质

淬火冷却的目的是为了得到马氏体,因此淬火冷却速度必须大于临界冷却速度。但冷却速度过快时,零件内部会产生很大的内应力,容易造成变形开裂,因此,必须选择合适的淬火冷却介质。

理想的淬火介质应该是工件既能淬火得到马氏体,又不致引起太大的淬火应力。这就要求在 C 曲线的"鼻尖"以上温度缓冷,以减小急冷所产生的热应力;在"鼻尖"处大于临界冷却速度,以保证过冷奥氏体不发生非马氏体转变;在"鼻尖"下方,特别是 M_s 点以下温度时,冷速应尽量小,以减小组织转变的应力。理想的淬火冷却曲线如图 5-19 所示。

目前生产中常用的淬火冷却介质有水、盐或碱水溶液、油、熔盐和熔碱等。

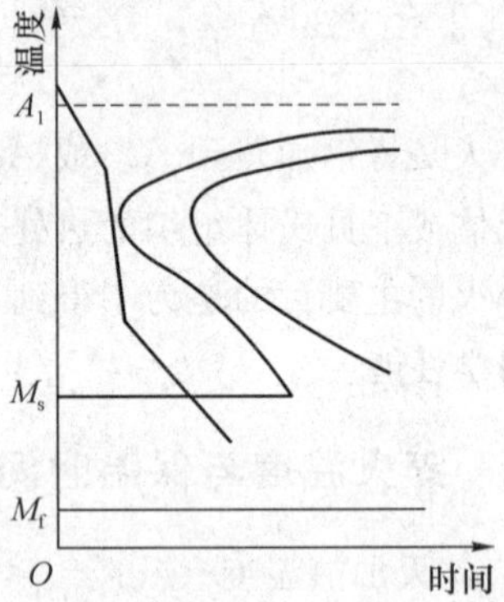

1. 水

水的冷却能力较大,且来源广、价格低、成分稳定不易变质,是应用最为广泛的淬火冷却介质。但它在 C 曲线的鼻部区(500～650 ℃左右),冷速不够快,会形成"软点";而在马氏体转变温度区(200～300 ℃左右),冷速又太快,易致使工件变形开裂。因此,水主要适用于截面尺寸不大、形状简单的碳钢工件的淬火冷却。

图 5-19　理想淬火冷却曲线示意图

2. 盐水和碱水

在水中加入 5%～10%的 NaCl 或 NaOH,可以提高介质在高温区的冷却能力,但在 200～300 ℃温度范围的冷速仍很快,而且介质的腐蚀性大。因此,一般只能用于截面尺寸较大、形状简单的碳钢工件,淬火后应及时清洗并进行防锈处理。

3. 油

油也是一种在生产中应用广泛的淬火冷却介质,一般采用各种矿物油作为淬火介质,如机油、变压器油和柴油等。油在 200～300 ℃温度范围的冷却速度较低,有利于减少零件的变形和开裂;但在 500～650 ℃温度范围的冷却能力不足,因此,油主要适用于合金钢和截面尺寸较小的零件的淬火。淬火时油温不能过高,以免起火,一般控制在 40～80 ℃之间。

4. 熔盐和熔碱

熔盐和熔碱在高温区间冷却能力较强,而在接近介质温度时冷却速度迅速降低,可大大减少零件的变形和开裂,适用于形状复杂、变形要求较严格、尺寸较小的零件,一般用作分级淬火和等温淬火的冷却介质。

近年来又有聚二醇、三硝水溶液等新的淬火冷却介质在生产中得到应用,取得了良好的效果,但目前还没有找到完全理想的淬火冷却介质。

5.4.3　淬火方法

根据冷却方式的不同,淬火方法主要有单液淬火、双液淬火、分级淬火和等温淬火等,其冷却曲线如图 5-20 所示。

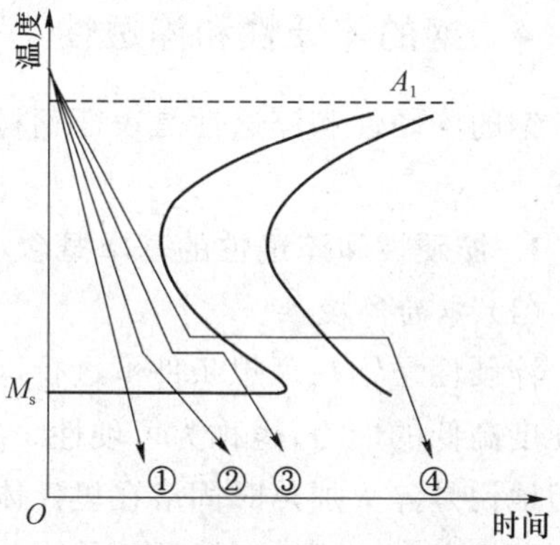

图 5-20　常用淬火方法的冷却曲线示意图

1. 单液淬火

单液淬火就是将钢件奥氏体化后,在单一淬火介质中一直冷却到室温的淬火方法,如图 5-20 中的曲线①所示。常用介质有水和油。单液淬火操作简单,有利于实现机械化和自动化。一般情况下,碳钢在水中淬火,合金钢在油中淬火。

2. 双液淬火

双液淬火就是将钢件奥氏体化后,先浸入一种冷却能力强的介质,当接近 M_s 温度时,迅速转入另一种冷却能力弱的介质中进行马氏体转变的淬火方法,如先水后油、先水后空气等,如图 5-20 中的曲线②所示。双液淬火的关键是控制好在第一种介质中的冷却时间,但在生产中往往依靠工人经验把握,人为因素影响较大,质量不易控制。主要用于形状复杂的高碳钢和尺寸较大的合金钢零件。

3. 分级淬火

分级淬火就是将钢件奥氏体化后,先浸入温度稍高或稍低于 M_s 温度的液态介质(盐浴或碱浴)中,保持适当时间,待钢件整体达到介质温度后取出空冷,以获得马氏体组织的淬火方法,又称马氏体分级淬火,如图 5-20 中的曲线③所示。分级淬火能有效地减小工件淬火的变形、开裂倾向,适用于变形要求高的合金钢和高合金钢工件,也可用于截面尺寸不大、形状复杂的碳钢工件。

4. 等温淬火

等温淬火就是将钢件奥氏体化后,快速冷却到贝氏体转变温度区间(260～400 ℃)等温保持,使奥氏体转变为下贝氏体,然后取出空冷的淬火方法,又称贝氏体等温淬火,如图 5-20 中的曲线④所示。等温淬火后,零件强度高,韧性、塑性较好,同时应力和变形都很小,不会出现淬火裂纹,因此常用于变形要求严格并要求具有良好强韧性的精密零件和小型工模具。

5. 钢的冷处理

钢的冷处理就是钢件淬火冷却到室温后,继续在 0 ℃以下的介质中冷却,促使残余奥氏体转变为马氏体的热处理工艺。冷处理的目的是为了最大限度地减少残余奥氏体,进一步提高工件淬火后的硬度和防止工件在使用过程中因残余奥氏体的分解而引起的变形。冷处理工艺适用于精度要求很高、必须保证其尺寸稳定性的工件。

冷处理应在淬火后立即进行,否则由于奥氏体的稳定化作用,会削弱处理效果。冷处理后可进行回火,以消除应力,避免裂纹。

在实际生产中,冷处理的温度一般不超过-80℃,并且需在专门的冷冻设备内进行,也可在放有低温介质的保温桶内进行。常用的低温介质是干冰(即固体CO_2)或干冰加酒精,可以达到-70~-80℃的低温。只有特殊情况下才采用液化乙烯(-103℃)或液氮(-192℃)进行深冷处理。

5.4.4 钢的淬硬性和淬透性

钢的淬硬性和淬透性是表征钢材接受淬火能力大小的两项性能指标,是选材、用材的重要依据。

1. 淬硬性和淬透性的基本概念

(1) 钢的淬硬性

淬硬性是钢在理想条件下进行淬火硬化所能达到的最高硬度的能力,是表示钢淬火时获得硬度高低的能力,也称为可硬性。决定钢淬硬性高低的主要因素是钢中的碳的质量分数,更确切地说是淬火加热时固溶在奥氏体中碳的质量分数,碳的质量分数越高,钢的淬硬性也就越高。而钢中合金元素对淬硬性的影响不大。

(2) 钢的淬透性

淬透性是指钢在淬火时获得马氏体的能力,通常用在规定条件下钢材的淬硬深度和硬度分布的特性来表示。淬透性实际上反映了钢在淬火时,奥氏体转变为马氏体的难易程度。

淬火时工件截面上各处的冷却速度是不同的。表面的冷却速度最大,越到中心冷却速度越小。如果工件表面及中心的冷却速度都大于该钢的临界冷却速度,则沿工件的整个截面都能获得马氏体组织,即钢被完全淬透了;如中心部分低于临界冷却速度,则表面得到马氏体,心部获得非马氏体组织,表示钢未被淬透。

从理论上来讲,淬透层深度应是全淬成马氏体的深度,但由于当非马氏体组织数量不多时,无论用金相或硬度方法都难以区分。而半马氏体区不仅硬度发生陡降,其金相组织的特征也较明显。所以一般规定,自工件表面至半马氏体区(马氏体和非马氏体组织各占50%)的深度作为淬硬层深度。

还应指出:必须把钢的淬透性和钢件在具体淬火条件下的淬硬层深度区分开来。钢的淬透性是钢材本身所固有的属性,它只取决于其本身的内部因素,而与外部因素无关;而钢的淬硬层深度除取决于钢材的淬透性外,还与所采用的冷却介质、工件尺寸等外部因素有关。例如在同样奥氏体化的条件下,同一种钢的淬透性是相同的,但是水淬比油淬的淬硬层深度大,小件比大件的淬硬层深度大。但不能说水淬比油淬的淬透性高,也不能说小件比大件的淬透性高。

另外,淬透性和淬硬性是两个独立的概念,淬火后硬度高的钢,不一定淬透性就高;而硬度低的钢也可能具有很高的淬透性。

2. 淬透性的测定方法

钢的淬透性的测定方法很多,常用的有临界直径法和端淬法。

(1) 临界直径法

钢材在某种介质中淬冷后，心部得到全部马氏体或 50% 马氏体组织时的最大直径称为临界直径，常用 D_c 表示。D_c 越大，表示这种钢的淬透性越高。常用钢材在水、油以及其他介质中的临界直径可通过查阅有关资料获得。

(2) 末端淬火法

末端淬火试验法简称端淬法，是指用标准尺寸的端淬试样($\phi25\times100$)，经奥氏体化后，在专用设备上对其一端面喷水冷却，冷却后沿轴线方向测出硬度与距水冷端距离的关系曲线的试验方法，如图 5-21(a)所示。该曲线称为淬透性曲线，如图 5-21(b)所示。由图可见，45 钢比 40Cr 钢硬度下降得快，说明 40Cr 钢的淬透性比 45 钢要好。图 5-21(b)与图 5-21(c)相配合，就可找出半马氏体区至距末端的距离，该距离越大，淬透性越好。

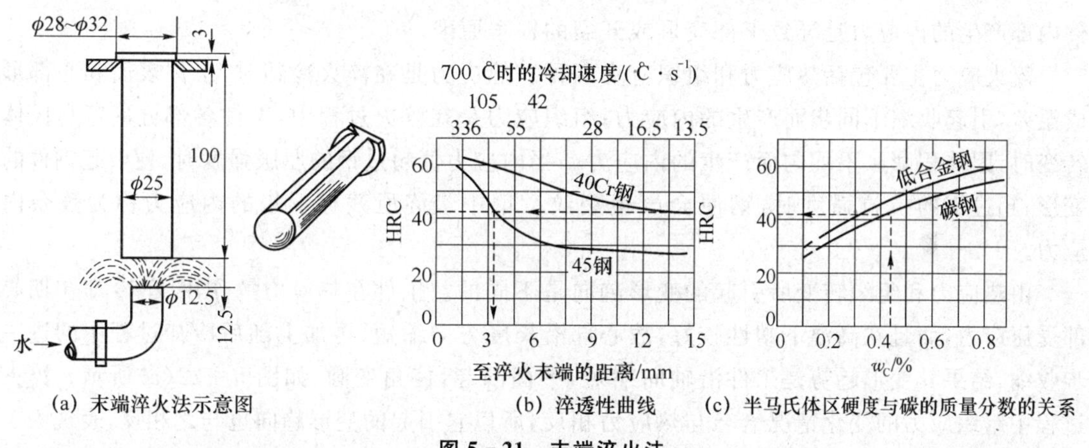

(a) 末端淬火法示意图　(b) 淬透性曲线　(c) 半马氏体区硬度与碳的质量分数的关系

图 5-21　末端淬火法

3. 影响的淬透性因素

钢的淬透性主要取决于其临界冷却速度的大小，而临界冷却速度则主要取决于过冷奥氏体的稳定性，因此，凡是能影响过冷奥氏体稳定性的因素，都将影响钢的淬透性。

(1) 化学成分的影响

随着碳的质量分数的增加，亚共析钢的 C 曲线右移，临界冷却速度降低，钢的淬透性增大；而过共析钢的 C 曲线则左移，临界冷却速度提高，钢的淬透性降低。除钴以外，绝大多数合金元素溶入奥氏体后，均使 C 曲线右移，降低临界冷却速度，从而显著提高钢的淬透性。因此，一般合金钢比碳钢的淬透性好。

(2) 奥氏体晶粒大小的影响

奥氏体的实际晶粒度对钢的淬透性有较大的影响，粗大的奥氏体晶粒能使 C 曲线右移，降低了钢的临界冷却速度，所以粗晶粒的钢具有较高的淬透性。但需要注意的是，晶粒粗大将增加钢的变形和开裂的倾向，并降低韧性。

(3) 奥氏体均匀程度的影响

在相同过冷度条件下，奥氏体成分越均匀，珠光体的形核率就越低，转变的孕育期增长，C 曲线右移，临界冷却速度减慢，钢的淬透性越高。

(4) 钢原始组织的影响

钢中原始组织的粗细和分布对奥氏体的成分将有重大影响。片状碳化物较粒状碳化物易溶解,粗粒状碳化物最难溶解,所以实际生产中为了提高钢的淬透性,往往在淬火前对钢进行一次预备热处理(退火或正火),使钢原始组织中的碳化物分布均匀而细小,以提高奥氏体化程度。

5.4.5 淬火缺陷及防止措施

在机械制造过程中,淬火工序通常安排在零件加工工艺路线的后期,因此,淬火缺陷将直接影响产品的质量,必须采取措施以防止或减少缺陷的产生。淬火过程中容易产生的缺陷主要由变形和开裂、氧化和脱碳、过热和过烧、软点和硬度不足等。

1. 变形和开裂

变形和开裂是淬火过程中最容易产生的缺陷。实践表明,由于淬火过程中的快冷而在工件内部产生的内应力是导致工件变形或开裂的根本原因。

淬火应力主要包括热应力和组织应力两种。热应力是在淬火冷却时,工件表面和心部形成温差,引起收缩不同步而产生的内应力;组织应力是在淬火过程中,工件各部分进行马氏体转变时,因体积膨胀不均匀而产生的内应力。当内应力值超过钢的屈服强度时,便引起钢件的变形;超过钢的抗拉强度时,钢便会产生裂纹。钢中最终所残存下来的内应力称为残余内应力。

由热应力和组织转变所引起的变形趋向是不同的。工件在热应力的作用下,冷却初期心部受压应力,而且在高温下塑性较好,故心部沿长度方向缩短,再加上随后冷却过程中的进一步收缩,结果其变形趋势是工件沿轴向缩短,平面凸起,棱角变圆,如图 5-22(a)所示。淬火过程中组织应力的变化情况恰巧与热应力相反,所以它引起的变形趋向也与之相反,表现为工件沿最大尺寸方向伸长,力图使平面内凹,棱角突出,如图 5-22(b)所示。淬火时零件的变形是热应力和组织应力综合作用的结果,如图 5-22(c)所示。

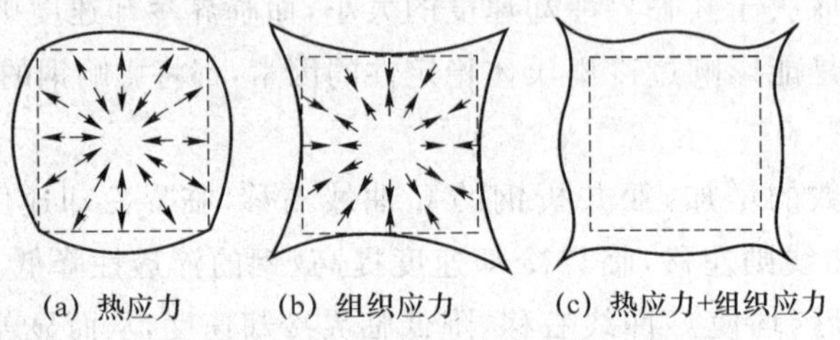

(a) 热应力　(b) 组织应力　(c) 热应力+组织应力

图 5-22　不同应力作用下零件变形示意图

淬火裂纹通常是在淬火冷却后期产生的,也就是在马氏体转变温度范围内冷却时,由淬火应力在工件表面附近所产生的拉应力超过了该温度下钢的抗拉强度而引起的。一般说来,淬火时在 M_s 点以下的快冷是造成淬火裂纹的主要原因。除此之外,零件的设计不良、材料的使用不当以及原材料本身的缺陷都有可能促使裂纹的形成。

为了减少及防止工件淬火变形和裂纹,应合理的设计零件的结构形状、合理选材、合理制定热处理技术要求及零件毛坯应进行正确的热加工(铸、锻、焊)和预备热处理。另外,在热处理时应合理地选择加热温度,尽量做到均匀加热,正确地选择冷却方法和冷却介质。

2. 氧化和脱碳

氧化是指钢在氧化性介质中加热时,表面或晶界的铁原子与氧原子产生化学反应的现象。

氧化不仅造成零件表面尺寸减小，还会影响零件的力学性能和表面质量。

脱碳是指钢在加热时，表层中溶解的碳被氧化，生成 CO 或 CH_4 逸出，使钢表面碳的质量分数减少的现象。脱碳会降低零件表面的强度、硬度、耐磨性以及疲劳强度，对零件的使用性能和使用寿命产生不利影响。

防止氧化和脱碳的有效措施就是加热时隔绝氧化性介质，如采用盐浴炉、保护气氛炉或真空炉进行加热等。

3. 过热和过烧

过热是指加热温度过高或保温时间过长，造成奥氏体晶粒显著粗化的现象。过热会使零件的力学性能显著降低，还容易引起变形和开裂。

过烧是指加热温度达到固相线附近，晶界严重氧化并开始部分熔化的现象。过烧会大幅度降低零件的力学性能。

防止过热和过烧的措施主要是严格控制加热温度和保温时间。出现过热时可采用正火予以纠正，而一旦产生过烧则无法挽救，零件只能报废。

4. 软点和硬度不足

软点是指零件表面局部区域硬度偏低的现象。硬度不足是指零件整体或较大区域内硬度达不到要求的现象。

产生软点和硬度不足的主要原因有淬火加热温度偏低、表面脱碳、表面有氧化皮或不清洁、钢的淬透性不高、淬火介质冷却能力不足等，生产中应注意上述影响因素并采取相应的防止措施。出现软点和硬度不足后，零件应重新淬火，而且重新淬火前还要进行退火或正火处理。

5.5　钢的回火

回火是将淬火钢加热到 Ac_1 以下的某一温度，保温一定的时间，然后冷却到室温的热处理工艺。

5.5.1　回火的目的

(1) 降低脆性，降低或消除内应力。淬火后必须及时回火，以防止工件变形和开裂。

(2) 调整力学性能，使工件满足使用要求。工件淬火后具有较高的硬度，但塑性和韧性较差，为了满足各种工件的不同要求，可通过适当的回火，获得所需的力学性能。

(3) 稳定组织和尺寸。淬火马氏体和残余奥氏体都是不稳定的组织，通过回火使其转变为稳定的回火组织，使工件在使用过程中不发生组织转变，从而保证工件的形状、尺寸不再变化。

5.5.2　淬火钢在回火时的转变

1. 回火时的组织转变

钢淬火后所得到的组织是马氏体和少量的残余奥氏体，它们都是不稳定的，有自发向稳定组织转变的趋势。但在室温下，原子的活动能力较弱，转变速度极慢。回火加热时，随着温度的升高，原子的活动能力增强，这一转变可以较快地进行。淬火钢在回火时的组织转变大致可分为以下四个阶段。

(1) 马氏体分解(20~200 ℃)

当温度在20~100 ℃范围时,淬火钢的组织没有明显的变化。此时铁和合金元素原子尚难以扩散,只有马氏体中过饱和的碳原子能做短距离的扩散,自发地进行偏聚。

温度在100~200 ℃范围时,马氏体开始分解。马氏体中过饱和的碳原子以ε-碳化物($Fe_{2.4}C$)的形式析出,以极细的片状分布在马氏体的一定晶面上,并与母相保持共格关系,马氏体中碳的过饱和程度有所降低。这种过饱和α固溶体和与其有晶格联系的ε-碳化物组成的组织,称为回火马氏体。

这一阶段α固溶体仍处于过饱和状态,硬度变化不大。但由于ε-碳化物的析出,晶格畸变程度降低,因此淬火应力有所减少。

(2) 残余奥氏体分解(200~300 ℃)

温度在200~300 ℃范围时,残余奥氏体开始分解。由于马氏体分解,降低了对残余奥氏体的压力,使其转变为下贝氏体,到300 ℃时基本完成。

这一阶段虽然马氏体分解会造成硬度下降,但由于残余奥氏体转变为下贝氏体的补偿作用,因此,硬度下降并不大,而淬火应力则进一步减小。

(3) 渗碳体形成(250~400 ℃)

当温度升高到250 ℃以上时,析出的ε-碳化物开始逐渐转变为细粒状渗碳体,同时不再与α固溶体保持共格关系,到400 ℃时,α固溶体中的过饱和碳已基本上完全析出,此时α固溶体已经转变为铁素体,但仍保持着原来的针状外形。这种由针状铁素体和细粒状渗碳体组成的组织,称为回火托氏体,常用符号$T_{回}$表示。

(4) 渗碳体聚集长大与铁素体再结晶(400 ℃以上)

当回火温度到400 ℃以上时,渗碳体不断聚集长大,同时针状的铁素体也会发生回复和再结晶过程。当温度升高到500~600 ℃时,针状铁素体再结晶成为多边形的铁素体,这种在多边形铁素体分布着较大粒状渗碳体的组织,称为回火索氏体,常用符号$S_{回}$表示。温度继续升高到650 ℃~A_1之间时,渗碳体颗粒和等轴铁素体晶粒都显著长大,得到粗的粒状渗碳体和铁素体所组成的混合物,这种组织称为回火珠光体,其金相组织和球化退火组织相似。

2. 淬火钢回火时的性能变化

淬火钢回火时力学性能总的变化趋势是:随着回火温度的上升,硬度、强度降低,塑性及韧性升高。

当回火温度不超过200~250 ℃范围时,回火后的组织是回火马氏体,其硬度较淬火马氏体只是稍有下降。高碳钢因弥散状的ε-碳化物大量析出,在温度低于100 ℃时硬度反而略有回升。另外由于其有较多的残余奥氏体,在200~250 ℃温度区间,它们将转变成下贝氏体,这会减缓其回火组织硬度下降的速度。对于低碳钢由于既不存在ε-碳化物的析出,残余奥氏体量也极少,故不存在这两个变化。在300 ℃以上回火时,各种碳钢的硬度都随回火温度的升高而显著下降。图5-23是不同含碳量的碳钢硬度与回火温度的关系。

钢的强度指标(σ_b、σ_s)与硬度指标的变化类似,随回火温度的升高而降低。塑性指标(δ、ψ)恰好与强度、硬度指标相反,随回火温度的升高而逐渐增大。冲击韧度值(a_K)也是随回火温度的升高而增大。

另外,淬火钢回火时的力学性能也与它内应力消除的程度有关,回火温度越高,淬火内应力消除越彻底,只有当回火温度高于500 ℃,并保持足够的回火时间才能使淬火内应力完全消除。

5.5.3　回火的分类及应用

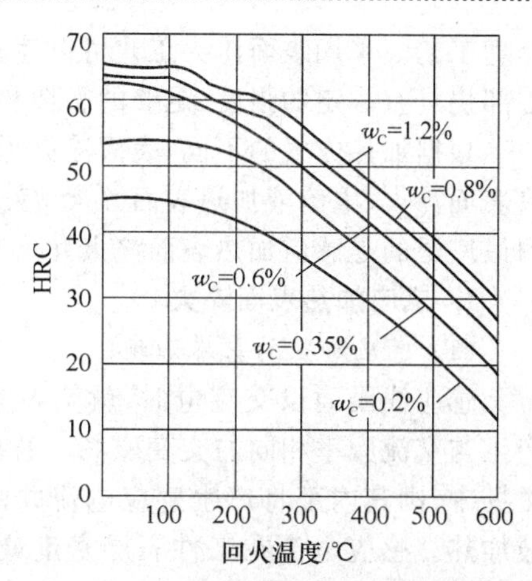

图 5－23　不同碳质量分数的碳钢回火温度与硬度的关系

按加热温度的不同，回火可分为低温、中温和高温回火三类。

(1) 低温回火

回火温度在 150～250 ℃，回火后的组织为回火马氏体，其硬度一般为 58～64 HRC（低碳钢除外）。由于回火马氏体具有高的硬度和耐磨性以及高强度，同时经低温回火能适当降低淬火应力，减小脆性，因此低温回火主要用于高碳钢制工件（如刀具、量具、冷变形模具、滚动轴承件）以及渗碳件和高频淬火件等。

(2) 中温回火

回火温度在 300～500 ℃，回火后组织为回火托氏体，其硬度一般为 35～45 HRC。淬火钢经中温回火后除了保持较高的硬度和强度以及足够的韧性外，其弹性极限也达到了极大值。因此中温回火广泛地应用于各类弹簧件，也可用于某些模具（如塑料模等）以及要求较高强度的轴、轴套和刀杆等。

(3) 高温回火

回火温度在 500～650 ℃，回火后的组织是回火索氏体，其硬度一般为 25～35 HRC。回火索氏体组织既具有一定的硬度、强度，也具有良好的塑性和韧性，即有良好的综合力学性能，广泛用于各种重要的结构零件，尤其是在交变载荷下工作的零件，如汽车、拖拉机、机床上的连杆、连杆螺钉、齿轮和轴类零件等。

生产上通常把钢件淬火＋高温回火的热处理工艺称为调质。与正火相比，钢件经调质处理后，不仅强度较高，塑性和韧性也明显提高。这是由于回火索氏体中的渗碳体呈粒状，可起一定的弥散强化作用；而正火得到的索氏体中的渗碳体呈片状，对塑性变形产生不利影响，因此，重要的结构零件均进行调质而不是正火。

制定回火工艺的主要参数是回火温度、回火保温时间和回火后的冷却方式。回火温度主要取决于工件所要求的硬度范围。回火需保温一般为 1～2 h，目的是使工件心部与表面温度均匀一致，保证组织转变的充分进行，以及淬火应力得到充分消除。回火冷却一般在空气中进行，操作简便。

5.6　钢的表面热处理

对于有些既承受弯曲、扭转、冲击载荷，又承受强烈摩擦的零件，如齿轮、轴类零件，要求其表面具有高的强度、硬度、耐磨性和疲劳强度，而心部具有足够的塑性和韧性。这时，如果单从选材方面考虑或用前述的普通热处理方法，都是难以解决的。因此，实际生产中一般采用表面热处理的方法来满足这一要求。

根据表层的化学成分是否变化，钢的表面热处理主要分为表面淬火和化学热处理两大类。

5.6.1　钢的表面淬火

表面淬火是将工件快速加热到淬火温度，然后进行迅速冷却，仅使表面获得淬火组织的热处理工艺。采用表面淬火工艺可以使工件表面具有高的强度、硬度和耐磨性,与此同时,工件心部仍具有一定的强度、足够的塑性和韧性。

根据加热方式的不同,表面淬火可分为感应加热表面淬火、火焰加热表面淬火、电接触加热表面淬火、电解液加热表面淬火、激光与电子束加热表面淬火等多种,目前热处理生产中应用最广泛的是感应加热表面淬火和火焰加热表面淬火。

1. 感应加热表面淬火

(1) 感应加热的基本原理

感应线圈通以交流电时,就会在它的内部和周围产生与交流频率相同的交变磁场。若把工件置于感应磁场中,则其内部将产生感应电流并由于电阻的作用被加热。感应电流在工件表层密度最大,而心部几乎为零,这种现象称为集肤效应。

电流透入工件表层的深度主要与电流频率有关。电流频率越高,感应电流透入深度越浅,加热层也越薄。因此,通过频率的选用可以得到不同工件所要求的淬硬层深度。图5-24表示工件与感应器的位置及工件截面上电流密度的分布。加热器通入电流,工件表面在几秒钟之内迅速加热到远高于 Ac_3 以上的温度,接着迅速冷却工件(例如向加热了的工件喷水冷却)表面,在零件表面获得一定深度的硬化层。

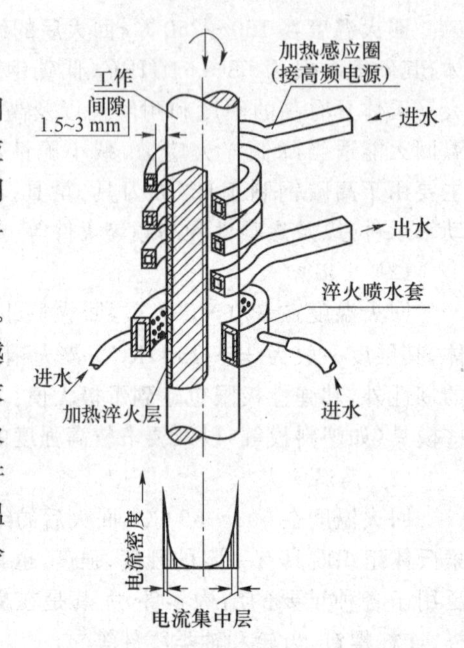

图5-24 感应加热表面淬火示意图

(2) 感应加热表面淬火的分类

根据电流频率的不同,可将感应加热表面淬火分为三类。

① 高频感应加热淬火,常用电流频率范围为200～300 kHz,一般淬硬层深度为0.5～2.0 mm。适用于中小模数的齿轮及中小尺寸的轴类零件等。

② 中频感应加热淬火,常用电流频率范围为2 500～800 Hz,一般淬硬层深度为2～10 mm。适用于较大尺寸的轴和大中模数的齿轮等。

③ 工频感应加热淬火,电流频率为50 Hz,不需要变频设备,淬硬层深度可达10～15 mm。适用于较大直径零件的穿透加热及大直径零件如轧辊、火车车轮等的表面淬火。

(3) 感应加热适用的材料

表面淬火一般适用于中碳钢和中碳低合金钢,如45、40Cr、40MnB等。这些钢先经正火或调质处理后,再进行表面淬火,心部有较高的综合机械性能,表面也有较高的硬度和耐磨性。在某些情况下,铸铁也是适合于表面淬火的材料。

(4) 感应加热表面淬火的特点

与普通淬火相比,感应加热表面淬火具有以下主要特点。

① 加热温度高,升温快。这是由于感应加热速度很快,因而过热度大。

② 工件表层易得到细小的隐晶马氏体,因而硬度比普通淬火提高2～3 HRC,且脆性较低。

③ 工件表层存在残余压应力,因而疲劳强度较高。

④ 工件表面质量好。这是由于加热速度快,没有保温时间,工件不易氧化和脱碳,且由于

内部未被加热，淬火变形小，淬硬层深度也易于控制。

⑤ 生产效率高，便于实现机械化、自动化。

2. 火焰加热表面淬火

火焰加热淬火是用乙炔-氧或煤气-氧等火焰直接加热工件表面，然后立即喷水冷却，以获得表面硬化效果的淬火方法（见图 5－25）。火焰加热温度很高（可达 2 000～3 200 ℃），能将工件迅速加热到淬火温度，通过调节烧嘴的位置和移动速度，可以获得不同深度的淬硬层。

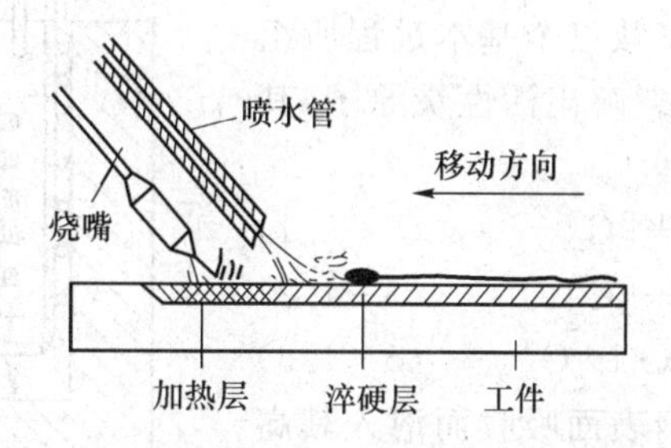

图 5－25　火焰加热表面淬火示意图

5.6.2　钢的化学热处理

化学热处理是把金属材料或工件放在适当的活性介质中加热、保温，使一种或几种化学元素渗入其表层，以改变其化学成分、组织和性能的热处理工艺。与表面淬火相比，化学热处理的特点是除了组织发生变化外，钢材表面的化学成分也发生了变化。由于表面成分的改变，钢的表面甚至整个钢材的性能也会随之发生改变。

根据渗入元素的不同，化学热处理可分为渗碳、碳氮共渗、渗氮、渗铬、渗铝、渗硅及渗硼等。不同的渗入元素，赋予工件表面的性能是不一样的。在工业生产中，化学热处理的作用有两方面：一是表面强化，目的是提高工件表面的疲劳强度、硬度和耐磨性；二是改善表面物理或化学性能，目的是提高工件表面的耐高温、抗腐蚀和抗氧化能力。目前生产中广泛应用的是渗碳、碳氮共渗和渗氮。

任何化学热处理的基本过程，通常都分为分解、吸收和扩散三个阶段。

① 分解：渗剂通过一定温度下的化学反应或蒸发作用，分解出欲渗入元素的活性原子。

② 吸收：活性原子吸附于工件表面并发生相界面反应，溶入金属或形成化合物。

③ 扩散：被吸附的活性原子，由表面向内部扩散，形成一定厚度的扩散层，即渗层。

1. 渗　碳

钢的渗碳就是工件在渗碳介质中进行加热和保温，使活性炭原子渗入至钢件表面，使其获得一定的表面碳质量分数和一定质量分数梯度的工艺。渗碳的目的是使机械零件获得高的表面硬度、耐磨性及高的接触疲劳强度和弯曲疲劳强度。

（1）*渗碳方法*

根据所用渗碳剂在渗碳过程中聚集状态不同，渗碳的方法可以分为固体渗碳法、液体渗碳法和气体渗碳法。另外，在特定的物理条件进行的渗碳还有真空渗碳、离子渗碳及真空离子渗碳等。

① 气体渗碳。气体渗碳是指将工件置于密封的加热炉中，使其加热到 900～950 ℃，再通入含碳的气体或滴入含碳的液体，使工件在这一温度下进行渗碳的热处理工艺，如图 5－26所示。

目前使用的渗碳介质大致可分为两大类:一类是裂解性液体,如煤油、苯、丙酮及甲醇等,使用时直接滴入渗碳炉中,经裂解后可分解出活性炭原子;另一类是吸热性气体,如天然气、煤气、丙烷气等,使用时与空气混合,进行吸热反应,制成可控气氛,进行可控气氛渗碳。

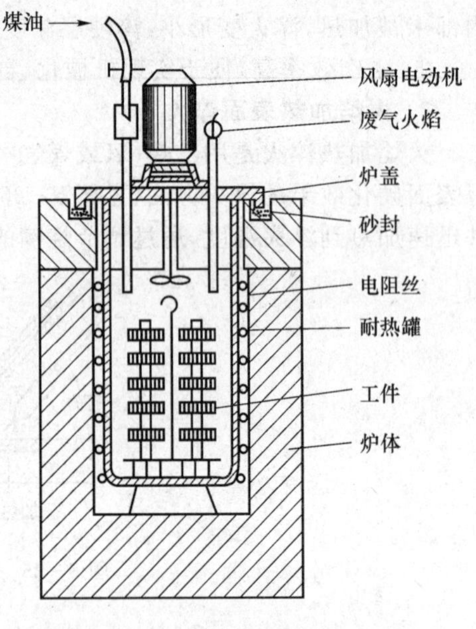

图 5-26 气体渗碳法示意图

渗碳是由分解、吸收和扩散三个基本过程所组成的。渗碳气氛在高温下可裂解出活性炭原子,其反应式为

$$2CO \rightarrow CO_2 + [C] \quad (5-1.1)$$

$$CH_4 \rightarrow 2H_2 + [C] \quad (5-1.2)$$

$$CO + H_2 \rightarrow H_2O + [C] \quad (5-1.3)$$

渗碳时,活性炭原子被钢表面吸收而溶入其高温奥氏体中,然后向内部扩散而形成渗碳层。在一定的渗碳温度下,渗碳层的深度取决于渗碳保温时间的长短。

② 固体渗碳。与气体渗碳法相比较,固体渗碳法的速度慢,生产率低,劳动条件差,质量不易控制,故已逐渐被气体渗碳法所替代。但由于固体渗碳法设备简单、成本较低,目前仍在小范围地被应用。另外,与气体渗碳相比,固体渗碳对于盲孔渗碳仍有一定的优势。

(2) *渗碳后的组织*

低碳钢渗碳后,其表面碳的质量分数一般为$w_C=0.9\%\sim1.05\%$,由表面到心部,质量分数逐渐减少,心部仍为原来低碳钢的碳的质量分数。渗碳后经缓慢冷却,渗层组织由表面向内部依次为:过共析组织(二次渗碳体+珠光体)、共析组织(珠光体)、过渡区亚共析组织(珠光体+铁素体)和心部原始亚共析组织(珠光体+铁素体),如图5-27所示。

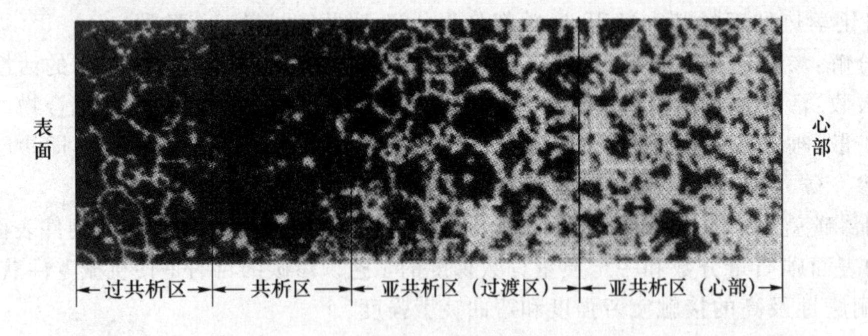

图 5-27 低碳钢渗碳缓冷后的组织

碳钢的渗碳层深度一般是指从表面到碳的质量分数为0.4%处的深度,测量时可采用金相法或硬度法。金相法是在显微镜下测量从表面到50%珠光体+50%铁素体处的深度;硬度法是工件或试样以渗碳淬火后,在保证不回火的前提下切取截面,然后在垂直于渗碳表面测量维氏硬度,根据所得硬度与到表面距离间关系曲线,以硬度大于550 HV之深度为有效渗碳层深度。

(3) 渗碳后的热处理

为了充分发挥渗碳层的作用，使渗碳获得最好的效果，工件渗碳后必须进行合理的淬火和低温回火处理。渗碳后常用的淬火方法主要有直接淬火法、一次淬火和二次淬火法。淬火后应进行低温回火，回火温度一般为 150～200 ℃。

① 直接淬火法：是将渗碳后的工件预冷到 800～850 ℃直接进行淬火，然后低温回火的热处理工艺。预冷温度应稍高于 Ar_1，以避免心部析出过多的铁素体。直接淬火法处理后，表层为回火马氏体＋少量渗碳体。该方法淬火变形小，操作简便、成本低、效率高，适用于本质细晶粒钢。

② 一次淬火法：是将渗碳后的工件出炉缓冷到室温后，再加热到淬火温度进行淬火和低温回火的热处理工艺。一般淬火温度略高于心部 Ac_3，可使心部的亚共析组织发生重结晶，淬火后心部组织细化，但表层只能消除网状碳化物，粗大组织无法改善。一次淬火法处理后，表层为回火马氏体和少量渗碳体。该方法也仅适用于本质细晶粒钢。

③ 二次淬火法：是工件渗碳缓冷后，第一次在心部 Ac_3 以上温度淬火，第二次在表层 Ac_1 以上温度淬火的热处理工艺。第一次淬火使心部组织细化并消除表层网状碳化物，第二次淬火使表层获得细针状马氏体和细粒状渗碳体。经过两次淬火后，表层和心部组织都得到细化，因此，不但表面具有高的强度、硬度、耐磨性和疲劳极限，而且心部也具有良好的强度、塑性和韧性。但二次淬火工艺复杂，生产周期长，工件变形大，一般只有本质粗晶粒钢和重载荷零件才采用。

渗碳、淬火回火后的表面硬度一般为 58～64 HRC，耐磨性好。而心部组织主要取决于钢的淬透性，低碳钢一般为铁素体和珠光体，硬度为 137～184 HB；低碳合金钢一般为回火低碳马氏体、铁素体和托氏体，硬度为 35～45 HRC，具有较高硬度、韧性和一定的塑性。

2. 渗　氮

渗氮就是在一定温度下使活性氮原子渗入至工件表面，从而提高其硬度、耐磨性和疲劳强度的一种化学热处理工艺。

(1) 渗氮基本原理

渗氮也是由分解、吸收和扩散三个基本过程所组成的。一般使用氨气作为渗氮介质，氨气从 200 ℃开始分解，400 ℃以上分解程度已达到 99.5%，工艺 500～600 ℃，其反应式为

$$2NH_3 \rightarrow 3H_2 + 2[N] \tag{5-2}$$

分解出来的活性氮原子[N]被钢表面所吸收，然后向心部扩散，形成一定深度的渗氮层。

(2) 渗氮层组织

活性氮原子被钢表面吸收后，首先溶入固溶体，然后与铁和合金元素形成各种氮化物(Fe_2N、Fe_4N、AlN、MoN、CrN 等)，最后向心部扩散。图 5-28 为 38CrMoAl 钢经渗氮后的表层组织，工件的最外层为一白亮氮化物薄层，很脆；中间是暗黑色含氮共析体层；心部为原始回火索氏体组织。由于白亮层硬而脆，应尽量避免或采用磨削加工去除。

(3) 渗氮热处理的工艺方法

根据渗氮目的的不同，渗氮工艺方法分为两大类：一类是以提高工件表面硬度、耐磨性及疲劳强度等为主要目的而进行的渗氮，称为强化渗氮；另一类是以提高工件表面耐腐蚀性为目的的渗氮，称为抗蚀渗氮，也称为防腐渗氮。

(4) 渗氮的特点及应用

① 高硬度和高耐磨性。当采用含铝、铬的渗氮钢时，渗氮后表层的硬度可达 1 000～1 200 HV，

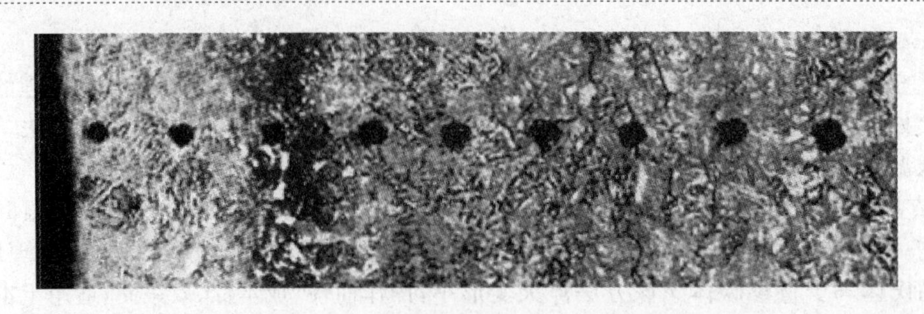

图5-28 38CrMoAl钢渗氮层显微组织

相比而言,渗碳淬火后表层的硬度只有700～760 HV。渗氮层由于硬度高,所以耐磨性也较高。尤其值得提出的是,渗氮层的高硬度可以保持到500 ℃左右,而渗碳层的硬度在200 ℃以上就会剧烈下降。

② 高疲劳强度。这是由于渗氮层的残余应力比渗碳层大。试验证明,缺口试样渗氮后的疲劳强度可以与光滑试样渗氮后相媲美。

③ 变形小而规律性强。这是因为渗氮温度低,渗氮过程中零件心部没有发生相变,渗氮后又不需要任何热处理。能够引起零件变形的原因只有渗氮层的体积膨胀,所以其变形的规律性也较强。

④ 高的抗咬合性能。咬合是由于短时间缺乏润滑,过热的相对运动的两表面产生的卡死、擦伤或焊合现象。工件的渗氮层因其具有高硬度和高温硬度可使其具有较好的抗咬合性能。

⑤ 高的抗腐蚀性能。这种性能来自于渗氮层表面化学稳定性高而致密的化合物层,即通常所谓的白亮层。有时为了降低渗氮层的脆性而抑制了它的生成,工件的抗腐蚀性就不会提高。

渗氮的缺点是工艺过程时间较长,成本较高。如欲获得1 mm深的渗碳层,渗碳处理仅需要6～9 h,而欲获得0.5 mm的渗氮层,渗氮处理通常需要40～50 h。另外,由于渗氮层较薄,也不能承受太大的接触应力。

3. 碳氮共渗

碳氮共渗是同时向零件表面渗入碳和氮两种元素的化学热处理工艺,也称氰化处理。碳氮共渗主要有液体碳氮共渗和气体碳氮共渗两种。液体碳氮共渗有毒,污染环境,劳动条件差,已很少应用。气体碳氮共渗包括中温碳氮共渗和低温碳氮共渗两种。

(1) 中温气体碳氮共渗

中温气体碳氮共渗是将工件放入井式气体渗碳炉内,滴入煤油并同时通入氨气,在共渗温度下分解出碳和氮的活性原子,被工件表面吸收后向内部扩散,形成碳氮共渗层的热处理工艺。常用的渗剂还有甲醇+丙烷+氨气,也可用三乙醇胺或三乙醇胺+20%尿素代替氨气。

中温碳氮共渗层的碳、氮含量取决于共渗温度。温度越高,则共渗层的含碳量越高,而含氮量越低;反之,则含碳量越低,而含氮量越高。生产中共渗温度一般为820～860 ℃,共渗时间主要由渗层深度、共渗温度和渗剂种类决定。

由于共渗温度较低,因此共渗后可直接淬火,然后低温回火。热处理后工件表层为含碳、氮的回火马氏体+残余奥氏体+少量碳氮化合物,心部组织仍为低碳马氏体。

与渗碳相比,中温气体碳氮共渗具有以下特点:

① 共渗速度快,生产周期短、效率高;

② 共渗温度低，适宜直接淬火，减小了变形开裂的倾向；

③ 在表面层碳的质量分数相同的情况下，共渗层具有较高的硬度和耐磨性；

④ 共渗层具有较高的疲劳强度和耐蚀性。

(2) 低温气体碳氮共渗

低温气体碳氮共渗也是一种在气体气氛中同时渗入碳和氮的化学热处理工艺。共渗温度一般为 510～570 ℃，常用介质为尿素、三乙醇胺等，根据渗层深度要求的不同，保温时间一般为 1～6 h。由于处理温度低，所以以渗氮为主。这种工艺类似氮化，但渗层硬度比氮化低，韧性比氮化好，故生产中常称作软氮化。

低温碳氮共渗处理后，渗层具有较高的疲劳强度、抗蚀性和抗咬合性；共渗速度快，生产率高；共渗温度低，零件变形小。由于渗层较薄，不适用于重载零件，主要应用于自行车、缝纫机、仪表零件，齿轮、轴类等机床、汽车的小型零件以及模具、量具和刃具的表面处理。

5.7　其他热处理工艺

5.7.1　可控气氛热处理

在炉气成分可控制的炉内进行的热处理称为可控气氛热处理。

可控气氛热处理的应用有一系列技术、经济优点：能减少和避免钢件在加热过程中氧化和脱碳，节约钢材，提高工件质量；可实现光亮热处理，保证工件尺寸精度；可控制表面碳浓度的渗碳和碳氮共渗，可使已脱碳的工件表面复碳等。可控气氛热处理的可控气氛主要有吸热式气氛、放热式气氛和滴注式气氛。

1. 吸热式气氛

燃料气按一定的比例与空气混合后，通入发生器进行加热，在触媒的作用下，经吸热而制成的气体称为吸热式气氛。吸热式气氛主要用作渗碳气氛和高碳钢的保护气体。

2. 放热式气氛

燃料气按一定比例与空气混合后，靠自身的燃烧反应而制成的气体，由于反应时放出大量的热量，故称为放热式气氛。它是所有制备气体中最便宜的一种，主要用于防止加热时的氧化，如低碳钢的光亮退火，中碳钢小件的光亮淬火等。

3. 滴注式气氛

用液体有机化合物滴入热处理炉内所得到的气氛称为滴注式气氛。它主要用于渗碳、碳氮共渗、保护气氛淬火和退火等。

5.7.2　真空热处理

1. 真空在热处理中的作用

将金属工件在 1 个大气压以下(即负压下)加热的金属热处理工艺称为真空热处理。20 世纪 20 年代末，随着真空技术的发展，出现了真空热处理工艺，当时还仅用于退火和脱气。由于设备的限制，这种工艺较长时间未能获得大的进展。60～70 年代，陆续研制成功气冷式真空热处理炉、冷壁真空油淬炉和真空加热高压气淬炉等，使真空热处理工艺得到了新的发展。在真空中进行渗碳，在真空中等离子场的作用下进行渗碳、渗氮或渗其他元素的技术进展，又使真空热处理进一步扩大了应用范围。

研究表明,真空在热处理中具有如下作用。

① 脱脂——黏附在金属表面的油脂、润滑剂等蒸气压较高,在真空加热时,自行挥发或分解成水、氢气和二氧化碳等气体,并被真空泵抽走,与不同金属表面产生化学反应,得到无氧化、无腐蚀的非常光洁的表面。

② 除气——金属在熔炼时,液态金属要吸收氢气、氧气、氮气和一氧化碳等气体,由于冷却速度太快,这些气体留在固体金属中,生成气孔及白点等各种冶金缺陷,使材料的电阻、导磁率、硬度、强度、塑性及韧性等性能受到影响,根据气体在金属中的溶解度,与周围环境的分压平方根成正比的关系,分压越小即真空度越高,越可减少气体在金属中的溶解度,释放出来的气体被真空泵抽走。

③ 氧化物分解——金属表面的氧化膜、锈蚀、氧化物及氢化物在真空加热时被还原、分解或挥发而消失,使金属表面光洁。钢件真空度达 0.133～13.3 Pa 即可达到净化效果,金属表面净化后,活性增强,有利于碳、氮、硼等原子吸收,使得化学热处理速度增快和均匀。

④ 保护作用——真空热处理实质上是在极稀薄的气氛中进行,炉内残存的微量气体不足以使被处理的金属材料产生氧化脱碳、增碳等作用。使金属材料表面的化学成分和原来表面的光亮度保持不变。

2. 真空热处理的种类

真空热处理可用于退火、脱气、固溶热处理、淬火、回火和沉淀硬化等工艺。在通入适当介质后,也可用于化学热处理。

真空中的退火、脱气和固溶处理主要用于纯净程度或表面质量要求高的工件,如难熔金属的软化和去应力、不锈钢和镍基合金的固溶处理、钛和钛合金的脱气处理、软磁合金改善导磁率和矫顽力的退火以及要求光亮的碳钢、低合金钢和铜等的光亮退火。真空中的淬火有气淬和油淬两种。气淬即将工件在真空加热后向冷却室中充以高纯度中性气体(如氮)进行冷却。适用于气淬的有高速钢和高碳高铬钢等马氏体临界冷却速度较低的材料。油淬是将工件在加热室中加热后,移至冷却室中充入高纯氮气并立即送入淬火油槽,快速冷却。如果需要高的表面质量,工件真空淬火和固溶热处理后的回火和沉淀硬化仍需在真空炉中进行。

真空渗碳是将工件装入真空炉中,抽真空并加热,使炉内净化,达到渗碳温度后通入碳氢化合物(如丙烷)进行渗碳,经过一定时间后切断渗碳剂,再抽真空进行扩散。这种方法可实现高温渗碳(1 040 ℃),缩短渗碳时间。渗层中不出现内氧化,也不存在渗碳层表面的碳质量分数低于次层的问题,并可通过脉冲方式真空渗碳,使盲孔和小孔获得均匀渗碳层。

3. 真空热处理的发展

真空热处理特别是真空淬火是随着航天技术的发展而迅速发展起来的新技术,它具有无污染、无氧化脱碳、质量高、节约能源、变形小等一系列优点。由于在真空中加热,零件中存在的有害物质、气体等均可除去,提高了性能和使用寿命。如 AISI430 不锈钢螺栓,真空加热比氢气保护下加热强度提高 25%,模具的寿命可提高 40%。真空渗碳温度可达 1 000 ℃,其扩散期只需一般气体渗碳的 1/5,所以整个渗碳时间可以显著缩短,渗层均匀,有效层厚。对于形状复杂、小孔多的工件渗碳效果更为显著。并可节约大量宝贵的能源。另外由于真空热处理加热均匀、升温缓慢,其加工余量减小,变形仅为盐浴加热的 1/5～1/10。

目前我国大部分省市均已不同程度地应用推广真空热处理工艺,处理的钢种涉及高速工具钢、模具钢、弹簧钢、滚动轴承钢及各种结构钢零件、各种非铁金属及其合金等。20 世纪 70 年代初,我国研制成大型真空油淬炉以来,真空热处理炉的制造已由仿制发展到适合国情的创新，从品种单一到多样化系列，从简单手动到复杂程控，从数量少到数量多，达到较高水平，具有相当的先进性和可靠性。工具行业正在开发研制加压气淬的真空热处理炉，以适应大截面高速钢工具的真空淬火。由于负压气淬的冷却速度对大截面的工具不足以抑制碳化物析出，而炉气（高纯氮）增压至 0.2 MPa 以上时，可使淬火回火后心部与表面硬度达到 64 HRC。对更大截面（≤150 mm）的工具，则企望气压高达 0.8～1.2 MPa。

5.7.3　形变热处理

形变热处理是将材料塑性变形与热处理有机地结合起来，同时发挥材料形变强化和相变强化作用的综合热处理工艺。这种方式不仅可以获得比普通热处理更优异的强韧化效果，而且能提高材料的综合力学性能，并可以简化工序，利用余热，节约能源及材料消耗，经济效益显著。形变热处理的应用广泛，从结构钢、轴承钢到高速钢都适用。目前工业上应用最多的是锻造余热淬火和控制轧制。美国采用控制轧制来生产高硬度装甲钢板，可提高抗弹性能。我国兵器工业系统开展了火炮、炮弹零件热模锻余热淬火、炮管旋转精锻形变热处理、枪弹钢芯斜轧余热淬火等试验研究，取得了很好的效果。

钢的形变热处理强韧化的机理可分为三个方面：

① 形变热处理在塑性变形过程中细化了奥氏体晶粒，从而使热处理后的组织为细小马氏体；

② 奥氏体在塑性变形时形成大量的位错，并成为马氏体转变核心，促使马氏体转变量增多并细化，同时又产生了大量新的位错，使位错的强化效果更显著；

③ 形变热处理中高密度位错为碳化物析出的高弥散度提供有利条件，产生碳化物弥散强化作用。

根据形变与相变的相互关系，有相变前形变、相变中形变和相变后形变三种基本类型。现仅介绍相变前形变的高温形变热处理和低温形变热处理。

1. 高温形变热处理

它是将钢材加热到奥氏体区域后进行塑性变形，然后立即进行淬火和回火，例如锻热淬火和轧热淬火。此工艺能获得较明显的强韧化效果，与普通淬火相比能提高强度 10%～30%，提高塑性 40%～50%，韧性成倍提高，而且质量稳定，简化工艺，还减少了工件的氧化、脱碳和变形，适用于形状简单的零件或工具的热处理，如连杆、曲轴、模具和刀具等。

2. 低温形变热处理

它是将工件加热到奥氏体区域后急冷至珠光体与贝氏体形成温度范围内（在 450～600 ℃ 热浴中冷却），立即对过冷奥氏体进行塑性变形（变形量为 70%～80%），然后再进行淬火和回火。此工艺与普通淬火比较，在保持塑性、韧性不降低的情况下，大幅度地提高钢的强度、疲劳强度和耐磨性，特别是强度可提高 300～1 000 MPa。因此它主要用于要求高强度和高耐磨性的零件和工具，如飞机起落架、高速刃具、模具和重要的弹簧等。

5.7.4　激光热处理

1. 激光热处理的原理

激光是 20 世纪 60 年代出现的重大科学技术成就之一。激光是用相同频率的光诱发而产生的。由于激光具有高亮度、高方向性和高单色性等很有价值的特殊性能，一经问世就引起了各方面的重视。70 年代制造出大功率的激光器以后，相继出现了一些激光处理的表面强化新技术。目前,已有激光淬火、激光合金化、激光涂层以及激光冲击硬化等。

激光加热表面淬火就是用激光束照射工件表面,工件表面吸收其红外线而迅速达到极高的温度,超过钢的相变点。随着激光束离开,工件表面的热量迅速向心部传递而造成极大的冷却速度,靠自激冷却而使表面淬火。表面淬火常用CO_2激光器,用CO_2气体作激活气体,激发出10.6 μm的红外光。CO_2激光器功率大,已有2～20 kW功率的CO_2激光器。电光转换率高,可达15%～20%,而且在传送远距离、光束细以及在聚集成很小一点的能力上,和低功率激光束相似。激光加热是利用激光的高亮度,功率密度高,CO_2激光器可达10^3～10^5 kW/cm^2,加热速度大(104～106 K/s),加热时间短(10^{-4}～10^{-3} s),加热层薄和工件自冷速度大的特点。

由于激光加热速度很大,相变是在很大的过热下进行的,因而形核率高。激光淬火加热温度一般为Ac_1+(50～200)℃。同时由于加热时间短,碳原子的扩散及晶粒的长大受到抑制,从而将得到不均匀的奥氏体细晶粒,冷却后表面得到的是隐晶或细针状马氏体组织。

激光淬火时,如激光的功率密度过低,或激光束扫描速度太快,加热时间太短,则表面加热温度不足,冷却后将得不到马氏体组织;反之,激光功率密度过高,或扫描速度太慢,工件表面可能发生局部熔化,凝固后表面层会出现铸态柱状晶,甚至产生裂纹,降低机械性能。金属对激光的吸收率与材料、表面粗糙度和激光波长等有关。一般情况下,金属对10.6 μm的激光吸收率很低,大部分被反射掉。为了提高吸收率,充分利用激光能量,激光加热的工件表面需要进行黑化处理。黑化处理方法主要有涂炭法、胶体石墨法和磷酸盐法,其中磷酸盐法最好。3～5 μm厚的磷化膜对激光的吸收率可达80%～90%,并且有较好的防锈性能,激光淬火后不用清除,即可进行装配。磷化表面经激光淬火后,中间呈现黑色,边缘有两条白边,这是由于磷酸盐经激光加热脱水。如两条白边窄而白,表示表面扫描速度适宜,所得到的淬硬层较深。

激光淬火比常规淬火的表面硬度高,比高频淬火高15%～20%以上,例如45、T12、18Cr2Ni4WA和40CrNiMoA钢,一般淬火后显微硬度分别为580 $HV_{0.05}$、825 $HV_{0.05}$、380 $HV_{0.05}$和595 $HV_{0.05}$,而激光淬火后最大硬度分别为885 $HV_{0.05}$、1 050 $HV_{0.05}$、550 $HV_{0.05}$和890 $HV_{0.05}$,激光淬火表面硬度提高的原因是马氏体点阵畸变,特殊碳化物的析出,硬化层晶粒超细化。

激光淬火的硬化层深度与加热时间的平方根成正比。其硬化层较浅,通常为0.3～0.5 mm。用4～5 kW的大功率的激光器,采取措施硬化层深度可达3 mm。当追求淬火深度时,更要严格控制扫描速度和功率密度,以防止工件表面熔化。激光淬火都可产生大于400 MPa的残余压力,这有助于提高疲劳强度。由于激光是快速局部加热,即使处理形状复杂的零件,其淬火变形也非常小,甚至没有变形,因而激光加热淬火的零件一般可直接送到装配线上,但对于厚度小于5 mm的零件,这种变形不可忽略。由于激光聚集深度大,在75 mm左右的范围内的功率密度基本上相同,因此激光热处理对工件尺寸大小及表面平整度没有严格限制,并且能对形状复杂的零件或对零件的局部进行处理(如盲孔、小孔、小槽、薄壁件等)。此外,激光加热速度快,工件表面清洁,不需要保护介质,激光淬火靠自激冷却,不需要淬火介质,有利于环境保护,操作简单,便于实现自动化生产,而纳入流水线。

2. 激光热处理的应用

自20世纪60年代初期发明激光以后,在热处理领域中迅速发展应用。用高能激光束扫射金属零件表面时,被扫射的表面以极快的速度加热,使温度上升到相变点以上,随着激光束离开工件表面,表面的热量迅速向工件本体传递,使表面以极快的速度冷却,从而实现表面淬火。照相机快门上的薄小零件(主动环、推板)要求某一特定微小部位具有高硬度、高耐磨性,现在采用激光进行选择性局部淬火，工艺简单，生产效率极高，45 钢薄小零件淬火硬度值可稳定在 60 HRC 左右，无变形，耐磨性比原来采用火焰淬火提高 1 倍以上。我国在汽车修理行业对发动机缸体普遍采用激光淬火。缸体经过大修后的发动机，平均行驶里程只有 4 万公里，但经激光淬火后，行驶里程可达 20 万公里以上，即提高了 3～5 倍，既大大节省了大修费用，也降低了油耗，减少了对环境的污染。还有好多种零件采用激光淬火，如高速钢盘形铣刀、摆臂钻床外柱内滚道、大功率柴油机活塞环、齿轮、制针机专用传输丝杆、蒸汽机车汽缸边瓣等。

3. 激光热处理的特点

（1）优　点

① 硬化深度、面积可以精确控制。

② 适应的材料种类较广。

③ 可解决其他热处理方法不能解决的复杂形状工件的表面淬火。

④ 不需要真空设备。

（2）缺　点

① 电光转换效率低，仅 10%左右。

② 零件表面需预先黑化处理，以提高光能的吸收率，而黑化处理成本较高。

③ 一次投资较高。

习　题

1. 奥氏体的形成机理是什么？
2. 钢的化学成分对奥氏体晶粒的长大有何影响？
3. 什么是奥氏体等温转变图？什么是奥氏体连续冷却转变图？
4. 退火和正火的目的是什么？
5. 常用的退火工艺有哪些？
6. 如何选择退火和正火？
7. 常用的淬火介质有哪些？其特点如何？
8. 请简述常用的淬火方法。
9. 说明淬透性和淬硬性有何区别和联系？
10. 请简述淬火缺陷产生的原因？如何防止淬火变形及裂纹？
11. 回火的目的是什么？回火对淬火钢的硬度有何影响？
12. 什么是冷处理？其目的是什么？
13. 表面淬火的种类有哪些？
14. 请简述化学热处理的作用及分类。
15. 气体渗碳的工作原理是什么？
16. 渗氮工件的特点是什么？
17. 请简述真空在热处理中的作用。
18. 激光热处理的特点是什么？

第6章　合金钢

非合金钢的冶炼和加工简单，价格便宜，在工业生产中得到了广泛的应用。但其力学性能较差，且缺乏一些特殊性能，如耐热、耐腐蚀、耐磨等。为了改善非合金钢的性能，有目的地在钢中加入一种或多种化学元素而得到的钢叫合金钢。由于合金钢中加入了合金元素，使合金钢不仅具有较高的强度、硬度和耐磨性，而且还具有优良的物理化学性能，如耐高温、耐腐蚀、抗氧化及无磁性等。

6.1　合金元素在钢中的作用

在钢的冶炼的过程中加入一些化学元素，目的是为了改善合金钢的力学性能和工艺性能，或获得某些特殊的物理和化学性能，这些元素称为合金元素。常用的合金元素有钨、钒、钛、铬、硼、铝、钴、镍、钼、锆、铌、锰（质量分数大于1.0%）、硅（质量分数大于0.5%）以及稀土等。

由于这些合金元素在钢中既能与铁和碳元素发生作用，它们彼此又能相互作用，所以合金元素在合金钢中的作用是很复杂的，对钢的组织和性能产生很大的影响。

6.1.1　合金元素对钢中基本相的影响

合金元素在钢中的存在形式有两种，即：合金元素溶入铁素体或奥氏体中形成合金铁素体（奥氏体）；合金元素与碳作用形成金属化合物（合金渗碳体）。

1. 合金元素溶入铁素体（奥氏体）

大多数的合金元素均可以溶入铁素体中，形成含合金元素的铁素体，即合金铁素体。溶入γ－Fe中则可形成含合金元素的奥氏体，即合金奥氏体。由于合金元素与铁的晶格类型和原子半径的差异，产生固溶强化，使铁素体和奥氏体的力学性能发生变化，即强度和硬度升高，塑性和韧性下降，如图6－1所示为合金元素对铁素体的力学性能的影响。其中，图(a)为合金元素对铁素体硬度的影响，图(b)为合金元素对铁素体韧性的影响。

实践证明，凡是溶入铁素体的合金元素，都能改变铁素体的力学性能。由图6－1(a)可知，所有合金元素均能不同程度提高铁素体的硬度和强度，其中硅、锰等合金元素的强化效果最显著。由图6－1(b)可知，当铬的质量分数低于2%、镍的质量分数低于5%时能提高铁素体的韧性；硅、锰等合金元素质量分数不超过某一数值（如硅的质量分数不超过0.6%、锰的质量分数不超过1.5%）时，铁素体的韧性不下降，而钨和钼 等合金元素不论质量分数多少，均使铁素体的韧性下降。因此在常用的低合金钢与合金钢中，对合金元素的质量分数也要作一定的限制。

需要说明的是图6－1中的力学性能数据是在退火状态下的试样上测得的。在正火或调质状态下的铁素体由于合金元素的影响，将得到比退火状态更细小的晶粒，从而使钢具有更高的力学性能。

对低合金钢与合金钢进行压力加工时，要用较高吨位的设备和较严格的工艺规范。原因是合金元素溶入奥氏体中，产生固溶强化现象，而导致奥氏体的硬度和强度有所提高。这种强化作用使低合金钢与合金钢在高温下的压力加工性能变差。

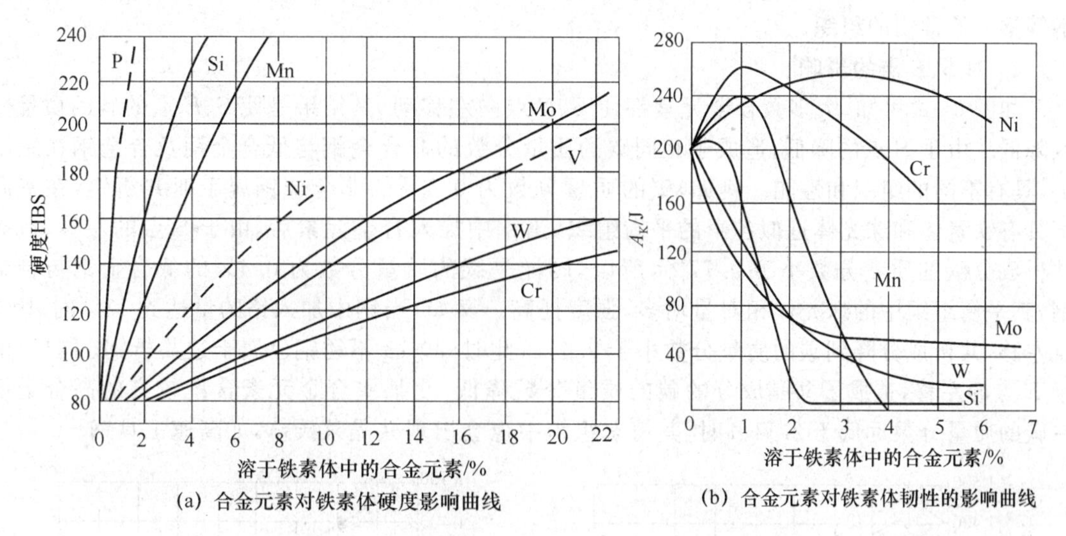

(a) 合金元素对铁素体硬度影响曲线

(b) 合金元素对铁素体韧性的影响曲线

图6-1　合金元素对铁素体力学性能的影响

2. 合金元素与碳作用形成碳化物

按照合金元素与碳的亲和力不同，可将合金元素分为碳化物形成元素和非碳化物形成元素。

(1) 能与碳形成碳化物的合金元素称为碳化物形成元素，如铁、锰、铬、钼、钨、钒、铌、锆和钛等(按形成碳化物的稳定性程度由弱到强的顺序排列)。其中，锰与碳的亲和力较弱，为弱碳化物形成元素，其大部分溶于铁素体或奥氏体中，只有小部分溶入渗碳体中形成合金渗碳体$(Fe,Mn)_3C$；铬、钼、钨等中强碳化物形成元素，当其质量分数较高时，可与碳结合成稳定性较高的合金碳化物，如Cr_7C_3、$Cr_{23}C_6$、Fe_3W_3C、Fe_3Mo_3C等；钒、铌、锆、钛与碳的亲和力较强，为强碳化物形成元素，一般形成特殊碳化物，如VC，TiC等；当其质量分数较低时，这些合金元素只能置换渗碳体中的铁原子，形成稳定性较差的合金渗碳体，如$(Fe,W)_3C$、$(Fe,Cr)_3C$等。

(2) 镍、钴、铜、硅、铝和硼等不能与碳形成碳化物，这些合金元素称为非碳化物形成元素。非碳化物形成元素只能与铁作用形成固溶体。

通常碳化物愈稳定，其硬度和耐磨性愈高；碳化物颗粒愈细小、分布愈均匀，对钢的弥散强化效果愈显著。在高速工具钢制造的刃具中，由于含有大量的稳定性高的特殊碳化物和合金碳化物，所以具有硬度高，耐磨性好、使用寿命长等优点。

6.1.2　合金元素对铁碳合金相图的影响

1. 对奥氏体相区的影响

合金元素铬、钼、钛、硅、钨、钒以及铝等加入钢中，可使奥氏体单相区缩小。如图6-2(a)所示，随着钢中铬的质量分数增加，奥氏体相区逐渐缩小，当铬的质量分数足够多时，奥氏体相区封闭，钢中已没有了奥氏体相与铁素体相的转变，室温下钢呈单相铁素体组织，这种钢称为“铁素体钢”；合金元素锰、镍、铜等可使奥氏体相区扩大。如图6-2(b)所示，随着锰的质量分数增加，奥氏体相区逐渐扩大，当锰的质量分数足够大时，奥氏体相区扩展至室温，铁素体相区封闭,钢在室温下只有单相奥氏体组织,这种钢称为“奥氏体钢”。

由于单相铁素体和单相奥氏体具有优良的抗腐蚀、耐热等性能,是不锈钢、耐蚀钢和耐热钢等钢中的常用的组织。

2. 对 *S*、*E* 点的影响

如图 6-2 可知,大多数合金元素都使 S、E 点向左移动,其结果是使 S、E 点的碳的质量分数降低。由于 S 点的降低,造成了相同碳的质量分数的非合金钢与低合金钢及合金钢在室温下,具有不同的组织和性能。例如,碳的质量分数为 0.4%的非合金钢属于亚共析钢,在室温下具有铁素体和珠光体近似各半的平衡组织,当钢中加入合金元素后,由于 S 点的左移,造成共析成分碳的质量分数小于 0.77%,所以,同样是碳的质量分数为 0.4%的低合金钢与合金钢,其平衡组织中的珠光体相对量增多,强度提高。又如,当钢中加入铬的量达到 13%时,因 S 点左移,共析成分降到碳的质量分数小于 0.4%,此时 4Cr13 不锈钢已属于过共析钢。同样,由于 E 点的左移,造成了共晶成分的碳的质量分数降低,使某些合金元素含量较高的高合金钢在碳的质量分数远低于 2.11%时,其铸态组织中也会出现共晶莱氏体,如高速工具钢。

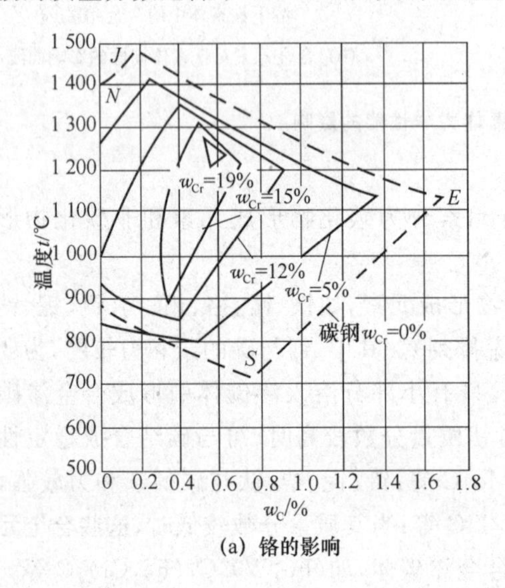

(a) 铬的影响

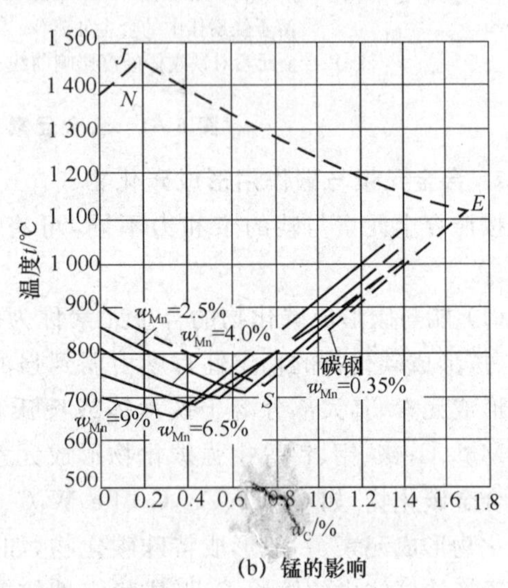

(b) 锰的影响

图 6-2 合金元素对 S、E 点的影响

3. 对相变点温度的影响

随着 S 和 E 点的左移,钢的相变点也会发生变化,如图 6-2(a)所示。向钢中加入铬元素可使相图中 ES、GS 和 PSK 线向上移动,使钢的相变点 A_1、A_3 和 A_{cm} 的温度升高,钢中铬的质量分数越高,使钢的相变点 A_1、A_3 和 A_{cm} 的温度越高;随着钢中锰的质量分数的增加,导致 GS 线向左下方移动,使相变点 A_{cm} 的温度升高、A_1 和 A_3 的温度降低,如图 6-2(b)所示。相变点温度的变化必然影响热处理加热温度的确定。

6.1.3 合金元素对钢热处理的影响

1. 合金元素对钢的加热转变的影响

(1) 合金元素对钢的奥氏体化过程的影响

将低合金钢与合金钢加热到一定的温度时,也要进行奥氏体化,其过程与非合金钢相同,即:包括奥氏体的形核与长大、剩余碳化物的溶解、奥氏体成分的均匀化等过程。所不同的是:

合金钢的奥氏体化温度要比非合金钢高，保温时间要长。这是因为奥氏体的成分均匀化与碳的扩散能力有关，大多数合金元素均能显著减慢碳在奥氏体中的扩散速度，同时合金元素本身的扩散也很困难。所以，大多数合金元素（除镍和钴外）均能减慢奥氏体成分均匀化的过程。又因低合金钢与合金钢中的碳化物比非合金钢中的渗碳体稳定，不易分解，故也减慢了奥氏体均匀化过程。因此，大多数低合金钢与合金钢，特别是含有大量强碳化物形成元素的高合金钢，需要提高加热温度和延长保温时间，其奥氏体化温度往往超过相变点数百度（如高速工具钢 W18Cr4V，加热温度为 1 280 ℃）。

（2）合金元素对奥氏体晶粒的影响

大多数合金元素（除锰、磷外）均可阻止奥氏体晶粒长大。原因是它们形成的碳化物在高温下均较稳定，且以弥散质点分布在奥氏体晶界上，对奥氏体的晶粒长大起机械阻碍作用，降低了合金钢的过热倾向，特别是强碳化物形成元素的作用更显著。因此，低合金钢与合金钢热处理后的晶粒比相同碳的质量分数的非合金钢细小，力学性能较高。

2. 合金元素对钢的冷却转变的影响

（1）合金元素对过冷奥氏体等温转变曲线图（C 曲线）的影响

固溶于奥氏体中的合金元素（除钴以外）均可不同程度地使 C 曲线右移，导致钢的马氏体临界冷却速度（即 $V_{临}$）减小，使钢的淬透性提高，推迟奥氏体向珠光体的转变。所以，合金钢在淬火时，可采用冷却能力较弱的冷却介质，这样既可以减少工件的变形与开裂的倾向；又可以增加某些大截面工件的淬硬层深度，从而获得较高的力学性能；甚至某些高合金钢（如高速钢）空冷即可获得马氏体。合金元素硅、镍、锰等虽然使 C 曲线右移但形状保持不变，如图 6－3(a)所示。碳化物形成元素铬、钼、钨等不但使 C 曲线右移，而且使珠光体转变曲线和贝氏体转变曲线出现了分离，既出现了两个“鼻尖”，如图 6－3(b)所示。

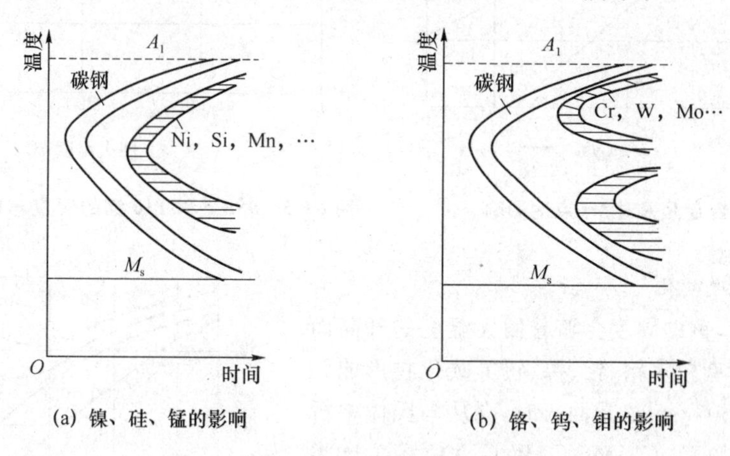

(a) 镍、硅、锰的影响　　(b) 铬、钨、钼的影响

图 6－3　合金元素对 C 曲线的影响

由图 6－3 可知，只有合金元素完全溶于奥氏体中才能提高淬透性。反之，会使钢的淬透性降低。另外，多种合金元素同时加入钢中，对提高淬透性效果更显著。常用的提高淬透性的合金元素有：钼、铬、镍、锰、硅和硼等。因此，淬透性较好的钢，大多采用多元少量的合金化原则。

（2）合金元素对 M_s 点（马氏体转变开始点）的影响

大多数合金元素（除钴、铝外），都能使 M_s 点降低，其中锰的作用最显著，如图 6－4 所示，M_s 点的降低会使合金钢淬火后的残余奥氏体量比非合金钢多。残余奥氏体量的增多，会对零件的淬火质量和力学性能产生不利的影响。

3. 合金元素对回火转变的影响

(1) 提高钢的回火稳定性(耐回火性)

回火稳定性是指淬火钢在回火时,抵抗软化的能力。大多数合金元素,尤其是强碳化物形成元素,对原子扩散起阻碍作用,延缓了马氏体的分解及碳化物的析出,从而将其转变推向更高温度,即合金元素可提高钢的回火稳定性。因此,在同样的回火温度下,低合金钢与合金钢的强度和硬度要比相同碳的质量分数的非合金钢高。

高的回火稳定性使钢在较高的温度下,仍能保持高的硬度和耐磨性。金属材料在高温(550 ℃以上)下保持高硬度(高于60 HRC)的能力,称为红硬性。这种性能对工具钢和热加工模具钢具有重大的现实意义。如高速钢切削时,刀具温度很高,如果刀具材料的回火稳定性高,就可以提高刀具的切削性能和使用寿命。

由图6-5可知,当9SiCr钢和T10钢要求相同硬度时,合金钢需要在较高温度下回火,回火温度高对减少淬火应力和提高钢的塑性、韧性有利。

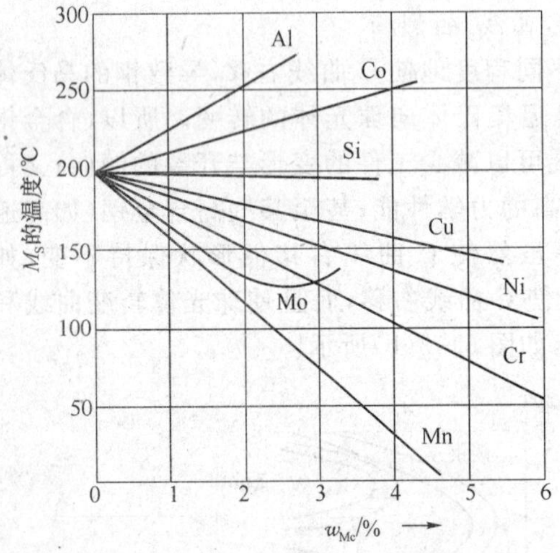

图6-4　合金元素对*Ms*点的影响

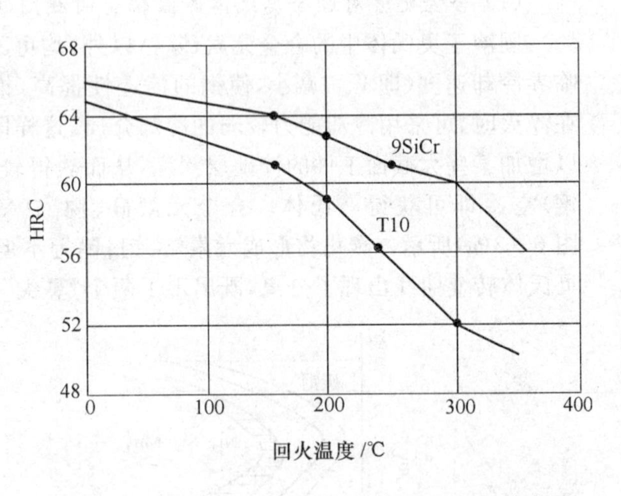

图6-5　9SiCr和T10钢的硬度与回火温度的关系

(2) 产生二次硬化

一般情况下,钢的硬度会随着回火温度的升高而下降。但对于含有较多铬、钼、钨、钒等碳化物形成元素的合金钢,在500~600 ℃回火时,会从马氏体中析出特殊碳化物,如Cr_7C_3、Mo_2C、W_2C、VC等。这类碳化物硬度高、数量多、颗粒小、分布均匀,使钢在回火后硬度有所提高,此现象称为二次硬化,如图6-6所示。

二次硬化实质上是一种弥散强化。此外,某些高合金钢在此温度回火冷却时,部分残余奥氏体转变为马氏体或贝氏体,也是产生二次硬化的一个原因。二次硬化对要求有较高热硬性的工具钢具有重要意义。

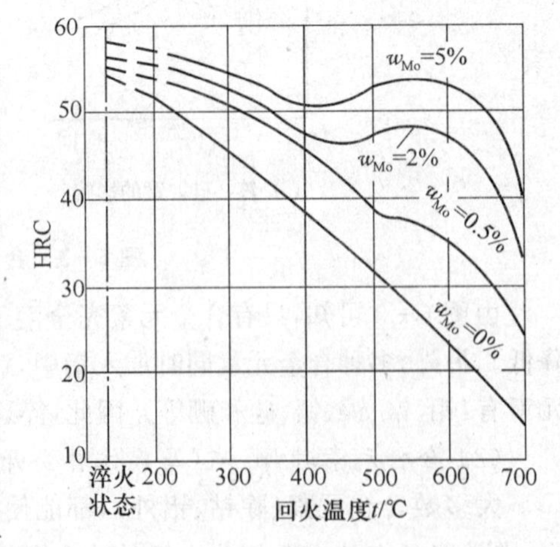

图6-6　合金钢的二次硬化示意图

(3) 产生第二类回火脆性

含有某些合金元素(铬、锰、镍等)的合金钢在450～650 ℃回火时出现回火脆性,称为第二类回火脆性。这类回火脆性通常在脆化温度范围内回火且缓冷时才会出现,在回火时,可采用避开脆化温度范围、缩短加热时间和快速冷却等方法消除。

6.2 合金钢的分类和牌号

6.2.1 合金钢的分类

根据GB/T 13304—2008的规定,合金钢的分类方法如下。

1. 按主要质量等级分类

(1) 优质合金钢:是指在生产过程中需要特别控制质量和性能,但其生产控制和质量要求不如特殊质量合金钢严格的合金钢。

(2) 特殊质量合金钢:是指在生产过程中需要特别严格控制质量和性能的合金钢,除优质合金钢以外的所有其他合金钢都称为特殊质量合金钢。

2. 按主要性能和使用特性分类

合金钢分为工程结构用合金钢、机械结构用合金钢、滚动轴承钢、合金工具钢和高速工具钢、不锈、耐蚀和耐热钢、特殊性能钢等。

3. 按用途分类

合金钢可分为合金结构钢(用于制造机械零件和工程结构的钢)、合金工具钢(用于制造各种加工工具的钢)和特殊性能钢(具有特殊的物理和化学性能的钢)。

4. 按所含合金元素总的质量分数分类

低合金钢(合金元素总的质量分数小于5%)、中合金钢(合金元素总的质量分数为5%～10%)和高合金钢(合金元素总的质量分数大于10%)。

6.2.2 合金钢的牌号表示方法

我国现行的合金钢的牌号表示方法是根据我国《钢铁产品牌号表示方法》GB 221—2000的规定编制的,我国共同产品牌号一般采用汉语拼音字母、国际化学元素符号及阿拉伯数字结合起来表示。

合金钢的统一数字代号是根据《钢铁产品牌号统一数字代号体系》GB/T17616—1998的规定编制的,统一数字代号由大写的拉丁字母(I和O除外),后接5位阿拉伯数字组成。其中大写的拉丁字母表示不同钢铁及合金的种类;第一位阿拉伯数字代表各类型钢铁及合金的细分类;第二、三、四、五位阿拉伯数字代表不同分类内的编组和同一编组内的不同牌号的区别顺序号(各类型材料编组不同)。

1. 低合金钢的牌号表示方法

(1) 我国现行的牌号表示方法

低合金高强度结构钢的牌号是采用屈服点的“屈”字的汉语拼音字母“Q”、屈服点的数值和质量等级符号(A、B、C、D、E)组成,其中,A级最低,E级最高。如Q345B表示的是屈服点为345 MPa的B级低合金高强度结构钢;焊接结构用耐候钢的牌号表示方法与低合金高强度结构钢相同,只是在牌号的后面加“耐候”二字的汉语拼音字母“NH”如Q340NH。

(2) 统一数字代号体系

低合金高强度结构钢的统一代号是用大写字母“L”加五位数字组成。第一位数字为0～9,“0”表示低合金一般结构钢,“1和2”表示低合金专用结构钢;第二、三、四位数字屈服点的数值;第五位数字为1～5,表示质量等级(A、B、C、D、E)的顺序号。如:L03451表示的是屈服点为345 MPa的A级低合金高强度结构钢,即Q345A。

2. 合金结构钢的牌号表示方法

(1) 我国现行的牌号表示方法

合金结构钢的牌号由两位阿拉伯数字表示平均碳的质量分数(用万分数表示),其后为元素符号表示钢中所含的合金元素,元素符号后面的数字表示该合金元素平均质量分数(用百分数表示),若平均质量分数小于1.5%时,只写元素符号,不标明质量分数,若其质量分数为1.5%～2.49%、2.50%～3.49%、3.50%～4.49%等,相应地在元素符号的后面标注2、3、4等,以此类推。如40Cr表示的是平均碳质量分数为0.4%的且含有小于1.5%的铬元素的合金结构钢。若牌号末尾加“A”,则表示钢中硫、磷质量分数少,钢的质量等级高。例如,60Si2MnA表示平均碳质量分数为0.6%且含有2%的硅元素和小于1.5%的锰元素(不标出)的高级优质合金弹簧钢。

(2) 统一数字代号体系

合金结构钢的统一数字代号是用大写英文字母“A”加五位数字组成。第一位数字为0～9,表示系列分类,“0”表示锰(锰钼)系钢,“1”表示硅锰(硅锰钼)系钢,“4”表示铬镍系钢;第二位数字表示同一系列中的不同编组;第三、四位数字表示平均碳的质量分数的万分数;第五位数字表示质量等级和专门用途。如20CrMnTi的统一数字代号为A26202。

3. 滚动轴承钢的牌号表示方法

(1) 我国现行的牌号表示方法

滚动轴承钢的牌号以“G”为首(“G”即“滚”的汉语拼音字首),其后为合金元素符号“Cr”加数字,Cr后面的数字表示平均铬的质量分数(用千分数表示),若再含其他元素时,表示方法与合金结构钢相同。例如,GCr15表示平均铬质量分数为1.5%的滚动轴承钢;GCr15SiMn表示平均铬质量分数为1.5%且含有小于1.5%硅和锰元素的滚动轴承钢。

(2) 统一数字代号体系

滚动轴承钢的统一数字代号是用大写英文字母“B”加五位数字组成。第一位数字为0～9,表示轴承钢的编组,“0”表示高碳高铬轴承钢,“1”表示渗碳轴承钢;第二位数字表示同一编组中的不同编号;第三、四位数字表示合金元素的质量分数;第五位数字为区别不同牌号的顺序号。如高碳高铬轴承钢GCr15的统一数字代号为B00150。

4. 合金工具钢的牌号表示方法

(1) 我国现行的牌号表示方法

合金工具钢的牌号与合金结构钢基本相同,只是用一位阿拉伯数字表示平均碳的质量分数(用千分数表示),若钢中平均碳的质量分数超过1%时,则不标出数字。如5CrNiMo表示的是平均碳的质量分数为0.5%、合金元素铬、镍、钼的质量分数均小于1.5%的合金工具钢。Cr12表示的是碳的质量分数大于1%、合金元素铬的质量分数为12%的合金工具钢。

(2) 统一数字代号体系

合金工具钢的统一数字代号是用大写英文字母“T”加五位数字组成。第一位数字为2～4,表示合金工具钢的编组,“2”表示冷作、热作模具钢和合金塑料模具钢等,“3”表示量具刃具钢;第二位数字表示分类编组号;第三、四、五位数字表示合金元素质量分数和顺序号。

5. 高速工具钢的牌号表示方法

(1) 我国现行的牌号表示方法

高速工具钢牌号表示方法与合金工具钢相似,其主要区别是不论碳的质量分数多少,均不用数字标出。例如,W18Cr4V表示是含有元素钨的质量分数为18%、铬的质量分数为4%、钒的质量分数小于1.5%的高速工具钢,其$w_C=0.7\%\sim0.8\%$不标出。若两种钢的其他成分相同、只有碳的质量分数不同时,在碳的质量分数高的钢号前加字母“C”。

(2) 统一数字代号体系

高速工具钢的统一数字代号与合金工具钢相同。只是第一位数字为5～7,表示高速工具钢的编组,“5”表示钨系高速工具钢,“6”表示钨钼系高速工具钢,“7”表示含钴的高速工具钢;第二、三、四、五位数字表示按合金元素(钨、钼、铬等)的顺序,以其质量分数由高到低排列。如W18Cr4V的统一数字代号为T51841,W6Mo5Cr4V2的统一数字代号为T66542。

6. 不锈钢、耐蚀钢和耐热钢的牌号表示方法

(1) 我国现行的牌号表示方法

不锈钢和耐热钢牌号表示方法和合金工具钢相似,只是碳的质量分数低于0.03%或0.08%时,在牌号首位分别冠以“00”与“0”。例如,4Cr13表示平均碳的质量分数为0.4%、铬的质量分数为13%的不锈钢;00Cr17Ni14Mo2表示平均碳的质量分数为0.03%、铬的质量分数为17%、镍的质量分数为14%、钼的质量分数为2%的不锈钢;0Cr19Ni9表示平均碳的质量分数低于0.08%、铬的质量分数为19%、镍的质量分数为9%的不锈钢。

(2) 统一数字代号体系

不锈钢、耐蚀钢和耐热钢的统一数字代号是用大写英文字母“S”加五位数字组成。第一位数字为0～9,表示不锈钢、耐蚀钢和耐热钢的编组,“1”表示铁素体型钢,“2”表示奥氏体—铁素体型钢,“3”表示奥氏体型钢,“4”表示马氏体型钢;第二、三位数字表示不同的钢组;第四位数字表示含有辅加元素;第五位数字表示低碳或超低碳。如1Cr18Ni9的统一数字代号为S30210。

7. 高锰耐磨钢的牌号表示方法

高锰耐磨钢的牌号以“ZG”为首(“ZG”即“铸钢”的汉语拼音为首),其后为合金元素符号“Mn”加数字,数字表示平均锰的质量分数(用百分数表示)。例如,ZGMn13－1表示平均锰的质量分数为13%,序号为1的高锰耐磨钢。

6.3 合金结构钢

6.3.1 低合金结构钢

低合金结构钢是指钢中合金元素的总质量分数不超过5%的合金结构钢,常用的有低合金高强度结构钢、易切削钢和低合金耐候钢等。

1. 低合金结构钢的分类

(1) 按主要质量等级分类

① 普通质量低合金结构钢(硫、磷质量分数均低于0.045%):是指不规定生产过程中需要特别控制质量要求的供作一般用途的低合金钢,主要包括一般用途低合金结构钢 、低合金钢筋钢、铁道用一般低合金钢等。

② 优质低合金结构钢(硫、磷质量分数均低于0.035%):主要包括可焊接的低合金高强度结构钢、锅炉的压力容器用低合金钢、造船用低合金钢、汽车作用低合金钢、易切削结构钢、桥梁用低合金钢、低合金高耐候性钢、铁道用低合金钢等。

③ 特殊质量低合金结构钢(硫、磷质量分数均低于0.025%):主要包括低温用低合金钢、铁道用特殊低合金钢、核能用低合金钢、舰船与兵器等专用特殊低合金钢等。

(2) 按主要性能和使用特性分类

分为可焊接的低合金高强度结构钢、低合金耐候钢、铁道用低合金钢、矿用低合金钢、低合金钢筋钢、易切削钢和其他低合金钢等。

2. 常用低合金结构钢

(1) 低合金高强度结构钢

① 化学成分和性能特点

低合金高强度结构钢是在碳素结构钢的基础上加少量合金元素而制成的钢,由于其硫、磷元素的质量分数较高,所以属于普通质量钢。钢中碳的质量分数低于0.20%,碳的质量分数低是为了获得好的塑性、焊接性和冷变形能力。常加入的合金元素有锰、硅、钛、铌、钒等,其总的质量分数低于3%。合金元素钛、铌、钒等在钢中能形成极细小的碳化物,起到细化晶粒和弥散强化作用,从而提高了钢的强度和韧性;合金元素硅和锰主要溶于铁素体中,起固溶强化作用。此外,合金元素能降低钢的共析碳的质量分数,与相同碳的质量分数的非合金钢相比,低合金高强度结构钢组织中珠光体较多,且晶粒较细小,故也可以提高钢的强度。低合金高强度结构钢的塑性好、韧性好、强度高,并且具有良好的焊接性、冷成型性和较好的耐腐蚀性,韧脆转变温度低,适于冷弯和焊接。在某些情况下,用低合金高强度结构钢代替碳素结构钢,可大大减轻机件或结构件的重量。例如我国南京长江大桥采用Q345钢比采用碳素结构钢节约钢材15%以上。

② 热处理特点

低合金高强度结构钢一般在热轧后经退火或正火状态下使用,其组织为铁素体和珠光体,在使用时一般不需要进行热处理。

③ 常用低合金高强度结构钢的牌号及用途

低合金高强度结构钢广泛用于桥梁、车辆、船舶、锅炉、高压容器和输油管以及低温下工作的构件等。最常用的牌号是 Q345 钢。常用的低合金高强度结构钢的牌号、化学成分及力学性能见表 6－1 和表 6－2。

表 6－1　低合金高强度结构钢牌号及化学成分(摘自 GB/T 1591－2008)

牌号	质量等级	化学成分[a,b](质量分数)/%														
		C	Si	Mn	P	S	Nb	V	Ti	Cr	Ni	Cu	N	Mo	B	Als
					不大于											不小于
Q345	A				0.035	0.035										
	B	≤0.20			0.035	0.035										—
	C		≤0.50	≤1.70	0.030	0.030	0.07	0.15	0.20	0.30	0.50	0.30	0.012	0.10	—	
	D	≤0.18			0.030	0.025										0.015
	E				0.025	0.020										
Q390	A				0.035	0.035										
	B				0.035	0.035										—
	C	≤0.20	≤0.50	≤1.70	0.030	0.030	0.07	0.20	0.20	0.30	0.50	0.30	0.015	0.10	—	
	D				0.030	0.025										0.015
	E				0.025	0.020										
Q420	A				0.035	0.035										
	B				0.035	0.035										—
	C	≤0.20	≤0.50	≤1.70	0.030	0.030	0.07	0.20	0.20	0.30	0.80	0.30	0.015	0.20	—	
	D				0.030	0.025										0.015
	E				0.025	0.020										
Q460	C				0.030	0.030										
	D	≤0.20	≤0.60	≤1.80	0.030	0.025	0.11	0.20	0.20	0.30	0.80	0.55	0.015	0.20	0.004	0.015
	E				0.025	0.020										
Q500	C				0.030	0.030										
	D	≤0.18	≤0.60	≤1.80	0.030	0.025	0.11	0.12	0.20	0.60	0.80	0.55	0.015	0.20	0.004	0.015
	E				0.025	0.020										
Q550	C				0.030	0.030										
	D	≤0.18	≤0.60	≤2.00	0.030	0.025	0.11	0.12	0.20	0.80	0.80	0.80	0.015	0.30	0.004	0.015
	E				0.025	0.020										
Q620	C				0.030	0.030										
	D	≤0.18	≤0.60	≤2.00	0.030	0.025	0.11	0.12	0.20	1.00	0.80	0.80	0.015	0.30	0.004	0.015
	E				0.025	0.020										
Q690	C				0.030	0.030										
	D	≤0.18	≤0.60	≤2.00	0.030	0.025	0.11	0.12	0.20	1.00	0.80	0.80	0.015	0.30	0.004	0.015
	E				0.025	0.020										

[a]型材及棒材 P、S 含量可提高 0.005%，其中 A 级钢上限可为 0.045%。

[b]当细化晶粒元素组合加入时，20(Nb+V+Ti)≤0.22%，20(Mo+Cr)≤0.30%。

表6-2 低合金高强度结构钢力学性能(摘自GB/T 1591—2008)

牌号	质量等级	拉伸试验[a,b,c]																					
		以下公称厚度(直径,边长)下屈服强度(R_{eL})/MPa									以下公称厚度(直径,边长)抗拉强度(R_m)/MPa							断后伸长率(A)/% 公称厚度(直径,边长)					
		≤16 mm	>16 mm ~40 mm	>40 mm ~63 mm	>63 mm ~80 mm	>80 mm ~100 mm	>100 mm ~150 mm	>150 mm ~200 mm	>200 mm ~250 mm	>250 mm ~400 mm	≤40 mm	>40 mm ~63 mm	>63 mm ~80 mm	>80 mm ~100 mm	>100 mm ~150 mm	>150 mm ~250 mm	>250 mm ~400 mm	≤40 mm	>40 mm ~63 mm	>63 mm ~100 mm	>100 mm ~150 mm	>150 mm ~250 mm	>250 mm ~400 mm
Q345	A	≥345	≥335	≥325	≥315	≥305	≥285	≥275	≥265	—	470~630	470~630	470~630	470~630	450~600	450~600	—	≥20	≥19	≥19	≥18	≥17	—
	B																						
	C																						
	D									≥265							450~600	≥21	≥20	≥20	≥19	≥18	≥17
	E																						
Q390	A	≥390	≥370	≥350	≥330	≥330	≥310	—	—	—	490~650	490~650	490~650	490~650	470~620	—	—	≥20	≥19	≥19	≥18	—	—
	B																						
	C																						
	D																						
	E																						
Q420	A	≥420	≥400	≥380	≥360	≥360	≥340	—	—	—	520~680	520~680	520~680	520~680	500~650	—	—	≥19	≥18	≥18	≥18	—	—
	B																						
	C																						
	D																						
	E																						
Q460	C	≥460	≥440	≥420	≥400	≥400	≥380	—	—	—	550~720	550~720	550~720	550~720	530~700	—	—	≥17	≥16	≥16	≥16	—	—
	D																						
	E																						

续表 6-2

牌号	质量等级	拉伸试验[a,b,c]																					
		以下公称厚度(直径,边长)下屈服强度(R_{eL})/MPa									以下公称厚度(直径,边长)抗拉强度(R_m)/MPa							断后伸长率(A)/% 公称厚度(直径,边长)					
		≤16 mm	>16 mm~40 mm	>40 mm~63 mm	>63 mm~80 mm	>80 mm~100 mm	>100 mm~150 mm	>150 mm~200 mm	>200 mm~250 mm	>250 mm~400 mm	≤40 mm	>40 mm~63 mm	>63 mm~80 mm	>80 mm~100 mm	>100 mm~150 mm	>150 mm~250 mm	>250 mm~400 mm	≤40 mm	>40 mm~63 mm	>63 mm~100 mm	>100 mm~150 mm	>150 mm~250 mm	>250 mm~400 mm
Q500	C D E	≥500	≥480	≥470	≥450	≥440	—	—	—	—	610~770	600~760	590~750	540~730	—	—	—	≥17	≥17	≥17	—	—	—
Q550	C D E	≥550	≥530	≥520	≥500	≥490	—	—	—	—	670~830	620~810	600~790	590~780	—	—	—	≥16	≥16	≥16	—	—	—
Q620	C D E	≥620	≥600	≥590	≥570	—	—	—	—	—	710~880	690~880	670~860	—	—	—	—	≥15	≥15	≥15	—	—	—
Q690	C D E	≥690	≥670	≥660	≥640	—	—	—	—	—	770~940	750~920	730~900	—	—	—	—	≥14	≥14	≥14	—	—	—

[a]当屈服不明显时,可测量 $R_{p0.2}$代替下屈服强度。

[b]宽度不小于 600 mm 扁平材,拉伸试验取横向试样;宽度小于 600 mm 的扁平材、型材及棒材取纵向试样,断后伸长率最小值相应提高 1%(绝对值)。

[c]厚度>250 mm~400 mm 的数值适用于扁平材。

(2) 易切削钢

① 化学成分和性能特点

易切削钢是易切削结构钢的简称,它是指锰、硫、磷等元素的质量分数较高或含有微量的铅、钙的低碳或中碳结构钢,因其切屑容易脆断而得名。磷固溶于铁素体中,使铁素体强度提高,塑性降低,也可改善切削加工性。硫在钢中以 MnS 夹杂物的形式存在,它割裂了钢基本的连续性,使切屑容易脆断,便于排屑,降低切削抗力。但硫、磷质量分数不能过高,以防产生"热脆"和"冷脆"。

易切削钢的摩擦力小,可以减轻刀具磨损,延长刀具的使用寿命,降低加工面的表面粗糙度。这是因为易切削钢的 MnS 有润滑作用;钙在钢中以钙铝硅酸盐夹杂物的形式存在,附在刀具上防止刀具磨损,并生成有润滑作用的保护膜;铅在室温下不溶于铁素体中,呈细小的铅粒分布在钢的基体中,当切削温度达到其熔点(327 ℃)以上时,铅质点熔化,起润滑作用。

② 热处理特点

由于易切削钢中含有较多的有害元素硫、磷等元素,故其锻造性能和焊接性能均较差,但可采用调质、表面淬火或渗碳、淬火等热处理工艺来提高其力学性能。

③ 常用易切削钢的牌号及用途

易切削结构钢主要用于成批、大量生产时,制作对力学性能要求不高的紧固件和小零件。

常用的易切削钢见表 6-3。

表 6-3 常用易切削钢的牌号、化学成分、力学性能及用途

牌号	化学成分						力学性能(热轧)				用途举例
	C	Si	Mn	S	P	其他	σ_b/MPa	δ_5/%	ψ/%	HBS	
Y12	0.08～0.16	0.15～0.35	0.70～1.00	0.10～0.20	0.08～0.15		390～540	≥22	≥36	≤170	双头螺柱、螺钉、螺母等一般标准紧固件
Y12Pb	0.08～0.16	≤0.15	0.70～1.10	0.15～0.25	0.05～0.10	Pb0.15～0.35	390～540	≥22	≥36	≤170	同 Y12 钢,但切削加工性提高
Y15	0.10～0.18	≤0.15	0.80～1.20	0.23～0.33	0.05～0.10		390～540	≥22	≥36	≤170	同 Y12 钢,但切削加工性显著提高
Y30	0.27～0.35	0.15～0.35	0.70～1.00	0.08～0.15	≤0.06		510～655	≥15	≥25	≤187	强度较高的小件,结构复杂、不易加工的零件,如纺织机、计算机的零件
Y40Mn	0.37～0.45	0.15～0.35	1.20～1.55	0.20～0.30	≤0.05		590～735	≥14	≥20	≤207	要求强度、硬度较高的零件,如机床丝杠和自行车、缝纫机上的零件
Y45Ca	0.42～0.50	0.20～0.40	0.60～0.90	0.04～0.08	≤0.04	Ca0.002～0.006	600～745	≥12	≥26	≤241	同 Y40Mn

(3) 低合金耐候性钢

① 化学成分和性能特点

低合金耐候性钢即耐大气腐蚀钢。它是在低碳钢的基础上加入少量合金元素,例如铜、磷、铬、镍、钼、钛、铌和钒等,使其在钢的表面形成一层致密的保护膜,提高了耐候性能,与非合金钢相比,具有良好的抗大气腐蚀能力。

② 常用低合金耐候钢的牌号及用途

常用低合金高耐候钢焊接结构用耐候钢(其牌号、力学性能和工艺性能见表 6-4)和低合金高耐候性结构钢两大类。低合金高耐候钢常用的牌号有09CuPCrNi－A、09CuPCrNi－B和09CuP等。主要用于铁道车辆、农业机械、起重运输机械、建筑和塔架等方面。

表6－4 焊接结构用耐候钢的力学和工艺性能

牌号	钢材厚度/mm	屈服点 σ_s/MPa ≥	抗拉强度 σ_b/MPa	断后伸长率 δ_5/% ≥	180°弯曲试验	V型冲击试验 试样方向	质量等级	温度/℃	冲击功/J≥
Q235NH	≤16	235	360～490	25	$d=a$	纵向	C	0	34
	>16～40	225		25	$d=2a$		D	−20	
	>40～60	215		24					
	>60	215		23			E	−40	27
Q295NH	≤16	295	420～560	24	$d=2a$		C	0	34
	>16～40	285		24			D	−20	
	>40～60	275		23	$d=3a$				
	>60～100	255		22			E	−40	27
Q355NH	≤16	355	490～630	22	$d=2a$		C	0	34
	>16～40	345		22			D	−20	
	>40～60	335		21	$d=3a$				
	>60～100	325		20			E	−40	27
Q460NH	≤16	460	550～710	22	$d=2a$				
	>16～40	450		22			D	−20	34
	>40～60	440		21	$d=3a$				
	>60～100	430		20			E	−40	31

6.3.2 合金渗碳钢

合金渗碳钢是指经渗碳后使用的钢。许多机械零件如汽车的变速齿轮、内燃机的凸轮、活塞销等都是在承受冲击力和表面强烈摩擦，磨损条件下工作的。要求这些零件表面具有高硬度和耐磨性，心部要有高的韧性和足够的强度，由于非合金渗碳钢的淬透性低，只能在表层获得较高的硬度，而心部得不到强化，只能适用于受力较小的渗碳件。对于截面较大或性能要求高的零件则必须采用合金渗碳钢。

1. 化学成分和性能特点

合金渗碳钢属于表面硬化合金结构钢，它的碳的质量分数低(一般为0.10%～0.25%)，目的是为了保证钢在渗碳、淬火后，心部获得低碳马氏体，使心部具有足够的塑性和韧性；加入少量钛，钒，钨等碳化物形成元素，以阻止奥氏体晶粒长大，细化晶粒，提高力学性能；加入铬、锰、硅、镍等元素是以提高钢的淬透性。

2. 热处理特点

由于合金渗碳钢碳的质量分数低，硬度低，为了改善其毛坯的切削加工性能，应选择正火作为预备热处理，最终热处理为渗碳、淬火＋低温回火。渗碳后工件表面碳的质量分数为0.85%～1.0%，淬火＋低温回火后组织为回火马氏体、合金碳化物和少量残余奥氏体，硬度可达60～62 HRC。心部如淬透，回火后的组织为低碳回火马氏体，硬度为40～48 HRC；若未淬透，则为托氏体、少量低碳回火马氏体及铁素体的复相组织，硬度为25～40 HRC，韧性大于48 J。

3. 常用合金渗碳钢的牌号及用途

常用渗碳用钢的牌号、化学成分、力学性能及主要用途见表6－5。

表6-5　常用渗碳用钢的牌号、成分、热处理、力学性能

种类	钢号	化学成分/%									试样毛坯尺寸/mm
		C	Mn	Si	Cr	Ni	Mo	V	Ti	其他	
非合金钢	15	0.12～0.19	0.35～0.65	0.17～0.37	—	—	—	—	—	P、S≤0.035	25
	20	0.17～0.24	0.35～0.65	0.17～0.37	—	—	—	—	—	P、S≤0.035	25
低淬透性合金渗碳钢	20Mn2	0.17～0.24	1.40～1.80	0.17～0.37	—	—	—	—	—	—	15
	15Cr	0.12～0.18	0.40～0.70	0.17～0.37	0.70～1.00	—	—	—	—	—	15
	20Cr	0.18～0.24	0.50～0.80	0.17～0.37	0.70～1.00	—	—	—	—	—	15
	20MnV	0.17～0.24	1.30～1.60	0.17～0.37	—	—	—	0.07～0.12	—	—	15
中淬透性合金渗碳钢	20CrMnTi	0.17～0.23	0.80～1.10	0.17～0.37	1.00～1.30	—	—	—	0.04～0.10	—	15
	20MnMoB	0.17～0.24	1.50～1.80	0.17～0.37	—	—	—	—	—	B0.0005～0.0035	15
	12CrNi3	0.10～0.17	0.30～0.60	0.17～0.37	0.60～0.90	2.75～3.15	—	—	—	—	15
	20CrMnMo	0.17～0.23	0.90～1.20	0.17～0.37	1.10～1.40	—	0.20～0.30	—	—	—	15
	20MnVB	0.17～0.23	1.20～1.60	0.17～0.37	—	—	—	0.07～0.12	—	B0.0005～0.0035	15
高淬透性合金渗碳钢	12Cr2Ni4	0.10～0.16	0.30～0.60	0.17～0.37	1.25～1.65	3.25～3.65	—	—	—	—	15
	20Cr2Ni4	0.17～0.23	0.30～0.60	0.17～0.37	1.25～1.75	3.25～3.65	—	—	—	—	15
	18Cr2Ni4WA	0.13～0.19	0.30～0.60	0.17～0.37	1.35～1.65	4.00～4.50	—	—	—	W0.80～1.20	15

①力学性能实验用试样尺寸：非合金钢直径 25 mm，合金钢直径 15 mm。

(摘自 GB/T 699—1999、GB/T 3077—1999)及用途

热处理工艺				力学性能(不小于)①					用途举例
渗碳	第一次淬火温度/℃	第二次淬火温度/℃	回火温度/℃	σ_s/MPa	σ_b/MPa	δ_5/%	ψ/%	A_{KU}/J	
900～950℃	～982 空气	—		225	375	27	55	—	形状简单、受力小的小型渗碳件
	～900 空气	—		245	410	25	55	—	形状简单、受力小的小型渗碳件
	850 水/油	—	200 水/空气	590	785	10	40	47	代替 20Cr
	880 水/油	780 水～820 油	200 水/空气	490	375	11	45	55	船舶主机螺钉、活塞销、凸轮、机车小零件及心部韧性高的渗碳零件
	880 水/油	780 水～820 油	200 水/空气	540	835	10	40	47	机床齿轮、齿轮轴、蜗杆、活塞销及汽门顶杆等
	880 水/油	—	200 水/空气	590	735	10	40	55	代替 20Cr
	880 油	870 油	200 水/空气	853	1080	10	45	55	工艺性优良,做汽车、拖拉机的齿轮、凸轮,是 CrNi 钢代用品
	880 油	—	200 水/空气	885	1080	10	50	55	代替 20Cr、20CrMnTi
	860 油	780 油	200 水/空气	685	930	11	55	71	大齿轮,轴
	850 油	—	200 水/空气	885	1170	10	45	55	代替含镍较高的渗碳钢作大型拖拉机齿轮、活塞销等大截面渗碳件
	860 油	—	200 水/空气	885	1080	10	45	55	20CrMnTi、20CrNi
	860 油	780 油	200 水/空气	835	1080	10	50	71	大齿轮、轴
	880 油	780 油	200 水/空气	1080	1175	10	45	63	大型渗碳齿轮、轴及飞机发动机齿轮
	950 空气	850 空气	200 水/空气	835	1170	10	45	78	同 12Cr2Ni4,作高级渗碳零件

按淬透性高低,合金渗碳钢分为以下三类

(1) 低淬透性合金渗碳钢:这类钢由于合金元素的含量较少,淬透性较差,主要用于制造受冲击力较小,截面尺寸不大的耐磨零件,常用牌号有20Cr、20MnV钢等。

(2) 中淬透性合金渗碳钢:这类钢淬透性较好,淬火后心部强度高,可达1 000~1 200 MPa,常用于制造受冲击,并要求有足够韧性和耐磨性的零件,常用牌号有20CrMnTi、20CrMnMo钢等。

(3) 高淬透性合金渗碳钢:这类钢含有较多的铬,镍等合金元素,淬透性好,甚至在空冷时也可得到马氏体组织,心部强度可达1 300 MPa以上,主要用于承受大的外力,要求强韧性和耐磨性高的零件,常用牌号有20Cr2Ni4、18Cr2Ni4WA钢等。

6.3.3 合金调质钢

合金调质钢是指经调质后使用的合金结构钢,故又称调质处理合金结构钢。机械工程中许多重要的零件,如机床主轴、汽车半轴、连杆、齿轮等,都是在交变载荷、冲击载荷等多种性质外力作用下工作的,它既要求有很高的强度和硬度,又要求具有很好的塑性和韧性,即要求具有良好的综合力学性能,一般是采用合金调质钢制造。

1. 化学成分和性能特点

合金调质钢的碳的质量分数为0.25%~0.50%,属于中碳钢。若碳的质量分数过低,使钢不易淬硬,导致回火后硬度偏低;若碳的质量分数过高,则会导致钢的韧性变差。因合金元素代替部分碳的强化作用,所以合金调质钢的碳的质量分数可偏低。钢中加入的合金元素有锰、硅、铬、镍、硼、钒、钼、钨等,主要目的是为了提高淬透性,全部淬透的零件在高温回火后,可获得均匀的综合力学性能。其中锰、铬、镍、硅等还能强化铁素体;钼、钨、钒等碳化物形成元素,可细化晶粒,提高回火稳定性;钼、钨等能防止第二类回火脆性。

2. 热处理特点

合金调质钢一般采用正火或退火作为预备热处理,其目的是为了改善合金调质钢的切削加工性能和锻造后的组织以及消除残余应力。最终热处理一般采用淬火+高温回火(即调质处理),以获得回火索氏体组织,从而具有良好的综合力学性能。为防止第二类回火脆性,某些调质钢回火后应快冷。如要求零件表面有较高的耐磨性,调质后还要进行表面淬火或氮化处理。合金调质钢有时也可以进行中温回火。

3. 常用合金调质钢的牌号和用途

按淬透性高低,合金调质钢分为以下三类。

① 低淬透性合金调质钢:合金元素质量分数较少,淬透性较差,但力学性能和工艺性能较好,主要用于制作中等截面的零件,常用的牌号为40Cr钢。为节约铬,常用40MnB或42SiMn钢来代替40Cr钢。

② 中淬透性合金调质钢:合金元素质量分数较多,淬透性较高,主要用来制造承受较大载荷、截面较大的调质件,常用牌号为35CrMo、40CrMn、38CrMoAlA钢。

③ 高淬透性合金调质钢:合金元素质量分数比前两类调质钢多,淬透性高,主要用于制造承受重载荷、大截面的重要零件,常用的牌号有25Cr2Ni4WA、40CrMnMo、40CrNiMoA钢等。常用调质用钢的牌号、成分、力学性能和用途见表6-6。

6.3.4 合金弹簧钢

合金弹簧钢是指主要用于制作各种机械和仪表中的弹簧的钢。弹簧是在交变载荷下工作的，它是利用其自身的弹性变形来吸收能量以减缓震动和冲击，在工作中要受到反复弯曲应力或拉、压应力，易产生疲劳破坏。因此，要求弹簧钢具有较高的弹性极限、屈强比(屈服点与抗拉强度的比值)、疲劳强度，足够的韧性，良好的淬透性和不易脱碳等性能。对于特殊用途的弹簧还会有耐热、耐蚀等特殊要求。

1. 化学成分和性能特点

合金弹簧钢的碳的质量分数为0.5%～0.7%，硫和磷的质量分数低于0.03%～0.035%，常加入合金元素锰、铬、硅、钼、钒等。加入锰、硅、铬主要是为了提高淬透性、耐回火性和强化铁素体，使钢经过热处理后有高的弹性和屈强比，但硅增加了钢的脱碳过热倾向。加入少量铬、钼和钒等可防止脱碳，并细化晶粒和进一步提高弹性极限、屈强比，还有利于提高弹簧的高温强度。

2. 热处理特点

根据成型方法，弹簧可分为冷成型弹簧和热成型弹簧。由于弹簧的成型方法不同，因而其热处理工艺也不同。

(1) 冷成型弹簧

当弹簧直径或板簧厚度小于8～10 mm时，一般可直接由弹簧钢丝或弹簧钢带在冷态下绕制成型。冷成型弹簧所用的钢丝有索氏体化处理钢丝、油淬回火钢丝和退火状态供应钢丝。

① 索氏体化处理钢丝：这种钢丝在冷拔前进行铅浴索氏体化处理(即在500～550 ℃熔融铅浴中进行的等温处理)，获得索氏体组织，然后经多次拉拔到所需直径。这种钢丝具有很高的强度和足够的韧性，经冷成型制成弹簧后，只进行去应力退火，以消除冷拔和冷成型产生的残余应力，使弹簧定型。

② 油淬回火钢丝：这种钢丝在冷拔后，要进行油淬＋中温回火处理，将其冷成型制成弹簧后，在200～300 ℃进行低温回火处理以消除内应力，此后不再淬火回火处理。

③ 退火状态供应的弹簧钢丝：这种钢丝经冷成型制成弹簧后必须进行淬火＋中温回火以获得所要求的性能。

(2) 热成型弹簧

当弹簧钢丝直径或板弹簧厚度大于10 mm时，一般采用热成型法，即将弹簧钢加热到比正常淬火温度高50～80 ℃进行热卷成型，然后利用余热直接淬火、中温回火，获得回火托氏体，硬度为40～48 HRC，具有较高的屈服点和弹性极限以及一定的塑性和韧性。

由于弹簧要求有较高的疲劳强度，所以弹簧热处理后需进行喷丸处理，以消除或减轻表面缺陷的有害影响，并可使表面产生硬化层，形成残余压应力，提高弹簧的疲劳强度和使用寿命。

3. 常用合金弹簧钢的牌号和用途

常用合金弹簧钢的牌号、化学成分和力学性能见表6－7。其中60Si2Mn钢的应用最广，它的淬透性高，并且具有较高的弹性极限，屈服点和疲劳强度，价格便宜，主要用来制造截面尺寸较大的弹簧。50CrVA钢的力学性能与60Si2Mn钢相近，但是淬透性更高，铬溶于铁素中使钢的弹性极限提高，钒可细化晶粒，降低钢的过热倾向，提高钢的屈服点、疲劳强度、韧性和回火稳定性，主要用于制造承受重载荷以及工作温度较高的大截面尺寸的弹簧。

表6-6　常用调质用钢的牌号、成分、热处理、力学性能

种类	牌号	化学成分/%								
		C	Si	Mn	Cr	Ni	W	V	Mo	其他
非合金钢	40	0.37～0.45	0.17～0.37	0.50～0.80	—	—	—	—	—	—
	45	0.42～0.50	0.17～0.37	0.50～0.80	—	—	—	—	—	—
	40Mn	0.37～0.45	0.17～0.37	0.70～1.00	—	—	—	—	—	—
低淬透性合金调质钢	45Mn2	0.42～0.49	0.17～0.37	1.40～1.80	—	—	—	—	—	—
	40Cr	0.37～0.44	0.17～0.37	0.50～0.80	0.80～1.10	—	—	—	—	—
	35SiMn	0.32～0.40	1.10～1.40	1.10～1.40	—	—	—	—	—	—
	42SiMn	0.39～0.40	1.10～1.40	1.10～1.40	—	—	—	—	—	—
	40MnB	0.37～0.44	0.17～0.37	1.10～1.40	—	—	—	—	—	B0.0005～0.0035
	40CrV	0.37～0.44	0.17～0.37	0.50～0.80	0.80～1.10	—	—	0.10～0.20	—	—
中淬透性合金调质钢	40CrMn	0.37～0.45	0.17～0.37	0.90～1.20	0.90～1.20	—	—	—	—	—
	40CrNi	0.37～0.44	0.17～0.37	0.50～0.80	0.45～0.75	1.0～1.40	—	—	—	—
	42CrMo	0.38～0.45	0.17～0.37	0.50～0.80	0.90～1.20	—	—	—	0.15～0.25	—
	30CrMnSi	0.27～0.34	0.90～1.20	0.80～1.10	0.80～1.10	—	—	—	—	—
	35CrMo	0.32～0.40	0.17～0.37	0.40～0.70	0.80～1.20	—	—	—	0.15～0.25	—
	38CrMoAl	0.35～0.42	0.20～0.45	0.30～0.60	1.35～1.60	—	—	—	0.15～0.25	Al0.70～1.10
高淬透性合金调质钢	37CrNi3	0.34～0.41	0.17～0.37	0.30～0.60	1.20～1.60	3.00～3.50	—	—	—	—
	40CrNiMoA	0.37～0.44	0.17～0.37	0.50～0.80	0.60～0.90	1.25～1.65	—	—	0.15～0.25	—
	25Cr2-Ni4WA	0.21～0.28	0.17～0.37	0.30～0.60	1.35～1.65	4.00～4.50	0.80～1.20	—	—	—
	40CrMnMo	0.37～0.45	0.17～0.37	0.90～1.20	0.90～1.20	—	—	—	0.20～0.30	—

① 力学性能试验采用试样毛坯直径尺寸:除38CrMoAl以外(30 mm)其余牌号均为25 mm。

(摘自 GB/T 699—1999、GB/T 3077—1999)及用途

热处理		力学性能(不大于)[①]					用途举例
淬火温度/℃	回火温度/℃	σ_s/MPa	σ_b/MPa	δ/%	ψ/%	A_{KU}/J	
840 水	640 水/油	335	570	19	45	47	同 45 钢
840 水	600 水/油	335	600	16	40	39	机床中形状较简单、中等强度、韧性的零件,如轴、齿轮、曲轴、连杆、螺栓、螺母
840 水	600 水/油	335	590	15	—	47	比 45 钢强度要求稍高的调质件,如轴、万向接头轴、曲轴、连杆、螺栓、螺母
840 油	550 水/油	735	685	10	45	47	直径 60 mm 以下时,性能与 40Cr 相当,制万向接头轴、蜗杆、齿轮、连杆、摩擦盘
850 油	520 水/油	785	980	9	45	47	重要调质零件,如齿轮、轴、曲轴、连杆螺栓
900 水	570 水/油	735	885	15	45	47	除要求低温(−20 ℃以下)韧性很高的情况外,可全面代替 40Cr 作调质零件
880 水	590 水/油	735	885	15	40	47	与 35SiMn 同。并可作表面淬火零件
850 油	500 水/油	785	980	10	45	47	代替 40Cr
880 油	650 水/油	735	885	10	50	71	机车连杆、强力双头螺栓、高压锅炉给水泵轴
840 油	550 水/油	835	980	9	45	47	代替 40CrNi、42CrMo 作高速高载荷而冲击载荷不大的零件
820 油	500 水/油	785	980	10	45	55	汽车、拖拉机、机床、柴油机的轴、齿轮、连接机件螺栓、电机机轴
850 油	560 水/油	930	1080	12	45	63	代替含 Ni 较高的调质钢,也作重要大锻件用钢,机车牵引大齿轮
880 油	520 水/油	885	1080	10	45	39	高强度钢,高速载荷砂轮轴、齿轮、轴、联轴器、离合器等重要调质件
850 油	550 水/油	835	980	12	45	63	代替 40CrNi 制大断面齿轮与轴、汽轮发动机转子,480 ℃以下工件的紧固件
940 水/油	640 水/油	835	980	14	50	71	高级氧化钢,制＞900 HV 氧化件,如镗床镗杆、蜗杆、高压阀门
820 油	500 水/油	980	1 130	10	50	47	高强度、韧性的重要零件,如活塞销、凸轮轴、齿轮、重要螺栓、拉杆
850 油	600 水/油	835	980	12	55	78	受冲击载荷的高强度零件,如锻压机床的传动偏心轴、压力机曲轴等大断面重要零件
850 油	550 水/油	930	1 080	11	45	71	断面 200 mm 以下,完全淬透的重要零件,也与 12Cr2Ni4 相同,可作高级渗面零件
850 油	600 水/油	785	980	10	45	63	代替 40CrNiMoA

表 6-7 常用弹簧钢的牌号、化学成分、热处理、力学性能及用途(GB/T 1222—2007)

种类	牌号	化学成分(%)						热处理		力学性能(不小于)				用途举例
		C	Si	Mn	Cr	V	其他	淬火温度/℃	回火温度/℃	σ_s/MPa	σ_b/MPa	δ/%	ψ/%	
碳素弹簧钢	65	0.62~0.70	0.17~0.37	0.50~0.80	—	—	—	840油	500	800	1 000	9	35	小于12 mm的一般机器上的弹簧，或拉成钢丝作小型机械弹簧
碳素弹簧钢	85	0.82~0.90	0.17~0.37	0.50~0.80	—	—	—	820油	480	1 000	1 150	6	30	小于12 mm的汽车、拖拉机和机车等机械上承受振动的螺旋弹簧
碳素弹簧钢	65Mn	0.62~0.70	0.17~0.37	0.90~1.20	—	—	—	830油	540	800	1 000	8	30	刹车弹簧等
合金弹簧钢	55SiMnVB	0.52~0.60	0.70~1.00	1.00~1.30	—	0.08~0.16	B 0.000 5~0.003 5	870油	480	1 200	1 300	8	30	用于25~30 mm减振板簧与螺旋弹簧，工作温度低于230 ℃
合金弹簧钢	60Si2Mn	0.56~0.64	1.50~2.00	0.60~0.90	—	—	—	870油	480	1200	1300	5	25	同55Si2MnB钢
合金弹簧钢	50CrVA	0.46~0.54	0.17~0.37	0.50~0.80	0.80~1.10	0.10~0.20	—	850油	500	51 150	1 300	10(δ_5)	40	用于30~50 mm承受大应力的各种重要的螺旋弹簧，也可用作大截面的及工作温度低于400 ℃的气阀弹簧、喷油嘴弹簧等
合金弹簧钢	60Si2CrVA	0.56~0.64	1.40~1.80	0.40~0.70	0.90~1.20	0.10~0.20	—	850油	410	1 700	1 900	6(δ_5)	20	用于线径与板厚<50 mm弹簧，工作温度低于250 ℃的极重要的和重载荷下工作的板簧与螺旋弹簧
合金弹簧钢	30W4Cr2VA	0.26~0.34	0.17~0.37	≤0.40	2.00~2.50	0.50~0.80	W 4~4.5	1 050~1 100油	600	1 350	1 500	7(δ_5)	40	用于高温下(500 ℃以下)的弹簧，如锅炉安全阀用弹簧等

6.3.5 滚动轴承钢

滚动轴承钢是指主要用于制作滚动轴承的滚动体和内、外套圈的专用钢。滚动轴承在工作时承受很大的局部交变载荷，滚动体与内、外套圈间接触应力较大，容易产生磨损和疲劳破坏。因此，要求滚动轴承钢具有高的硬度、高的耐磨性、高的弹性极限和接触疲劳强度以及足够的塑性、韧性和耐蚀性。

1. 化学成分和性能特点

常用滚动轴承钢的碳的质量分数为0.95%~1.15%，铬质量分数为0.40%~1.65%，属于高碳钢。高的碳质量分数是为了保证钢具有高硬度和高耐磨性;加入的铬元素可以提高钢的淬透性和形成细小的、弥散分布的合金渗碳体,提高钢的强度、硬度和接触疲劳强度,铬还能提高耐蚀性。但钢中铬的质量分数不宜过高,以防残余奥氏体量增多,使钢的耐磨性和疲劳强度降低。对于大型轴承可加入硅、锰等元素,以提高强度和弹性极限,进一步改善淬透性。此外,滚动轴承钢对硫、磷元素的质量分数要求较严(均低于 0.03%),以防止降低接触疲劳强度,影响轴承的使用寿命。常用滚动轴承钢的牌号、化学成分及主要用途见表 6-8。

表 6-8　常用滚动轴承钢牌号、成分、热处理及用途

牌　号	化学成分/%							热处理		回火后硬度 HRC	用途举例
	C	Cr	Si	Mn	V	Mo	RE	淬火温度/℃	回火温度/℃		
GCr6	1.05～1.15	0.40～0.70	0.15～0.35	0.20～0.40				800～820	150～170	62～64	直径＜10 mm 的滚珠、滚柱和滚针
GCr9	1.00～1.10	0.90～1.20	0.15～0.35	0.25～0.45	—	—	—	810～830 水、油	150～170	62～64	直径＜20 mm 的滚珠、滚柱及滚针
GCr9SiMn	1.00～1.10	0.90～1.20	0.45～0.75	0.95～1.20	—	—	—	810～830 水、油	150～160	62～64	壁厚＜12 mm、外径＜250 mm 的套圈;直径 25～50 mm 的钢球;直径＜22 mm 的滚子
GCr15	0.95～1.05	1.40～1.65	0.15～0.35	0.25～0.45	—	—	—	820～846 油	150～160	62～64	与 GCr9SiMn 同
GCr15SiMn	0.95～1.05	1.40～1.65	0.45～0.75	0.95～1.25	—	—	—	820～840 油	150～170	62～64	壁厚≥12 mm、外径＞250 mm 的套圈;直径＞50 mm 的钢球;直径＞22 mm 的滚子
GMnMoVRE	0.95～1.05	—	0.15～0.40	1.10～1.40	0.15～0.25	0.40～0.60	0.07～0.10	770～810	170±5	≥62	代替 GCr15 用于军工和民用方面的轴承
GSiMoMnV	0.95～1.10	—	0.45～0.65	0.75～1.05	0.20～0.30	0.20～0.40	—	780～820	175～200	≥62	与 GMnMoVRE 相同

2. 热处理特点

滚动轴承钢一般采用球化退火(若原始组织中有粗大的片状珠光体和网状渗碳体,应在球化退火前进行一次正火)作为预备热处理,主要目的是降低钢的硬度,改善切削加工性能,为最终热处理做好组织准备。球化退火后的组织为铁素体和均匀分布的细小粒状碳化物。最终热处理采用淬火+低温回火,得到极细小的回火马氏体、均匀分布的细小粒状碳化物和少量残余奥氏体组织,硬度为 62～65 HRC。

对于精密轴承,在淬火后还要进行(−60～−80 ℃)的冷处理和低温回火,以减少残余奥氏体量,保证钢的尺寸稳定性;在磨削加工之后还要在 120～130 ℃保温 10～20 h 进行稳定化处理,以进一步减少残余应力,提高钢的尺寸稳定性。

3. 常用滚动轴承钢的牌号及用途

滚动轴承钢中应用最广的是GCr15轴承钢,主要用于制造中、小型轴承,还可制造冷冲模、精密量具、机床丝杠、喷油嘴等。制造大型和特大型轴承常用GCr15SiMn钢。根据我国资源条件,已研制出不含铬的轴承钢,如用GSiMnV钢、GSiMn MoV钢代替GCr15钢。

6.3.6 超高强度钢

超高强度钢是指屈服点大于1 300 MPa、抗拉强度大于1 400 MPa的钢。按化学成分和强韧化机制的不同,超高强度钢可分为低合金超高强度钢、二次硬化型超高强度钢、马氏体时效钢和超高强度不锈钢。主要用于航空和航天工业。它的主要特点是:具有很高的强度、足够的韧性和高的比强度及疲劳强度,如40SiMnCrWMoRe钢工作在300～500 ℃时仍能保持高的强度、抗氧化性和抗热疲劳性,可用于制造超音速飞机的机体构件。30CrMnSiNi2A钢抗拉强度可达1 700 MPa用于制造飞机的起落架、框架等。

6.4 合金工具钢与高速工具钢

6.4.1 合金工具钢

合金工具钢是指用于制造各种工具的钢,按用途可分为量具用钢、刃具用钢和模具用钢等。

1. 低合金刃具钢

(1) 化学成分和性能特点

低合金刃具钢的碳的质量分数为0.8%～1.50%,并含有钨、钒、铬、锰和硅等合金元素,其总的质量分数低于5%。碳的质量分数高是为了保证高的硬度和耐磨性。加入钨、钒等碳化物形成元素,可提高热硬性和耐磨性;加入合金元素铬、锰、硅等以提高淬透性,回火稳定性和改善热硬性。但合金元素的加入量小,一般工作温度不超过300 ℃。由于刃具在工作时,刃部与切屑、毛坯间产生强烈的摩擦,因此要求刃具必须有高的硬度、耐磨性和高的红硬性,以保证刃具有一定寿命。刃具的硬度应高于被切削材料的硬度,切削钢铁材料的刃具硬度一般在60 HRC以上。耐磨性不仅取决于硬度,而且与碳化物的性质、大小、数量和分布状态有关。另外,还要求刃具有足够的强度和韧性,防止在受冲击和振动时,刃具突然断裂或崩刃。

(2) 热处理特点

低合金刃具钢锻造后进行球化退火,以改善切削加工性能。最终热处理为淬火+低温回火,组织为回火马氏体、合金碳化物和少量残余奥氏体,硬度60～65 HRC。

(3) 常用低合金刃具钢的牌号和用途

低合金刃具钢主要用来制造锉刀、刮刀、丝锥等低速切削刃具。常用低合金刃具钢的牌号、化学成分和用途见表6-9。其中应用较广的是CrWMn和9SiCr钢。CrWMn钢碳的质量分数为0.9%～1.05%,由于加入了铬、钨、锰等合金元素,使它具有更高的硬度(64～66 HRC)和耐磨性。由于热处理后变形小,故又称微变形钢,主要用于制造较精密的低速刃具。9SiCr具有高的淬透性和回火稳定性,适于制造变形小的各种薄刃、低速的切削刃具。

表 6－9　常用低合金刃具钢的牌号、成分、热处理(摘自 GB/T1299－2000)及用途

牌　号	化学成分/%					试样淬火		退火状态	用途举例
	C	Mn	Si	Cr	其他	淬火温度/℃	HRC 不小于	HBS 不小于	
Cr06	1.30～1.45	≤0.40	≤0.40	0.50～0.70	—	780～810 水	64	241～187	锉刀、刮刀、刻刀、刀片、剃刀
Cr2	0.95～1.10	≤0.40	≤0.40	1.30～1.65	—	830～860 油	62	229～179	车刀、插刀、铰刀、冷扎辊等
9SiCr	0.85～0.95	0.30～0.60	1.20～1.60	0.95～1.25	—	830～860 油	62	241～197	丝锥、板牙、钻头、铰刀、冷冲模等
8MnSi	0.75～0.85	0.80～1.10	0.30～0.60	—	—	800～820 油	60	≤229	长铰刀、长丝锥
9Cr2	0.80～0.95	≤0.40	≤0.40	1.30～1.70	—	820～850 油	62	217～179	尺寸较大的铰刀、车刀等刃具
W	1.05～1.25	≤0.40	≤0.40	0.10～0.30	W 0.80～1.20	800～830 水	62	229～187	低速切削硬金属刃具，如麻花钻、车刀和特殊切削工具

2. 合金模具钢

合金模具钢按使用条件不同分为冷作模具钢、热作模具钢和塑料模具钢等。

(1) 冷作模具钢

冷作模具钢是指用于制造在冷态下变形或分离的模具的钢，如冷挤压模、冷镦模、拉丝模、落料模等。这类模具钢在工作时均受到较大的压力、摩擦力和冲击力的作用，因此要求冷作模具钢必须具有高的硬度和耐磨性，足够的强度和韧性。对于大型的模具用钢还应具有淬透性好，热处理变形小等特点。

① 化学成分和性能特点

冷作模具钢的碳的质量分数为 0.85%～2.3%，常加入大量的合金元素铬(11%～13%)、钼、钨、钒等，属于高碳高合金钢。碳的质量分数高是为了获得高的硬度和耐磨性；加入合金元素是为了提高淬透性和回火稳定性，并在热处理后形成大量的特殊碳化物以进一步提高钢的硬度和耐磨性。此外，元素钼、钒还可以细化晶粒，改善钢的韧性。

② 热处理特点

由于冷作模具钢中含有大量的合金元素，使其铸态组织中出现了大量的网状的共晶碳化物，导致钢的强度下降。所以在制造模具时，应先进行锻造将粗大的共晶碳化物打碎，使其均匀分布，待其缓冷后，再进行等温球化退火，以避免已打碎的碳化物重新长大。常用的最终热处理一般为淬火＋低温回火，回火后的组织为回火马氏体、碳化物和残余奥氏体，硬度可达 60～64 HRC。

应用最多的冷作模具钢是 Cr12 和 Cr12MoV，它们的最终热处理可以采用两种方法，即一次硬化法和二次硬化法。一次硬化法是将 Cr12 钢加热到 950～980 ℃(Cr12MoV 为 1 000～1 050 ℃)淬火，再低温回火，其硬度可达 61～63 HRC；二次硬化法是将 Cr12 钢加热到 1 080～

1 100 ℃(Cr12MoV 为 1 100～1 120 ℃)淬火,再在 510～520 ℃进行多次回火,其硬度可达 60～62 HRC,并可获得较高的红硬性。

③ 常用的牌号和用途

常用的冷作模具钢的牌号、成分和力学性能见表 6-10。Cr12 钢是典型的冷作模具钢,适于制作尺寸较大的高耐磨性模具。小型模具可用碳素工具钢(T10A、T12)和低合金工具钢(CrWMn、9SiC)制造。目前应用较广的是 Cr12MoV 钢,这种钢热处理变形小,强度、韧性都比 Cr12 钢好,但耐磨性略低于 Cr12 钢,主要用于制造截面较大、形状复杂的冷作模具。

表 6-10　几种常用冷作模具钢牌号、成分及性能(摘自 GB/T 1299—2000)

类别	牌号	化学成分/%						退火状态	试样淬火	
		C	Si	Mn	Cr	Mo	其他	HBS	淬火温度/℃	HRC 不小于
低合金	CrWMn	0.90～1.05	≤0.40	0.80～1.10	0.90～1.20	—	W1.20～1.60	207～255	800～830 油	62
	9Mn2V	0.85～0.95	≤0.40	1.70～2.00	—	—	V0.10～0.25	≤229	780～810 油	62
高碳高铬	Cr12	2.00～2.30	≤0.40	≤0.40	11.50～13.00	—	—	217～269	950～1 000 油	60
	Cr12MoV	1.45～1.70	≤0.40	≤0.40	11.00～12.50	0.40～0.60	V0.15～0.30	207～255	950～1 000 油	58
高碳中铬	Cr4W2MoV	1.12～1.25	0.40～0.70	≤0.40	3.50～4.00	0.80～1.20	W1.90～2.60 V0.80～1.10	≤269	960～980 油 1020～1040	60
	Cr5Mo1V	0.95～1.05	≤0.50	≤1.00	4.75～5.50	0.90～1.40	V0.15～0.50	≤255	940 油	60
碳钢	T10A	0.95～1.04	≤0.35	≤0.40	—	—	—	≤197	760～780 水	62

(2) 热作模具钢

用来制造炽热态(指热态下固体或液体)的金属或合金在压力下成型的模具(如热锻模、压铸模等)所用的钢称为热作模具钢。

① 化学成分和性能特点

热作模具钢的碳的质量分数为 0.3%～0.6%,并含有一定量的铬、镍、锰、钨、硅等元素。采用中碳是为了保证良好的强度、硬度和韧性。加入铬、钨、硅等,可提高耐热疲劳性,加入合金元素铬、镍、锰等,可提高淬透性和强度。加入钼可提高回火稳定性和防止第二类回火脆性。

由于热作模具在工作时,其模腔既受到炽热金属和冷却介质交替反复作用产生的热应力,又受到较大的冲击力和摩擦力,容易使模腔产生龟裂。因此,要求模具在高温(400～600 ℃)下应有较高的强度、韧性,足够硬度(40～50 HRC)和耐磨性,良好的导热性和耐热疲劳性。对尺寸较大的模具还要求有淬透性好、热处理变形小等性能。

② 热处理特点

热作模具钢锻造后需进行退火,最终热处理一般为淬火+中温回火,回火后获得均匀的回火索氏体或回火托氏体组织，硬度为40 HRC左右，并具有较高的强度和韧性。

③ 常用的牌号和用途

常用热作模具钢的牌号、化学成分和用途见表6-11。其中5CrNiMo钢和5CrMnMo钢是最常用的两种热作模具钢，他们具有较高的强度、韧性和耐磨性，良好的耐热疲劳性和优良的淬透性，常用来制造大、中型热锻模。根据我国资源情况，应尽可能采用5CrMnMo钢。对于受静压力作用的模具，应选用4Cr5W2VSi钢或3Cr2W8V钢制作。

表6-11　常用热作模具钢的牌号、成分(GB/T 1299—2000)及用途

牌号	化学成分/%								用途举例
	C	Mn	Si	Cr	W	V	Mo	Ni	
5CrMnMo	0.50～0.60	1.20～1.60	0.25～0.60	0.60～0.90	—	—	0.15～0.30	—	中小型锻模
4Cr5W2VSi	0.32～0.42	≤0.40	0.80～1.20	4.50～5.50	1.60～2.40	0.60～1.00	—	—	热挤压模(挤压铝、镁)高速锤锻模
5CrNiMo	0.50～0.60	0.50～0.80	≤0.40	0.50～0.80	—	—	0.15～0.30	1.40～1.80	形状复杂、重载荷的大型锻模
4Cr5MoSiV	0.33～0.43	0.20～0.50	0.80～1.20	4.75～5.50	—	0.30～0.60	1.10～1.60	—	同4Cr5W2VSi
3Cr2W8V	0.30～0.40	≤0.40	≤0.40	2.20～2.70	7.50～9.00	0.20～0.50	—	—	热挤压模(挤压铜、钢)压铸模

(3) 塑料模具钢

目前塑料制品的应用日益广泛，尤其是在日常生活用品、电子仪表、电器等行业中应用十分广泛，已向塑料制品化方向发展。压制塑料有两种类型，即热塑性塑料和热固性塑料。热固性塑料如胶木粉等，都是在加热、加压下进行压制并永久成型的，胶木模周期地承受压力并在150～200 ℃温度下持续受热。热塑性塑料如聚氯乙烯等，通常采用注射模塑法，塑料在单独加热后，以软化状态注射到较冷的塑模中，施加压力，从而使之冷硬成型。注射模的工作温度为120～260 ℃，工作时通水冷却型腔，故受热、受力及受磨损程度较轻。值得注意的是含有氯、氟的塑料，在压制时析出有害的气体，对模腔有较大的侵蚀作用。塑料制品大多采用模压成型，因而需要模具。模具的结构形式和质量对塑料制品的质量和生产效率有直接影响。塑料模具钢是用来制造使细粉状或颗粒状的塑料压制成型的模具所用的钢，其工作温度一般不超过200 ℃。按塑料成型方法的不同，塑料模具可分为压铸模具、注射模具、挤出模具、吹塑模具和泡沫塑料模具等。

① 对塑料模具钢的性能要求

由于塑料模具在工作中，既要受到不断变化的热应力、压应力和摩擦力的作用，又要受到有害气体的腐蚀，因此，要求塑料模具钢在200 ℃应具有较高的硬度、强度和足够的塑性、韧性；钢料纯净、夹杂物少、偏析小、模具表面粗糙度低；表面耐磨抗蚀，并要求有一定的表面硬化层，表面硬度一般在45 HRC以上；热处理变形小，以保证互换性和配合精度。

② 常用塑料模具钢的牌号

塑料模具的制造成本高,材料费用只占模具成本的极小部分,因此在选用钢材时,应优先选用工艺性能好和使用寿命较长的钢种。塑料模具用钢主要有以下几类。

适于冷挤压成型的塑料模具用钢是 10、15、20、20Cr 钢,经渗碳→淬火→回火→镀铬处理;对于中小型、且形状简单的模具,可用 T7A、T10A、9Mn2V、CrWMn、Cr2 钢等,经淬火+回火处理;对于大型塑料模具可采用 4Cr5MoSiV 或 PDAHT-1 钢(w_C=0.8%~0.9%、w_{Mn}=1.8%~2.2%、w_{Si}≤0.35%、w_{Cr}=0.9%~1.1%、w_{Mo}=1.2%~1.5%、w_V=0.1%~0.3%);对于要求高耐磨性的模具,也可采用 Cr12MoV 钢,经淬火+回火,再镀铬处理后使用;对于形状复杂的精密模具使用 18CrMnTi、12CrNi3A 和 12Cr2Ni4A 等渗碳钢,进行渗碳、淬火+低温回火;对于在压制过程中会析出有害气体并与钢起强烈反应的塑料,可采用马氏体不锈钢 2Cr13 或 3Cr13 钢,经 950~1 000 ℃油淬,在 200~220 ℃回火处理。

3. 量具钢

量具钢是指用来制造各种测量工具的钢,称为量具钢,例如游标卡尺、塞规、样板和千分尺等。量具工作时主要受摩擦力作用,容易磨损,承受的外力很小。因此,要求量具用钢应有高的硬度、耐磨性和尺寸稳定性。

(1) 化学成分和性能特点

由于量具在使用的过程中,表面受到较大的摩擦力作用,极易磨损,所以量具表面的碳的质量分数较高,一般为 0.9~1.2%,以保证表面的高硬度和高的耐磨性;还含有铬、钨、锰及硅等合金元素,以提高淬透性和尺寸稳定性。

(2) 热处理特点

量具钢一般采用球化退火作为预备热处理,采用淬火+低温回火作为最终热处理,其组织一般为回火马氏体、碳化物和少量残余奥氏体。在放置和使用过程中,因组织发生变化,易导致量具形状和尺寸变化。对于一些精度要求高的量具(如块规等),为了保证量具精度,提高形状和尺寸稳定性,常在淬火后立即进行一次-80 ℃ 左右的冷处理,以使残余奥氏体转变为马氏体,然后进行低温回火,再经磨削加工,最后进行稳定化处理,使量具的残余应力达到最小。

(3) 常用的牌号和用途

量具用钢没有专用钢种。精度较低、尺寸较小、形状简单的量具(如样板、塞规等)可用 10、15 钢制造,经渗碳、淬火+低温回火后使用。也可用 50、60、65Mn 等钢制造,经高频表面淬火后使用,或用 T10A 钢、T12A 钢制造,经球化退火、淬火+低温回火后使用;高精度、形状复杂的量具(如块规等),常用 CrWMn、9SiCr、GCr15 等钢制造,经淬火+低温回火后使用;对于有耐蚀性要求的量具,可以用不锈钢制造。

6.4.2 高速工具钢

高速工具钢(简称高速钢)按化学成分可分为钨系高速工具钢、钼系高速工具钢和钨钼系高速工具钢等。

1. 化学成分和性能特点

(1) 化学成分特点

高速工具钢的碳的质量分数为 0.7%~1.65%,并加入大量的铬、钨、钼及钒等合金元素,有些含有总量小于 2%的铝、铌、钛、硅及稀土元素等,属于高碳高合金钢。较高的碳的质量分数是为了提高钢的硬度和耐磨性，加入铬、钨、钼及钒等合金元素，可以形成大量细小、弥散、坚硬而又不易聚集长大的合金碳化物，造成二次硬化效应。加入的合金元素钨可在钢中形成很稳定的合金碳化物（如 W_2C），提高钢的红硬性、硬度、耐磨性和回火稳定性；加入铬能使高速钢在切削过程中的抗氧化作用增强，形成较多致密的氧化物，并减少粘刀现象，从而使刃具的耐磨性与切削性能提高，同时还可提高钢的淬透性，当铬的质量分数为 4%时，空冷即可获得马氏体组织，故此钢俗称“风”钢；加入钒可形成稳定的碳化物 VC，具有极高硬度（2 010 HV），并呈细小颗粒，分布均匀，故可提高钢的硬度、红硬性和耐磨性，但含钒过多会降低钢的韧性；有些高速钢（如 W2Mo10Cr4Co8）中加钴元素，可显著提高钢的红硬性，钴还可以促进回火时合金碳化物的析出，起减慢碳化物长大的作用，因此钴可通过细化碳化物而使钢的二次硬化能力和红硬性提高；另外钴本身可形成 CoW 金属间化合物，产生弥散强化效果，并能阻止其他碳化物聚集长大。

（2）性能特点

由于高速钢的成分特点，决定了高速钢在一定的热处理工艺条件下，具有淬透性好、硬度高、耐磨性好及红硬性高等性能特点。

2. 热处理特点

高速工具钢属于莱氏体钢，铸态组织中含有大量呈鱼骨状分布的粗大的共晶碳化物，如图 6－7所示。这种碳化物硬而脆，使刀具的强度、红硬性、硬度、耐磨性均下降，会导致刀具在使用的过程中容易崩刃和磨损。这种分布不均匀的粗大的共晶碳化物不能用热处理方法去除，只能采用反复锻打将其击碎，并使其均匀地分布在基体上。

高速工具钢的热处理一般为球化退火、淬火和多次高温回火。

（1）预备热处理

高速工具钢锻造后硬度较高，必须经过球化退火，其目的不仅在于降低钢的硬度，以利于切削加工，而且也为以后的淬火做好组织准备。为了避免被打碎的共晶碳化物重新长大，常采用等温退火代替球化退火来改善钢的切削加工性能，消除残余应力。退火后的组织为索氏体和粒状碳化物，如图 6－8 所示，硬度为 207～255 HBS。

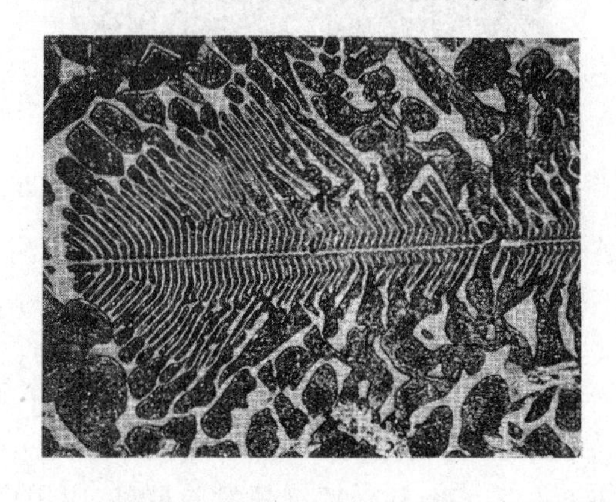

图 6－7　高速工具钢的铸态组织

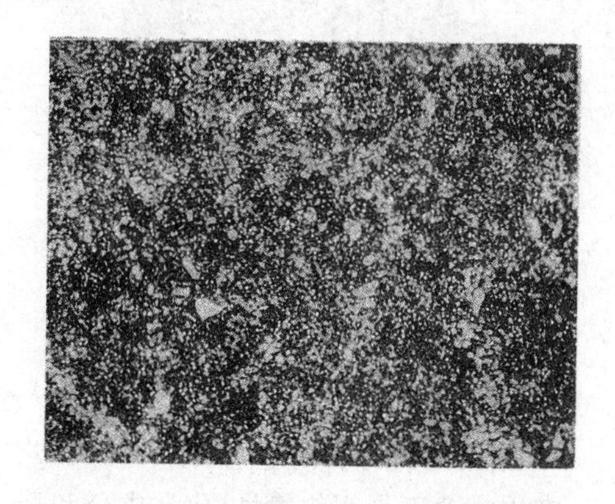

图 6－8　高速工具钢的退火组织

（2）高速钢的淬火

① 淬火加热温度高

由于高速工具钢中含有大量难溶的合金碳化物（W_2C、Mo_2C、VC、$Cr_{23}C_6$ 等），只有这些合金碳化物分解并溶解在奥氏体中,淬火之后马氏体中的合金元素含量才足够高,马氏体也才具有高的红硬性。而对红硬性影响较大的合金元素 W、Mo 及 V 只有在 1 000 ℃以上时,其溶解量才急剧增加。所以为提高钢的红硬性,淬火加热温度必须足够高才能使合金碳化物溶解到奥氏体中,高速钢的淬火加热温度大多数在 1 200 ℃以上,温度超过 1 300 ℃时,各元素的溶解量虽然还有增加,但奥氏体晶粒则急剧长,钢的力学性能会下降。如 W18Cr4V 钢淬火加热温度高达 1 220～1 280 ℃。

② 淬火加热时要进行预热

由于高速钢中含有大量合金元素,导热性差。由于淬火加热温度较高,如果把冷的工件直接放人高温炉中,会引起工件变形或开裂,特别是对大型复杂工件则更为突出。预热可以缩短在高温处理停留的时间,从而减少氧化脱碳及过热等的危险性。所以淬火加热时必须进行预热,主要有一次预热(800～850 ℃)和两次预热(500～600 ℃、800～850 ℃)两种工艺。

③ 淬火冷却

高速钢的淬火冷却通常在油中进行。但对形状复杂、细长杆状或薄片零件也可采用分级淬火和等温淬火等方法。分级淬火后使残余奥氏体量增加 20%～30%,使工件变形、开裂倾向减小,使强度、韧性提高。油淬及分级淬火后的组织为马氏体、粒状碳化物和残余奥氏体(占20%～30%),如图 6-9 所示,硬度为 58～61 HRC。

(3) 高速钢的回火

由于淬火后的组织中含有大量的残余奥氏体,不仅使钢的硬度降低,而且使钢的组织很不稳定,为了减少淬火组织中的残余奥氏体量,消除淬火应力、稳定组织,以进一步提高钢的硬度和耐磨性,要在 550～570 ℃进行三次回火,使残余奥氏体充分转变。回火后的组织为含有较多合金元素的回火马氏体、均匀分布的细颗粒状碳化物(如 VC、W_2C、Fe_4W_2C 等)和少量残余奥氏体(占 1%～2%),如图 6-10 所示,硬度为 63～68 HRC。

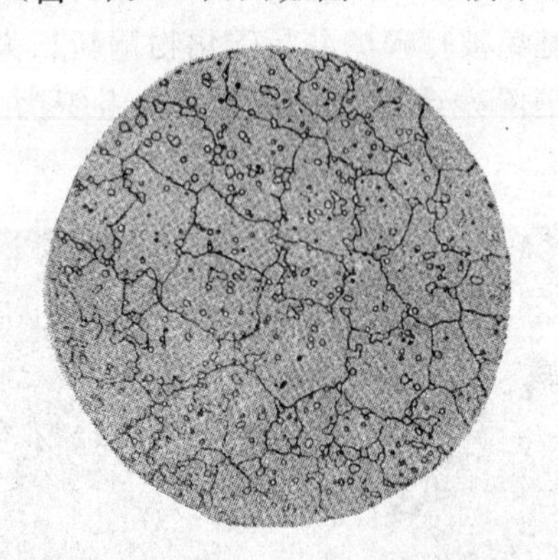

图 6-9 W18Cr4V 的淬火组织

图 6-10 W18Cr4V 的淬火、回火后的组织

3. 常用的牌号和用途

常用高速工具钢的牌号、化学成分和用途见表 6-12。W18Cr4V 钢是发展最早、应用广泛的高速工具钢,其热硬性高,过热与脱碳倾向小,但碳化物较粗大,韧性较差,主要用于制造中速切削刀具,或低速切削但结构复杂的刀具(如拉刀、齿轮刀具)。W6Mo5Cr4V2 钢可作为 W18Cr4V 钢的代用品,由于钼的碳化物细小,故使钢具有较好的韧性。另外这种钢含有较高的碳和钒,可提高耐磨性,但热硬性比 W18Cr4V 钢略差,过热及脱碳倾向较大。这种钢适于制造要求耐磨性和韧性较好的刀具，尤其适于制作热轧麻花钻等薄刃刀具。

表 6－12　常用高速工具钢的牌号、成分(GB/T 9943－2008)、热处理、硬度及热硬性

种类	牌号	化学成分/%							热处理		硬度		热硬性HRC	用途举例
		C	Cr	W	Mn	Mo	V	其他	预热温度/℃	淬火温度/℃	回火温度/℃	退火HBS	淬火回火HRC	
钨系	W18Cr4V (18－4－1)	0.70～0.80	3.80～4.40	17.5～19.00	≤0.30		1.00～1.40	—	820～870	1 270～1 285	550～570	≤255	≥63	加工中等硬度和软材料的车刀、丝锥、钻头、铣刀等
钨系	W12Cr4V5Co5	1.50～1.60	3.75～5.00	11.75～13.00	0.15～0.40		4.50～5.25	Co 4.75～5.25	800～900	1 220～1 240	540～560	≤277	≥65	加工高硬度材料、承受高切削力的各种刀具，如铣刀、滚刀、车刀等
钨钼系	CW6Mo5Cr4V3	0.95～1.05	3.80～4.40	5.50～6.75	4.50～5.50		1.75～2.20	—	730～840	1 190～1 210	540～560	≤255	≥65	切削性能要求较高的冲击不大的拉刀、铰刀等
钨钼系	W6Mo5Cr4V2 (6－5－4－2)	0.80～0.90	3.80～4.40	5.50～6.75	4.50～5.50		1.75～2.20	—	730～840	1 210～1 230	540～560	≤255	≥64	要求耐磨性和韧性配合的中速切削刀具如丝锥、钻头等
钨钼系	W6Mo5Cr4V3 (6－5－4－3)	1.10～1.20	3.80～4.40	6.00～7.00	4.50～5.50		2.80～3.30	—	840～885	1 200～1 240	560	≤255	≥64	要求较高耐磨性和红硬性且韧性较好的形状复杂的刀具，如拉刀、铣刀等
钨钼系	W6Mo5Cr4V2Al	1.05～1.20	3.80～4.40	5.50～6.75	4.50～5.50		1.75～2.20	Al 0.80～1.20	850～870	1 220～1 250	540～560	≤269	≥65	加工各种难加工材料，如高温合金、不锈钢等的车刀、镗刀、钻头

各种高速工具钢都有较高的热硬性(约 600 ℃)、耐磨性、淬透性及足够的强韧性，也可制造冷冲模、冷挤压模及要求耐磨性高的零件。

4. 新型高速钢简介

目前国内外高速钢的种类约有数十种,除钨系、钼系和钨钼系等高速工具钢外,自20世纪50年代以来,又发展了特殊用途的高速钢。主要有以下几种。

(1) 高碳高钒高速钢,如W12Cr4V4Mo及W6Mo5Cr4V3。增加V含量会降低钢的可磨削性能使高钒钢应用受到一定限制。通常含V约3%的钢,尚可制造较复杂的刃具,而含V量为4%~5%时,只宜制造形状简单或磨削量小的刃具。

(2) 高钴高速钢,含钴的高速钢是为了适应提高红硬性的需要而发展起来的。在高钴高速钢中通常含有5%~12%的钴,如W7Mo4Cr4V2Co5、W2Mo9Cr4VCo8等。但随着含Co量的增加,钢的脆性及脱碳倾向性也会增大,故在使用及热处理时应予以注意。例如含钴10%的钢已不适宜于制造形状复杂的薄刃工具。

(3) 超硬高速钢,是为了适应加工难切削材料(如耐热合金等)的需要,在综合高碳高钒高速钢与高钴高速钢优点的基础上而发展起来的。这种钢经过热处理后硬度可达68~70 HRC,具有很高的红硬性和良好的切削性能。典型的钢种为美国的M42(W2Mo10Cr4VCo8)和M44(W6Mo5Cr4V2Co12)等。

(4) 低碳高速钢(M60~67),这种钢是采用含钴超硬高速钢的合金成分,将碳的质量分数降至0.2%左右,通过渗碳及随后的淬火、回火,使表层达到超高硬度(70 HRC),故又称为渗碳高速钢。

(5) 无碳的时效型高速钢,这种钢是在高钨高钼的基础上,加入15%~25%的钴元素,经固溶处理和时效处理以后,其硬度可达68~70 HRC,它的红硬性比一般高速钢高100 ℃、比含钴的超硬型高速钢高50 ℃以上。同时具有良好的切削加工性能、高的高温强度及耐磨性。

目前高速钢的使用范围日益广泛,不仅用于切削刃具,近年来也被用于制造模具、多辊轧辊、高温弹簧、高温轴承和以高温强度、耐磨性能为主要要求的零件。

6.5 特殊性能钢

特殊性能钢是指具有特殊的物理、化学性能的钢。常用的有不锈钢、耐热钢和高锰耐磨钢等。

6.5.1 不锈钢

通常将具有抵抗大气或其他介质腐蚀的钢称为不锈钢。

1. 金属的腐蚀与防护

(1) 金属的腐蚀

金属的腐蚀是指金属表面与外部介质作用而逐渐破坏的现象。根据腐蚀的原理不同,腐蚀可分为化学腐蚀和电化学腐蚀。化学腐蚀是指金属在非电解质中,直接与介质发生化学反应而被腐蚀;电化学腐蚀是指金属在电解质溶液中,形成微电池产生电化学反应而引起的腐蚀。电化学腐蚀是金属腐蚀的主要形式,其原理是:当两种电极电位不同的金属(或同一金属内部的不同组成部分之间)在电解质溶液中相互接触时,就会形成微电池,电极电位高的为阴极不被腐蚀,电极电位低的为阳极而被腐蚀,造成阳极金属的损耗。例如,钢的组织中铁素体的电极电位低,而渗碳体的电极电位高,在电解质中,铁素体作为阳极被腐蚀。在各种酸、碱、盐的水溶液,海水,含有CO_2、SO_2、H_2S和HN_3等的潮湿空气中,均可以在金属的表面形成微电池。

(2) 金属腐蚀的防护

为了避免金属的腐蚀,常采取以下措施:

① 表面覆盖——采用电镀、油漆、氧化处理和磷化处理等方法在金属表面覆盖一层保护膜,使金属与腐蚀介质隔离,防止腐蚀;

② 电化学保护——采用外加电极来使微电池两极的电极电位差减小,从而减轻或避免阳极的腐蚀;

③ 加入合金元素——加入合金元素铬、镍等,其中铬既可以在金属表面形成一层致密的、牢固的 Cr_2O_3 保护膜,防止钢的腐蚀,又可以使钢中的铁素体、奥氏体和马氏体的电极电位提高,还可以和镍一起使钢形成单相的铁素体和奥氏体组织,以阻止形成微电池,防止金属的腐蚀。

2. 不锈钢

按组织不同分为马氏体型不锈钢、铁素体型不锈钢和奥氏体型不锈钢等;按化学成分不同可分为铬不锈钢、铬镍不锈钢和铬锰不锈钢等。常用不锈钢牌号、化学成分、力学性能和用途见表 6-13。

(1) 马氏体型不锈钢

① 化学成分和性能特点

马氏体型不锈钢的碳的质量分数为 0.10%~0.40%,为了保证其耐腐蚀性,其碳的质量分数不能太高,因为随着钢中碳的质量分数增加,钢的耐腐蚀性下降,但过低又会导致钢的强度、硬度和耐磨性降低;铬的质量分数为 12%~18%,由于含有较多的铬,可以在金属的表面形成一层致密的氧化膜以阻止钢的进一步氧化,提高钢的耐腐蚀能力。马氏体不锈钢只有在大气、水(或汽)、海水以及氧化性酸等氧化介质中,才有较好的耐蚀性。

② 热处理特点

一般在锻造后退火以改善其切削加工性。这类钢经淬火后可得到马氏体组织,故称马氏体型不锈钢。经淬火+低温回火,可得到回火马氏体组织,还可高温回火,组织为回火索氏体。

③ 常用的牌号和用途

常用的有 1Cr13 钢、2Cr13 钢、3Cr13 钢、7Cr17 钢等。主要用于要求较高力学性能,并有一定耐蚀性的零件,如喷嘴、汽轮机叶片、阀门、阀座和医疗器械等。3Cr13 钢、7Cr17 钢主要用于医用的手术工具、量具及轴承等。

(2) 奥氏体型不锈钢

① 化学成分和性能特点

奥氏体不锈钢中碳的质量分数很低($w_C \leqslant 0.08\%$以保证高的耐蚀性),铬的质量分数为18%,含镍量为 8%~11%,属于低碳高合金钢。合金元素镍可使钢在室温下呈单一奥氏体组织。铬、镍使钢具有良好的耐蚀性、耐热性以及较高的塑性和韧性。

② 热处理特点

奥氏体型不锈钢常用的热处理是固溶处理,就是将钢加热到 1 050~1 150 ℃,使碳化物全部溶于奥氏体中,然后水淬快速冷却至室温,得到单相奥氏体组织。经固溶处理后具有高的耐蚀性,好的塑性和韧性,但强度低。为消除冷加工或焊接后产生的残余应力,防止应力腐蚀,应进行去应力退火。

③ 常用的牌号和用途

这类钢主要用于制作在腐蚀性介质中工作的零件,如管道、容器、医疗器械等。常用的是1Cr18Ni9钢、1Cr18Ni9Ti钢等。

(3) 铁素体不锈钢

① 化学成分和性能特点

铁素体不锈钢的碳的质量分数小于0.12%,铬的质量分数为16%~18%。加热时没有组织转变,为单相的铁素体组织,所以不能用热处理强化,通常在退火状态下使用。这类钢的耐蚀性、塑性、焊接性均优于马氏体不锈钢,但强度低。

② 常用的牌号和用途

主要制作化工设备,如容器、管道等。常用的有1Cr17钢等。

表6-13 常用不锈钢的牌号、成分、热处理、力学性能及用途(摘自GB/T 1220-1992)

类别	牌号	化学成分/%			热处理		力学性能				用途举例
		C	Cr	其他	淬火温度/℃	回火温度/℃	σ_s/MPa	σ_b/MPa	δ/%	硬度HBS	
马氏体型	1Cr13	≤0.15	11.50~13.50	—	950~1 000油	700~750快冷	≥345	≥540	≥25	≥159	汽车机叶片、水压机阀、螺栓、螺母等抗弱腐蚀介质并承受冲击的零件
马氏体型	2Cr13	0.16~0.25	12.00~14.00	—	920~980油	600~750快冷	≥440	≥635	≥20	≥192	汽车机叶片、水压机阀、螺栓、螺母等抗弱腐蚀介质并承受冲击的零件
马氏体型	3Cr13	0.26~0.40	12.00~14.00	—	920~980油	600~750快冷	≥540	≥735	≥12	≥217	制作耐磨的零件,如热油泵轴、阀门、刃具
马氏体型	7Cr17	0.60~0.75	16.00~18.00	—	1 010~1 070油	100~180快冷	—	—	—	≥54HRC	做轴承、刃具、阀门、量具等
铁素体型	0Cr13Al	≤0.08	11.50~14.50	Al0.10~0.30	780~830空冷或缓冷	—	≥177	≥410	≥20	≤183	汽轮机材料,复合钢材,淬火用部件
铁素体型	1Cr17	≤0.12	16.00~18.00	—	780~850空冷或缓冷	—	≥205	≥450	≥22	≤193	通用钢种,建筑内装饰用,家庭用具等
铁素体型	00Cr30Mo2	≤0.01	28.50~32.00	Mo1.50~2.50	900~1 050快冷	—	≥295	≥450	≥20	≤228	C、N含量极低,耐蚀性很好。制造苛性碱设备及有机酸设备

续表 6-13

类别	牌号	化学成分/%			热处理		力学性能			硬度 HBS	用途举例
		C	Cr	其他	淬火温度/℃	回火温度/℃	σ_s/MPa	σ_b/MPa	δ/%		
奥氏体型	Y1Cr18Ni9	≤0.15	17.00～19.00	P≤0.20 S≤0.15 Ni8.00～10.00	固溶处理 1 010～1 150 快冷	—	≥205	≥520	≥40	≤187	提高切削性、最适用于自动车床。作螺栓、螺母等
奥氏体型	0Cr18Ni9	≤0.07	17.00～19.00	Ni8.00～10.5	固溶处理 1 010～1 150 快冷	—	≥205	≥520	≥40	≤187	作为不锈耐热钢使用最广泛。使用品设备，化工设备，原子能工业用
奥氏体型	0Cr19Ni9N	≤0.08	18.00～20.00	Ni7.00～10.50 N0.10～0.25	固溶处理 1 010～1 150 快冷	—	≥275	≥550	≥35	≤217	在 0Cr19Ni9 中加N，强度提高，塑性不降低。作结构用强度部件
奥氏体型	0Cr18Ni10Ti	≤0.08	17.00～19.00	Ni9.00～12.00 Ti≥5×w_C	固溶处理 920～1 150 快冷	—	205	520	40	≤187	作焊芯、抗磁仪表、医疗器械、耐酸容器、输送管道
铁素体奥氏体型	0Cr26Ni5Mo2	≤0.08	23.00～28.00	Ni3.00～6.00 Mo1.0～3.00	固溶处理 950～1 150 快冷	—	390	590	18	≤277	耐点蚀性好，高强度，作耐海水腐蚀用件等
铁素体奥氏体型	00Cr18Ni5Mo3Si2	≤0.03	18.00～19.50	Ni4.50～5.50 Mo2.5～3.00 Si1.30～2.00	固溶处理 950～1 150 快冷	—	390	590	20	≤30HRC	作石油化工等工业热交换器或冷凝器等
沉淀硬化型	0Cr17Ni7Al	≤0.09	16.00～18.00	Ni6.50～7.75 Al0.75～1.50	固溶处理 1 000～1 100 快冷	565 时效	960	1 140	5	≥363	作弹簧垫圈、机器部件

6.5.2 耐热钢

耐热钢是指在高温下具有高的高温抗氧化性和高温强度的合金钢。常用的耐热钢的牌号、化学成分和用途见表6-14。

表6-14 常用耐热钢的牌号、成分、热处理及用途(摘自GB/T 1221—1992)

类别	牌号	化学成分/%							热处理	用途举例
		C	Mn	Si	Ni	Cr	Mo	其他		
铁素体型钢	2Cr25N	≤0.20	≤1.50	≤1.00	—	23.00~27.00	—	N ≤0.25	退火 780~880 ℃(快冷)	耐高温腐蚀性强,1 082 ℃以下不产生易剥落的氧化皮,用作1 050 ℃以下炉用构件
铁素体型钢	0Cr13Al	≤0.08	≤1.00	≤1.00	—	11.50~14.50	—	Al≤0.10~0.30	退火 780~830 ℃(空冷)	最高使用温度900 ℃,制作各种承受应力不大的炉用构件,如喷嘴、退火炉罩、吊挂等
奥氏体型钢	0Cr25Ni20	≤0.08	≤2.00	≤1.50	19.00~22.00	24.00~26.00	—	—	固溶处理 1 030~1 180 ℃(快冷)	可用作1 035 ℃以下炉用材料
奥氏体型钢	1Cr16Ni35	≤0.15	≤2.00	≤1.50	33.00~37.00	14.00~17.00	—	—	固溶处理 1 030~1 180 ℃(快冷)	抗渗碳、抗渗氮性好,在1 035 ℃以下可反复加热
奥氏体型钢	3Cr18Mn12-Si2N	0.22~0.30	10.50~12.50	1.40~2.20	—	17.00~19.00	—	N0.22~0.33	固溶处理 1 100~1 150 ℃(快冷)	最高使用温度1 000 ℃,制作渗碳炉构件、加热炉传送带、料盘等
奥氏体型钢	0Cr18Ni10Ti	≤0.08	≤2.00	≤1.00	9.00~12.00	17.00~19.00	—	Ti≥5×C	固溶处理 920~1 150 ℃(快冷)	作400~900 ℃腐蚀条件下使用部件,高温用焊接结构部件
奥氏体型钢	4Cr14Ni14W2Mo(14-14-2)	0.40~0.50	≤0.70	≤0.80	13.00~15.00	13.00~15.00	0.25~0.40	W2.00~2.75	固溶处理 820~850 ℃(快冷)	有效高热强性,用于内燃机重负荷排气阀

续表6-14

类别	牌号	化学成分/%							热处理	用途举例
		C	Mn	Si	Ni	Cr	Mo	其他		
马氏体型钢	1Cr13	≤0.15	≤1.00	≤1.00	≤0.60	11.50~13.50	—	—	950~1 000 ℃油淬或700~750 ℃回火(快冷)	作800 ℃以下耐氧化用部件
	1Cr13Mo	0.08~0.18	≤1.00	≤0.60	≤0.60	11.50~14.00	—	—	970~1 000 ℃油淬或650~750 ℃回火(快冷)	汽轮机叶片、高温高压耐氧化用部件
	1Cr11MoV	0.11~0.18	≤0.60	≤0.50	≤0.60	10.00~11.50	0.50~0.70	V0.25~0.40	1 050~1 100 ℃空淬或720~740 ℃回火(空冷)	有较高的热强性、良好减震性及组织稳定性。用于透平叶片及导向叶片
	1Cr12WMoV	0.12~0.18	0.50~0.90	≤0.50	0.40~0.80	11.00~13.00	0.50~0.70	W0.7~1.10V 0.18~0.30	1 000~1 050 ℃油淬或680~700 ℃回火(空冷)	性能同上。用于透明叶片、紧固件，转子及轮盘
	4Cr9Si2	0.35~0.50	≤0.70	2.00~3.00	≤0.60	8.00~10.00	—	—	1 020~1 040 ℃油淬或700~780 ℃回火(油冷)	有较高的热强性。作内燃机气阀、轻负荷发动机的排气件
	4Cr10Si2Mo	0.35~0.45	≤0.70	1.90~2.60	≤0.60	9.00~10.50	0.70~0.90	—	1 020~1 040 ℃油淬或720~760 ℃回火(空冷)	同上

高温抗氧化性主要是指钢在高温下对氧化作用的稳定性。提高钢的抗氧化能力的方法是向钢中加入铬、硅、铝等合金元素，由于这些元素在高温下能与氧发生化学反应，形成一层致密的氧化膜(Cr_2O_3、Al_2O_3 等)，严密地覆盖在钢的表面上，保护钢在高温下不被继续氧化。

高温强度是指钢在高温下对外力的抵抗能力，即热强性。高温(再结晶温度以上)下，金属原子间结合力减弱，强度降低，此时金属在恒定应力作用下，随时间延长会产生缓慢的塑性变形，即蠕变。为提高高温强度，防止蠕变，向钢中加入钨、钼、铬等元素，以提高钢的再结晶温度,或加入钛,铌、钒、镍、钼、铬等元素,以形成稳定且均匀分布的碳化物,产生弥散强化。

耐热钢按组织不同分为以下四类。

1. 马氏体型耐热钢

马氏体型耐热钢中含有较多的铬,故抗高温氧化性和热强性均好。常用牌号有1Cr13钢,1Cr11MoV钢。多用于制造在650 ℃以下工作的、要求较高的蠕变强度和耐蚀性、承受较大载荷的零件,如汽轮机叶片等。

2. 奥氏体型耐热钢

奥氏体型耐热钢一般在650~700 ℃范围内使用。常用牌号有4Cr14Ni14W2Mo钢、3Cr18Mn12Si2N钢。这类钢既有良好的热强性、组织稳定性和抗氧化性,又具有良好的耐热性、焊接性和冷成型性,常用于制作工作温度≥650 ℃的内燃机排气阀等。

3. 铁素体型耐热钢

铁素体型耐热钢主要含有合金元素铬。经过退火后可制作在900 ℃以下工作的耐氧化的零件,如散热器等。常用的牌号有1Cr17钢等。

4. 珠光体型耐热钢

珠光体型耐热钢的使用温度一般在500 ℃以下,常用的牌号有15CrMo和12CrMoV钢。主要用于制作汽轮机叶轮、锅炉受热管等。

6.5.3 高锰耐磨钢

高锰耐磨钢是指在巨大的压力和强烈的冲击力作用下才能发生硬化的钢 。

1. 化学成分和性能特点

这类钢的碳的质量分数为0.9%~1.50%,以提高其耐磨性,锰的质量分数为11%~14%,以保证钢经过热处理后得到单相奥氏体组织。由于高锰耐磨钢极易冷变形强化,很难进行切削加工,因此大多数高锰耐磨钢件采用铸造成型。其铸态组织中存在许多碳化物,故性能硬而脆。

2. 热处理特点

高锰耐磨钢常用的热处理是水韧处理。就是将钢加热到1 050~1 100 ℃,使碳化物全部溶于奥氏体中,然后在水中快速冷却,得到均匀的单相奥氏体的过程。经过水韧处理后的高锰耐磨钢强度、硬度(180~230 HBS)不高,但塑性和韧性好。工作时,若受到强烈冲击和巨大压力或摩擦,此时表面因塑性变形而产生的明显的冷变形强化,同时还会发生奥氏体向马氏体转变,使表面硬度(可达52~56 HRC)和耐磨性大大提高,而心部仍保持奥氏体的良好韧性和塑性,有较高的耐冲击能力。

3. 常用的牌号和用途

高锰耐磨钢主要用于制造受强烈冲击和巨大压力,并要求耐磨的零件,如坦克及拖拉机的履带板、铁道道岔、破碎机颚板、保险箱板、防弹板等。

常用的高锰耐磨钢的牌号、化学成分及用途见表6-15。

表 6-15　铸造高锰钢牌号、成分及适用范围(摘自 GB/T 5680—1998)

牌号①	化学成分/%					适用范围
	C	Mn	Si	S	P	
ZGMn13-1	1.10～1.45	11.00～14.00	0.30～1.00	≤0.040	≤0.090	低冲击件
ZGMn13-2	0.90～0.35		0.30～1.00	≤0.040	≤0.070	普通件
ZGMn13-3	0.95～1.35		0.30～0.80	≤0.035	≤0.070	复杂件
ZGMn13-4	0.90～1.30		0.30～0.80	≤0.040	≤0.070	高冲击件
ZGMn13-5	0.75～1.30		0.30～1.00	≤0.040	≤0.070	高冲击件

习　题

1. 何谓合金钢？何谓合金元素？合金元素在钢中有哪些作用？
2. 何谓红硬性？试比较碳素工具钢、低合金工具钢和高速钢红硬性高的高低？
3. 为什么合金钢的淬透性比非合金钢高？
4. 用 20CrMnTi 钢制造的汽车变速齿轮，若改用 40Cr 经高频淬火是否可以？为什么？
5. 合金渗碳钢的成分、性能有什么特点？常采用何种热处理？
6. 试说明合金钢的牌号表示方法和统一数字代号。
7. 为什么滚动轴承钢应具有高的碳的质量分数？铬元素在钢中起什么作用？
8. 滚动轴承钢一般采用何种热处理？为什么？试说明其主要用途。
9. 高速工具钢的化学成分有什么特点？为什么？
10. 试述高速工具钢的热处理有何特点？为什么？
11. 为什么高锰耐磨钢既耐磨又具有很好的韧性？
12. 什么是不锈钢？什么是固溶处理？不锈钢为什么要进行固溶处理？
13. 什么是水韧处理？高锰耐磨钢为什么要进行水韧处理？
14. 下列牌号各代表哪一种钢？说明牌号中的数字及符号的意义。

    Q345　20CrMnTi　60Si2Mn　40Cr　9SiCr　GCr15　ZGMn13-1　W18Cr4V
    1Cr18Ni9　Cr12MoV　W6Mo5Cr4V2　1Cr13

第7章　铸　铁

铸铁是碳的质量分数大于2.11%的铁碳合金。与碳钢相比，其化学成分中除了碳和硅的含量较高外，锰、硫及磷等杂质元素也较多。

铸铁中的碳主要以石墨的形式存在，铸铁的组织也可以认为是在钢的基体上分布着不同形状、数量、大小和分布的石墨，因此，石墨的形态将对铸铁的力学性能产生重要的影响。与钢相比，铸铁的力学性能较低，但由于铸铁具有良好铸造性能、切削加工性、减震性、减磨性和低的缺口敏感性，生产成本低廉，设备和工艺简单，因此，在现代工业生产中应用广泛。若按质量百分数计算，在汽车、拖拉机中铸铁用量约占50%～70%，在机床中用量约占60%～90%。

7.1　铸铁的石墨化

铸铁中的碳原子以石墨形态析出的过程称为石墨化。

石墨的晶格类型为简单六方晶格，如图7-1所示。石墨晶格基面中的原子间距为0.142 nm，原子间以共价键结合，结合力较强；而两基面间的间距为0.340 nm，依靠分子键结合，结合力较弱，两基面间容易产生滑移。因此，石墨的力学性能极低，硬度仅为3～5 HBW，$\sigma_b \approx$ 20 MPa，$\delta \approx 0$。由于石墨的存在，基体的连续性遭到了破坏，有效承载截面减少，使铸铁的强度和塑性降低。石墨的形状不同，对铸铁造成的危害程度也不同。

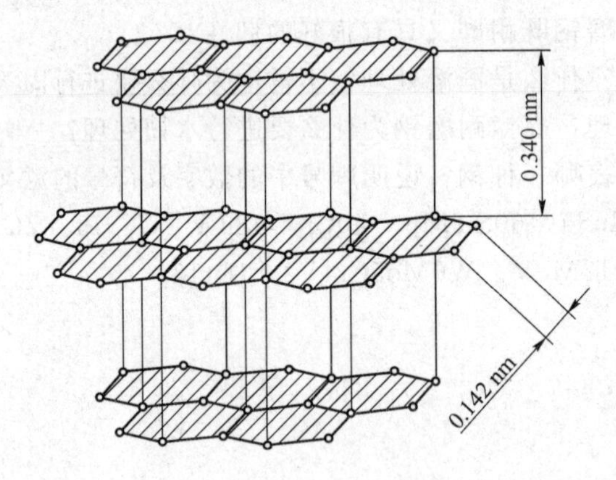

图7-1　石墨的晶体结构

7.1.1　铁碳合金的双重相图

在铁碳合金中，碳除了少量固溶于铁素体外，其余的碳，一般是以化合态的渗碳体和游离态的石墨两种形式存在。

当液态的铸铁在冷却时，随着冷却条件的不同，可从液态或奥氏体中直接结晶出渗碳体，也可以直接结晶出石墨。成分相同的合金，冷却速度越慢，析出石墨的可能性越大；冷却速度越快，则析出渗碳体的可能性越大。若将渗碳体加热到高温，会分解为铁素体和石墨，由此可见，渗碳体是亚稳定相，而石墨是稳定相。

在铁碳合金的结晶过程中，实际上存在着两种相图，即 $Fe-Fe_3C$ 相图和 Fe－G(石墨)相图。为了便于比较和应用，常把两个相图画在一起，称为铁碳合金双重相图，如图7－2所示。图中实线表示 $Fe-Fe_3C$ 相图，虚线表示铁 Fe－G 相图，当虚线和实线重合时则用实线表示。

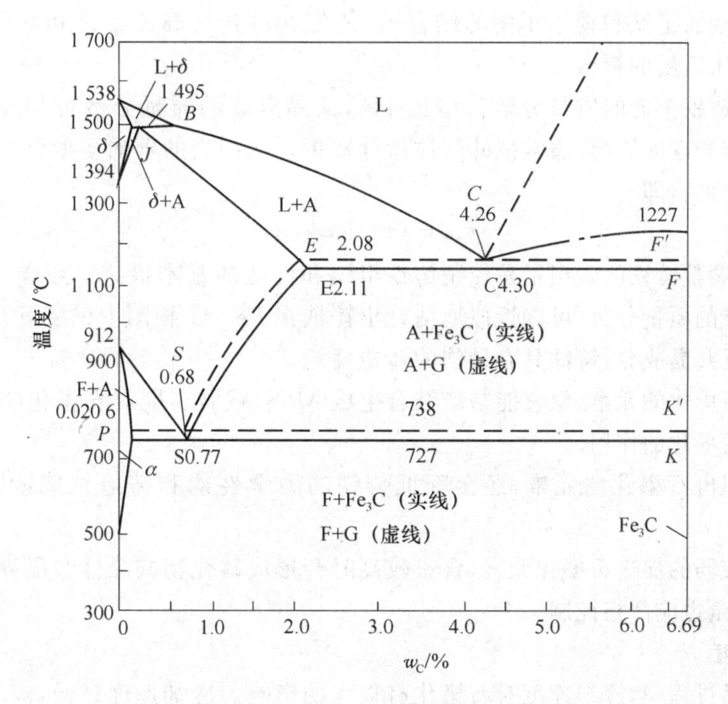

图7－2 铁碳合金双重相图

7.1.2 铸铁的石墨化过程

根据铁碳合金双重相图，铸铁的石墨化过程可分为以下三个阶段。

第一阶段，液相至共晶结晶阶段。从液相中直接结晶出一次石墨，通过共晶反应而形成的共晶石墨以及一次渗碳体或共晶渗碳体高温分解析出石墨。

中间阶段，共晶至共析转变之间阶段。在738～1 154 ℃之间，从奥氏体中直接析出二次石墨以及二次渗碳体分解析出石墨。

第二阶段，共析转变阶段。在738 ℃时通过共析反应直接析出共析石墨以及共析渗碳体退火时分解析出石墨。

在实际生产中，由于化学成分和冷却速度的不同，铁碳合金各阶段石墨化程度也不同，从而获得不同的铸铁和组织。如果各阶段均未石墨化，会得到白口铸铁；第一阶段和中间阶段石墨化部分进行，会得到麻口铸铁；第一阶段和中间阶段完全石墨化，则得到灰口铸铁。灰口铸铁如果第二阶段石墨化充分进行，基体组织为铁素体；第二阶段石墨化部分进行，基体组织为铁素体-珠光体；第二阶段未石墨化，则基体组织为珠光体。

7.1.3 影响石墨化的因素

铸铁的组织取决于各阶段石墨化进行的程度。实践证明,影响石墨化的主要因素是铸铁的化学成分和结晶过程的冷却速度。

1. 化学成分

碳和硅都是强烈促进石墨化的元素。提高碳含量有利于石墨的形核,从而促进石墨化。硅的加入,不仅削弱了铁和碳原子间的结合力,还使共晶转变温度提高和共晶成分含碳量降低,这些都有利于石墨的析出。

实践表明,铸铁中硅的质量分数每增加1%,共晶点碳的质量分数可相应地减少0.3%。为了综合考虑碳和硅的影响,通常把硅的质量分数折合成相当的碳的质量分数,并把这个碳的总量称为碳当量w_{CE},即

$$w_{CE}=(w_C+w_{Si}/3) \tag{7-1}$$

在生产中,调整铸铁的碳当量是控制铸铁组织和性能的基本措施。用碳当量代替Fe-G相图横坐标中碳的质量分数,可以近似地估计出铸铁在Fe-G相图上的实际位置。一般将碳当量配制到接近共晶成分,铸铁具有最佳的铸造性能。

锰是阻碍石墨化的元素,但它能与硫结合生成MnS,减弱了硫对石墨化的不利影响,所以间接起着促进石墨化的作用。

硫是强烈阻碍石墨化的元素,还会降低铸铁的力学性能和铸造性能,其含量必须严格控制。

磷是作用较弱的促进石墨化元素,含量较高时会形成磷化物共晶体在晶界析出,增加了铸铁的脆性,其含量也应严格控制。

2. 冷却速度

在铸铁结晶过程中,冷却速度对石墨化有很大的影响。冷却速度越慢,碳原子的扩散也就越充分,有利于石墨化的进行;而冷度越快,碳原子的扩散越困难,阻碍石墨化的进行,容易得到白口组织。在实际生产中,冷却速度的大小主要和浇注温度、铸型材料和铸件壁厚等因素有关。

图7-3表示了碳、硅含量和铸件壁厚对铸铁石墨化的综合影响,其中铸件壁厚实际上反映出冷却速度的快慢。从图中可以看出,必须根据铸件的壁厚,调整碳、硅的总含量,才能获得所需要的铸件组织。

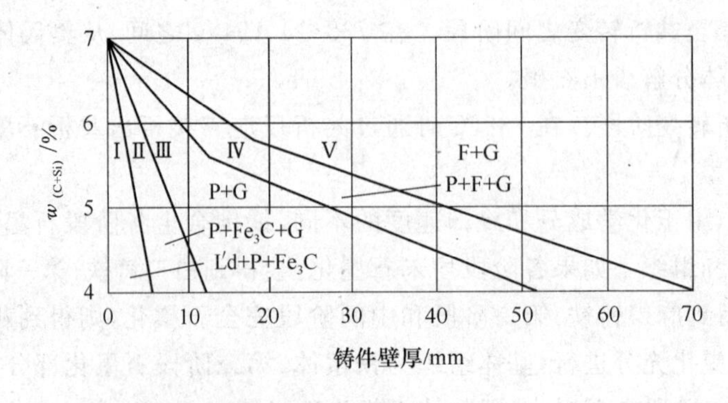

图7-3 化学成分和铸件壁厚(冷却速度)对铸铁组织的影响

7.2　铸铁的分类

铸铁中的碳常以化合状态的渗碳体和游离状态的石墨两种形式存在，而石墨的形态又有较多的变化，不同铸铁的性能和用途也存在很大的差异。因此，根据上述特征的不同，铸铁主要有下列几种的分类方法。

1. 按碳存在的形式分类

根据铸铁中碳的存在形式以及断口颜色的不同，可将铸铁分为以下几类。

(1) 灰口铸铁：碳主要以石墨的形式存在，其断口呈灰色，故称为灰口铸铁，它是应用最为广泛的铸铁。

(2) 白口铸铁：铸铁中的碳主要以渗碳体形式存在，其断口呈白亮的颜色，故称为白口铸铁，其性能硬而脆，很少直接用来制造机器零件，主要用作炼钢原料。

(3) 麻口铸铁：铸铁中的碳以石墨和渗碳体的混合形态存在，其断口呈灰白相间的麻点，故称为麻口铸铁，它也有较大的硬脆性，在工业上也很少应用。

2. 按石墨的形状分类

根据铸铁中石墨形状的不同，可将铸铁分为以下几类：

(1) 灰铸铁——铸铁中的石墨呈片状；

(2) 球墨铸铁——铸铁中的石墨呈球状；

(3) 蠕墨铸铁——铸铁中的石墨呈蠕虫状；

(4) 可锻铸铁——铸铁中的石墨呈团絮状。

3. 按铸铁的性能及用途分类

(1) 普通铸铁，即常规元素铸铁，如灰铸铁、球墨铸铁、蠕墨铸铁和可锻铸铁等。

(2) 特殊性能铸铁，又称合金铸铁，是在普通铸铁的基础上加入一定量的合金元素，使其具有一些特殊的性能的铸铁，主要有耐热铸铁、耐蚀铸铁和耐磨铸铁等几类。

7.3　灰铸铁

灰铸铁，又称灰口铸铁，组织中的石墨呈片状分布。因为生产工艺简单，价格便宜，是工业上应用最为广泛的一类铸铁。据统计，在各类铸铁中，灰铸铁约占总质量的80%以上。

7.3.1　灰铸铁的化学成分、组织与性能

灰铸铁的化学成分一般包括：$w_C=2.7\%\sim3.6\%$，$w_{Si}=1.0\%\sim2.2\%$，$w_{Mn}=0.5\%\sim1.2\%$，$w_P\leqslant0.3\%$，$w_S\leqslant0.15\%$。

根据石墨化进行的程度和基体组织的不同，灰铸铁分为铁素体灰铸铁、铁素体-珠光体灰铸铁和珠光体灰铸铁三种。灰铸铁的组织可以看作是在钢的基体上分布着片状石墨。图7-4为灰铸铁的显微组织。

由于石墨的强度和塑性极低，在铸铁中相当于钢的基体上分布着的裂纹和空洞，破坏了基体的连续性，减小了基体的有效承载面积，并且片状石墨的边缘附近很容易产生应力集中，因

此,灰铸铁的抗拉强度很低,塑性及韧性几乎为零。石墨片的数量越多、尺寸越大、分布越不均匀,对基体的割裂作用就越严重,力学性能也就越低。

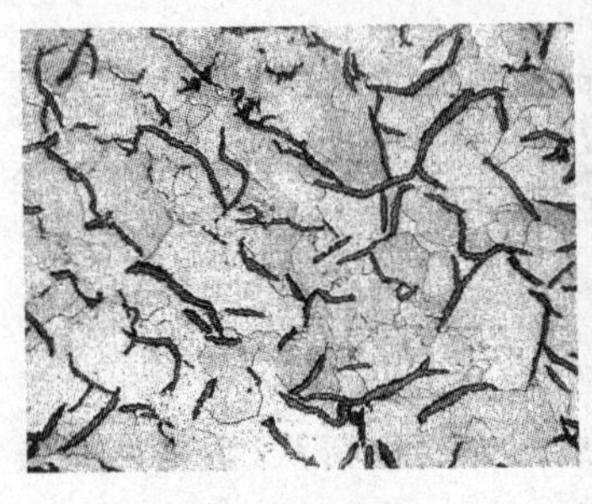

(a) 铁素体灰铸铁

(b) 珠光体-铁素体灰铸铁

(c) 珠光体灰铸铁

图7-4 灰口铸铁的显微组织

灰铸铁的抗压强度和硬度主要与基体组织有关,石墨的存在影响不大。抗压强度与同基体的钢相似,一般抗压强度为抗拉强度的3~4倍。因此,铸铁的力学性能特点是抗压,不抗拉,所以灰铸铁比较适合作耐压零件,如机床底座、床身、支柱等。

石墨的存在虽然降低了灰铸铁的力学性能,但同时也使灰铸铁获得了一些优良的性能,如良好铸造性能、切削加工性、减震性、减磨性和低的缺口敏感性等。

7.3.2 灰铸铁的孕育处理

由于较粗大的片状石墨片存在,使得灰铸铁的抗拉强度较低,塑性、韧性极差。另外,灰铸铁组织对冷却速度很敏感,同一铸件不同壁厚的部位可能存在较大的差异,壁薄处可能出现白口组织,而壁厚处又可能出现粗大的石墨片和铁素体量过多的基体组织,铸件各部分机械性能不能均匀一致。

为了提高灰铸铁的力学性能,生产中常采用孕育处理,即在浇注前向铁水中加入少量的硅铁合金或硅钙合金等孕育剂,在铁水中产生大量的人工晶核,使石墨片细化且分布均匀,同时还可以细化基体组织,增加基体中珠光体的数量,从而提高灰铸铁的力学性能。经过孕育处理后的铸铁称为孕育铸铁。

孕育铸铁不仅强度和硬度有很大的提高,塑性和韧性也得到改善。同时,孕育剂的加入也减少了冷却速度的影响,铸件各部分均能得到均匀一致的组织。因此,孕育铸铁常用来制造力学性能要求较高、截面尺寸变化较大的大型铸件,如大型发动机的曲轴、汽缸体、机床床身、机架等。

7.3.3 灰铸铁的牌号及用途

灰铸铁的牌号以“HT”和其后的一组数字表示。其中“HT”是“灰铁”两字汉语拼音首位字母,后面的数字为最低抗拉强度(MPa)。

灰铸铁的牌号、力学性能及用途见表7-1。

从表7-1中可以看出,随着铸件壁厚的增加,抗拉强度不断下降。这主要是由于在相同条件下,壁厚增加会降低铸件的冷却速度,使基体组织中珠光体量减少而铁素体量增多。因此,在选择铸铁牌号时,还应考虑铸件壁厚的影响。

表 7-1 灰铸铁的牌号、力学性能及用途(摘自 GB 9439-2010)

铸件类别	牌 号	铸件壁厚 /mm	σ_b/MPa (不小于)	HBS	用途举例
铁素体灰铸铁	HT100	2.5～10	130	110～166	适用于载荷小,对摩擦、磨损无特殊要求的零件。如盖、外罩、油盘、手把、手轮、支架、底板及重锤等
		10～20	100	93～140	
		20～30	90	87～131	
		30～50	80	82～122	
铁素体-珠光体灰铸铁	HT150	2.5～10	175	137～205	适用于承受中等载荷的零件以及在弱腐蚀介质中工作的零件。如普通机床上的底座、支架、齿轮箱、刀架、床身、轴承座及工作台,皮带轮,化工容器,泵壳,法兰等
		10～20	145	119～179	
		20～30	130	110～166	
		30～50	120	105～157	
珠光体灰铸铁	HT200	2.5～10	220	157～236	强度较高,耐磨性较好,适用于承受较大载荷的零件。如汽缸、齿轮、机床床身和立柱;汽车、拖拉机的汽缸体、汽缸盖、活塞、刹车轮和联轴器盘;划线平板、V 型铁、平尺和水平仪框架;油缸、泵体、阀体;要求有一定耐蚀能力和较高强度的化工容器、泵壳、塔器等
		10～20	195	148～222	
		20～30	170	134～200	
		30～50	160	129～192	
	HT250	4.0～10	270	175～262	
		10～20	245	164～247	
		20～30	220	157～236	
		30～50	200	150～225	
孕育铸铁	HT300	10～20	290	182～272	具有很高的强度和耐磨性,适用于承受高载荷、要求保持高度气密性的零件。如剪床、压力机、自动车床和其他重型机床的床身、机座、机架;受力较大的齿轮、凸轮、衬套;大型发动机的曲轴、汽缸体、缸套和汽缸盖等;高压的油缸、水缸、泵体和阀体;镦锻和热锻锻模、冷冲模等
		20～30	250	168～251	
		30～50	230	161～241	
	HT350	10～20	340	199～298	
		20～30	290	182～272	
		30～50	260	171～257	

7.3.4 灰铸铁的热处理

灰铸铁可以通过热处理改变基体组织,但并不能改变石墨的大小、形状和分布状态,因而对提高灰铸铁力学性能的作用不大,主要是用来消除铸件内应力,消除白口组织,以及提高表面硬度和耐磨性。

1. 消除内应力退火

由于铸件的形状一般比较复杂,各部位截面厚度变化较大,在冷却过程中,收缩和组织转变也不均匀,容易产生较大的内应力,使铸件产生变形,甚至开裂。因此,铸件在铸造成型后,需进行消除内应力退火处理,尤其是形状复杂和尺寸稳定性要求较高的铸件,如机床床身、机架等。

一般来说,温度越高,消除应力就越快、越彻底。低于 500 ℃,消除应力太慢,不宜采用。但温度超过 600 ℃时,又容易引起共析渗碳体分解,导致铸件强度、硬度和耐磨性降低,也不宜采用。因此,一般退火工艺为将铸件加热到 500～600 ℃,保温一定时间后,随炉冷却到 150～200 ℃后出炉空冷。

2. 高温退火

在铸件的表层和薄壁处,由于冷却速度快,常形成白口组织,使铸件硬度提高、脆性增加,给切削加工造成困难,因此,需要退火,降低硬度。

一般高温退火工艺为将铸件加热到850~900 ℃,保温2~4 h后,随炉冷却到350~500 ℃后出炉空冷。在高温下加热和保温可使渗碳体分解析出石墨,从而消除白口组织,降低铸件硬度,改善切削加工性能。

3. 表面淬火

若需要提高铸件的表面硬度和耐磨性,可进行表面淬火。如机床导轨、缸体内壁等,淬火后表面组织为细马氏体和石墨,硬度可达50~55 HRC以上。常用方法有高频表面淬火、火焰表面淬火、电接触表面淬火和激光表面淬火等。

7.4 球墨铸铁

灰铸铁强度不高、塑性和韧性较低的主要原因在于其片状石墨的形态,严重影响了基体组织性能的发挥,即使通过热处理也不能得到改善。因此,改变石墨的形态就成为提高铸铁力学性能的有效途径。球墨铸铁就是指铁水经过球化处理使石墨全部或大部分呈球状的铸铁。

球墨铸铁不仅具有良好的力学性能,还能通过合金化和热处理的方法在较大范围内进一步改善和提高。因此,可用球墨铸铁代替中碳钢和铸钢,制造一些受力复杂,强度、塑性、韧性和耐磨性均要求较高的零件,如曲轴、连杆、凸轮轴和机床主轴等。球墨铸铁力学性能接近于钢,又保持了灰铸铁良好的性能,生产方便,成本低廉,在机械制造、交通运输、石油化工等许多工业部门获得了广泛的应用。

7.4.1 球墨铸铁的化学成分、组织与性能

球墨铸铁的化学成分一般为$w_C=3.6\%\sim4.0\%$,$w_{Si}=2.0\%\sim2.8\%$,$w_{Mn}=0.6\%\sim0.8\%$,$w_P\leqslant0.3\%$,$w_S\leqslant0.15\%$,$w_{Mg}=0.03\%\sim0.05\%$,$w_{Re}\leqslant0.05\%$。其特点是碳、硅含量较高,含锰量较低,对硫、磷限制较严,要求镁和稀土元素有一定的残留量。

球墨铸铁可以看作是在钢的基体组织上分布着球状石墨。根据基体组织的不同,球墨铸铁一般分为铁素体球墨铸铁、铁素体-珠光体球墨铸铁和珠光体球墨铸铁三种。图7-5为球墨铸铁的显微组织。

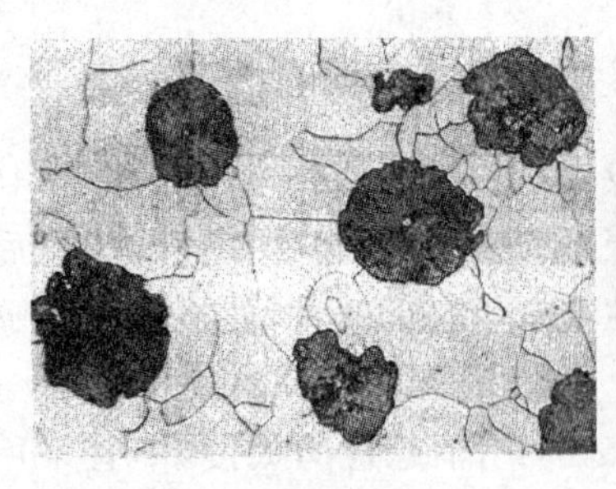

(a) 铁素体球墨铸铁

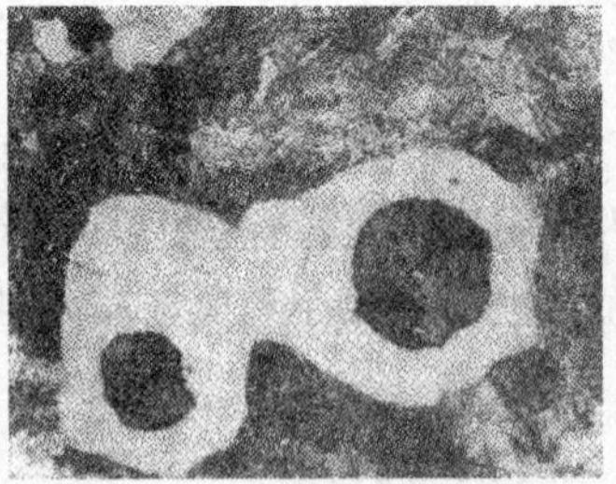

(b) 铁素体-珠光体球墨铸铁

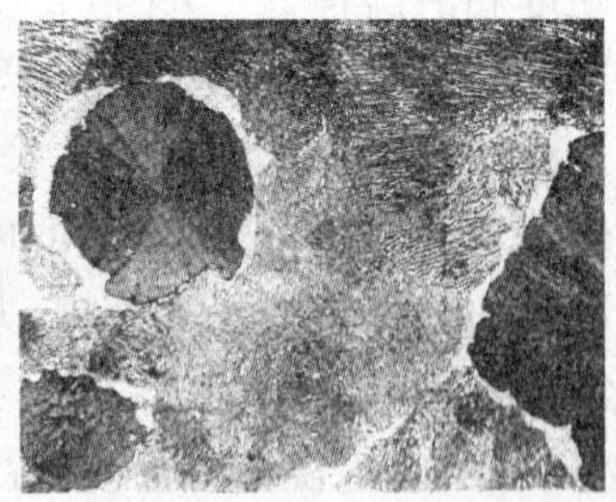

(c) 珠光体球墨铸铁

图7-5 球墨铸铁的显微组织

与灰铸铁的片状石墨相比,球墨铸铁中的石墨呈球状,对基体的割裂作用明显减小,产生应力集中的作用较小,可以充分发挥金属基体性能。与其基体的性能相似,一般珠光体球墨铸

铁强度较高，但塑性和韧性较差；铁素体球墨铸铁的塑性和韧性较好，但强度较低。球墨铸铁中石墨球越小、越圆整、分布越均匀，力学性能也就越好。

球墨铸铁的力学性能明显高于灰铸铁，其抗拉强度、疲劳强度、塑性和韧性接近与它相应基体组织的铸钢，屈强比（σ_s/σ_b）高于正火态 45 钢。

球墨铸铁仍具有灰铸铁的一些优点，如良好铸造性能、切削加工性、减震性、减磨性和低的缺口敏感性等。

7.4.2 球化处理

球化处理是在浇注前向铁水中加入一定量的球化剂，使石墨呈球状析出。常用的球化剂有纯镁、稀土合金、稀土镁合金等，我国目前广泛使用的是稀土镁球化剂。纯镁的球化作用很强，石墨球化率高、圆整度好，铁水中镁的残留量为$w_{Mg}=0.04\%\sim0.08\%$时，石墨就能完全球化。但镁和稀土元素都是强烈阻碍石墨化的元素，易生成白口组织，因此，为了避免这一倾向，必须进行孕育处理，孕育剂主要有硅铁、硅钙合金等。经球化处理和孕育处理后，石墨球的球径小、数量多、圆整度好、分布均匀，从而显著地改善球墨铸铁的力学性能。

7.4.3 球墨铸铁的牌号及用途

球墨铸铁的牌号以“QT ”和其后的两组数字表示。其中“QT ”是“球铁” 两字汉语拼音首位字母，后面的两组数字分别表示最低抗拉强度（MPa）和最低伸长率（%）。

球墨铸铁的牌号、力学性能和用途举例见表 7-2。

表 7-2 球墨铸铁的牌号、力学性能及应用（摘自 GB 1348-2009）

牌号	力学性能				基体组织	用途举例
	σ_b/MPa	$\sigma_{0.2}$/MPa	δ/%	HBS		
	不小于					
QT400-18	400	250	18	120～175	铁素体	适用于制作受冲击、振动的零件。如汽车、拖拉机轮毂、差速器壳、拨叉；农机具零件；中低压阀门、上下水及输气管道；压缩机高低压汽缸、电机机壳、齿轮箱、飞轮壳等
QT400-15	400	250	15	120～180	铁素体	
QT450-10	450	310	10	160～210	铁素体	
QT500-7	500	320	7	170～230	铁素体＋珠光体	机器座架、传动轴飞轮、电动机架内燃机的机油泵齿轮、铁路机车车轴瓦等
QT600-3	600	370	3	190～270	铁素体＋珠光体	适用于制作载荷大、受力复杂的零件。如汽车、拖拉机、曲轴、连杆、凸轮轴；部分车床、磨床、铣床的主轴、机床蜗杆蜗轮、轧钢机轧辊、大齿轮、汽缸体、桥式起重机大小滚轮等
QT700-2	700	420	2	225～305	珠光体	
QT800-2	800	480	2	245～335	珠光体或回火组织	
QT900-2	900	600	2	280～360	贝氏体或回火马氏体	汽车后桥螺旋锥齿轮、减速器齿轮等高强度齿轮；内燃机曲轴、凸轮轴等

7.4.4 球墨铸铁的热处理

在球墨铸铁中，由于球状石墨对金属基体的割裂作用减小，其力学性能主要取决于基体组织。因此,可以对球墨铸铁进行热处理,通过改变其基体组织来调整力学性能。球墨铸铁的热处理方法主要有以下几种。

1. 退 火

(1) 高温退火

球墨铸铁铸造后,组织内常有自由渗碳体存在,为使自由渗碳体分解,提高塑性和韧性,降低硬度,改善切削加工性,需要进行高温退火,以获得组织为铁素体基体的球墨铸铁。一般高温退火工艺为将铸件加热到900～950 ℃,保温一定时间后,随炉冷却到600 ℃左右出炉空冷。

(2) 低温退火

当组织内只有铁素体和珠光体,没有自由渗碳体存在时,为了获得较高的塑性和韧性,也必须使珠光体中的渗碳体分解。这时可采用低温退火,以获得铁素体基体的球墨铸铁。一般低温退火工艺为将铸件加热到720～760 ℃,保温一定时间后,随炉冷却到600 ℃左右出炉空冷。

(3) 消除内应力退火

球墨铸铁件在铸造后应力较大,即使不再进行其他热处理,也应进行消除内应力退火。一般退火工艺为将铸件加热到500～600 ℃,保温一定时间后,随炉冷却到200～250 ℃后出炉空冷。

2. 正 火

正火可以增加基体中珠光体的数量,细化组织,提高铸件的强度和耐磨性。根据加热温度的不同,球墨铸铁的正火分高温正火和低温正火两种。

(1) 高温正火,又称完全奥氏体化正火。一般高温正火工艺为将铸件加热到880～950 ℃,保温一定时间后,出炉空冷,以获得珠光体基体的球墨铸铁。正火时还可以采用风冷、喷雾冷等方法加快冷却速度,增加基体中珠光体的含量,提高铸件的强度和硬度。

(2) 低温正火,又称不完全奥氏体化正火。一般低温正火工艺为将铸件加热到820～860 ℃,保温一定时间后,基体组织一部分转变为奥氏体,还有一部分为铁素体,出炉空冷,获得的基体组织为珠光体和铁素体的球墨铸铁。铸件低温正火后,塑性和韧性较高,还具有一定的强度,综合力学性能良好。

3. 调质处理

对于综合力学性能要求较高的铸件,如连杆、曲轴等,应进行调质处理。一般工艺为将铸件加热到860～900 ℃,保温后油冷,然后在550～600 ℃回火2～4 h,获得基体组织为回火索氏体的球墨铸铁。铸件调质处理后,强度、塑性和韧性均较高,综合力学性能良好。调质处理一般只适用于小尺寸的铸件,尺寸过大时,心部不易淬透,处理效果不好。

4. 等温淬火

等温淬火是获得高强度和超高强度,又具有较高塑性和韧性球墨铸铁的有效方法。等温淬火工艺为将铸件加热到860～900 ℃,保温一定时间后,迅速转移至250～350 ℃的盐浴中等温处理1～1.5 h,然后出炉空冷,获得基体组织为下贝氏体的球墨铸铁。等温淬火后一般不再进行回火。等温淬火可以大幅度地提高铸件的强度、硬度和冲击韧性,同时热处理变形也较小,对于一些要求综合机械性能较高、外形较复杂、热处理易变形或开裂的零件尤为合适。等温淬火一般也仅适用于齿轮、凸轮和曲轴等截面不大的零件;另外,等温淬火后铸件硬度较高,切削加工困难。

7.5 蠕墨铸铁

蠕墨铸铁是新近发展起来的一种新型铸铁材料。其石墨形状介于片状石墨和球状石墨之间，类似片状石墨，但石墨片短而厚，头部较圆，形似蠕虫。蠕墨铸铁的力学性能也介于相同基体组织的灰铸铁与球墨铸铁之间。

7.5.1 蠕墨铸铁的化学成分、组织与性能

蠕墨铸铁的化学成分一般为：$w_{C}=3.2\%\sim4.1\%$，$w_{Si}=1.7\%\sim3.0\%$，$w_{Mn}=0.04\%\sim1.10\%$，$w_{P}\leqslant0.07\%$，$w_{S}\leqslant0.07\%$。

蠕墨铸铁也可以看作是在钢的基体组织上分布着蠕虫状石墨。根据基体组织的不同，蠕墨铸铁通常有铁素体蠕墨铸铁、铁素体-珠光体蠕墨铸铁和珠光体蠕墨铸铁三种。图7-6为铁素体基体蠕墨铸铁的显微组织。

与灰铸铁相比，蠕虫状石墨的长厚比减小，尖端变圆，对基体的割裂作用减小，应力集中也减轻。因此，蠕墨铸铁的力学性能介于相同基体组织的灰铸铁与球墨铸铁之间，其抗拉强度、延伸率、弯曲疲劳强度相当于铁素体球墨铸铁，导热性、抗热疲劳性、减振性、耐磨性、切削加工性和铸造性能又接近灰铸铁。蠕墨铸铁的断面敏感性较普通灰口铸铁小得多，因此其厚大截面上的力学性能仍比较均匀。

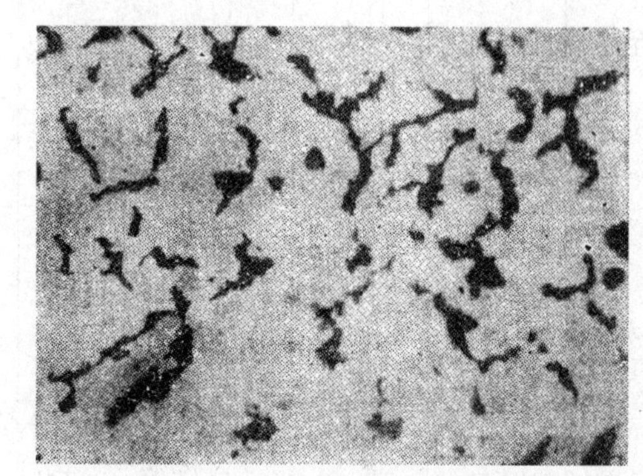

图7-6 蠕墨铸铁的显微组织

蠕墨铸铁常用于制造在热循环载荷条件下工作、要求组织致密的高强度铸件，如钢锭模、玻璃模具、柴油机汽缸、汽缸盖、排气管等。

7.5.2 蠕墨化处理

蠕墨化处理就是在浇注前向铁水中加入适量的蠕化剂，促使石墨以蠕虫状析出。蠕虫状石墨为短片状，形状介于片状石墨和球状石墨之间，即石墨片变得短而厚，且尖角变圆，呈弯曲状，外形似蠕虫，故称为蠕虫状石墨。常用的蠕化剂有镁钛合金、稀土镁钛合金、稀土镁钙合金等。为避免生成白口组织，促进石墨化，还必须加入少量孕育剂进行孕育处理，常用的孕育剂有硅铁、硅钙合金等。

7.5.3 蠕墨铸铁的牌号及用途

蠕墨铸铁的牌号以“RuT”和其后的一组数字表示。其中“RuT”是“蠕铁”两字汉语拼音首位字母，后面的数字表示最低抗拉强度(MPa)。

蠕墨铸铁的牌号、力学性能及用途见表7-3。

表7-3　蠕墨铸铁的牌号、力学性能及用途(摘自JB/T 4403-1999)

牌　号	力学性能				蠕化率/%	基体组织	用途举例
	σ_b/MPa	$\sigma_{0.2}$/MPa	δ/%	HBS	不小于		
	不小于						
RuT420	420	335	0.75	200～280	50	珠光体	强度高、硬度高,具有高耐磨性和较高导热率。铸件材料中需加入合金元素或正火处理,适于制造要求强度或耐磨性高的零件。 活塞环、汽缸套、制动盘、玻璃模具、刹车鼓、钢珠研磨盘、吸淤泵体等
RuT380	380	300	0.75	193～274	50	珠光体	
RuT340	340	270	1.0	170～249	50	珠光体+铁素体	强度和硬度较高,具有较高耐磨性和导热率,适于制造要求较高强度、刚度和要求耐磨的零件。 带导轨面的重型机床件、大型龙门铣横梁,大型齿轮箱体、盖、座、刹车鼓、飞轮、玻璃模具、起重机卷筒、烧结机滑板等
RuT300	300	240	1.5	140～217	50	铁素体+珠光体	强度和硬度适中,有一定的塑性和韧性,导热率较高,致密性较好,适于制造要求较高强度并承受热疲劳的零件。 排气管、变速箱体、汽缸盖、纺织机零件,液压件、钢锭模,某些小型烧结机蓖条等
RuT260	260	195	3.0	121～197	50	铁素体	强度一般,硬度较低,有较高的塑性、韧性和导热率,铸件需退火处理,适于制造受冲击和热疲劳的零件。 增压器废气进气壳体,汽车、拖拉机的某些底盘零件

7.6　可锻铸铁

可锻铸铁俗称马铁,是将一定成分的白口铸铁经过石墨化退火或氧化脱碳处理,获得具有团絮状石墨的铸铁。与灰铸铁相比,可锻铸铁具有较高的强度、塑性和韧性,所以又称展性铸铁,但实际上可锻铸铁并不可锻。

7.6.1　可锻铸铁的化学成分、组织与性能

可锻铸铁的化学成分一般为:$w_C=2.2\%\sim2.8\%$,$w_{Si}=1.2\%\sim1.8\%$,$w_{Mn}=0.4\%\sim1.2\%$,$w_P\leqslant0.1\%$,$w_S\leqslant0.2\%$。从化学成分看,可锻铸铁的碳、硅含量不高,可以保证在一般

冷却条件下获得完全白口组织，而又不出现一次渗碳体。但碳、硅含量也不能过低，否则会增加退火难度，延长生产周期。

可锻铸铁的组织是由基体和团絮状石墨组成的。按退火方法和基体组织的不同，可锻铸铁可分为两类：(1)黑心可锻铸铁(又称铁素体可锻铸铁)和珠光体可锻铸铁；(2)白心可锻铸铁。图7-7为黑心可锻铸铁和珠光体可锻铸铁的显微组织。

(a) 黑心可锻铸铁

(b) 珠光体可锻铸铁

图7-7 可锻铸铁的显微组织

可锻铸铁中的石墨呈团絮状，减弱了对基体的割裂作用和应力集中，因而具有较高的强度，并有一定的塑性和韧性，力学性能接近同类基体的球墨铸铁。

铁素体可锻铸铁韧性较高，具有一定的强度，常用于制造截面较薄、形状复杂、受冲击和振动的零件，如汽车、拖拉机的前后桥外壳、减速器壳、管接头、低压阀门等。

珠光体可锻铸铁韧性较低，但强度和硬度高，具有优良的耐磨性，常用于制造要求良好综合机械性能和较高耐磨性的零件，如曲轴、凸轮轴、连杆、活塞环等。

7.6.2 可锻铸铁的生产工艺

可锻铸铁的生产过程包括两个步骤。

第一步是浇铸完全白口铸件。铸件中不允许有石墨出现，否则在随后的退火过程中，由渗碳体分解的石墨将沿着已有的石墨片析出并长大，得不到团絮状石墨组织。

第二步是石墨化退火。首先将白口铸铁坯件加热到900～1 000 ℃，在此温度下经过长时间(20～30 h)保温，使渗碳体分解成奥氏体和团絮状石墨。然后在缓冷过程中，奥氏体将不断析出二次石墨，并依附在已形成的团絮状石墨上长大。达到共析转变温度范围时(750～720 ℃)，如果用极慢的冷却速度冷却，或者在略低于共析温度作长时间的保温(15～20 h)，奥氏体将进一步分解为铁素体和石墨，最终得到铁素体可锻铸铁，退火工艺见图7-8中的曲线①。由于铸件心部存在大量石墨，断口呈灰黑色，表层因退火时脱碳

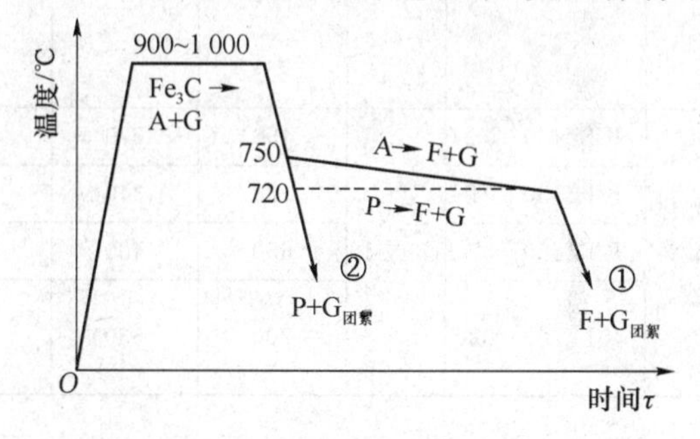

图7-8 可锻铸铁的石墨化退火工艺

而呈灰白色,故称为黑心可锻铸铁。

如果通过共析转变温度时的冷却速度较快,则共析转变时的石墨化过程被完全抑制,奥氏体转变为珠光体,最终获得珠光体可锻铸铁,退火工艺见图7-8中的曲线②。珠光体可锻铸铁只有第一期石墨化,退火周期大为缩短。

如果将白口铸铁件在氧化性气氛中退火,表面层完全脱碳,得到铁素体组织,而心部为珠光体和团絮状石墨组织,其心部为白亮色,表层为暗灰色,故称为白心可锻铸铁。我国目前以生产黑心可锻铸铁为主,白心可锻铸铁由于生产工艺复杂,性能又和黑心可锻铸铁差不多,一般很少采用。

7.6.3 可锻铸铁的牌号及用途

可锻铸铁的牌号以三个字母和其后的两组数字表示。其中前两个字母“KT”是“可铁”两字汉语拼音首位字母,表示可锻铸铁,第三个字母表示可锻铸铁的类别。“KTH”表示黑心可锻铸铁,“KTZ”表示珠光体可锻铸铁,“KTB”表示白心可锻铸铁。后面的两组数字分别表示最低抗拉强度(MPa)和最低伸长率(%)。

可锻铸铁的牌号、力学性能及用途见表7-4。

表7-4 可锻铸铁的牌号、力学性能及用途(摘自GB9440-88)

种类	牌号	试样直径/mm	力学性能				用途举例
			σ_b/MPa	$\sigma_{0.2}$/MPa	δ/%	HBS	
			不小于				
黑心可锻铸铁	KTH300-06	12或15	300	—	6	≤150	有一定的韧性和强度,气密性好;适用于承受低动载荷及静载荷、要求气密性好的工作零件,如管道配件、中低压阀门等
	KTH330-08		330	—	8		有一定的韧性和强度,适用于承受中等动载荷和静载荷的工作零件。如犁刀、犁柱、车轮壳;机床用的扳手及钢丝绳轧头等
	KTH350-10		350	200	10		有较高的韧性和强度,适用于承受较高的冲击、振动及扭转负荷下的工作零件。如汽车、拖拉机上的前后轮壳、差速器壳、转向节壳、制动器;农机上的犁刀、犁柱;铁道零件、冷暖器接头、船用电机壳等
	KTH370-12		370	—	12		
珠光体可锻铸铁	KTZ450-06	12或15	450	270	6	150~200	韧性低但强度高、硬度高、耐磨性好,可用来制作承受较高载荷、耐磨损并要求且有一定韧性的零件。如曲轴、凸轮轴、连杆、齿轮、摇臂、活塞环、轴承、犁刀、耙片、闸、万向接头、棘轮、扳手、传动链条、矿车轮等
	KTZ550-04		550	340	4	180~250	
	KTZ650-02		650	430	2	210~260	
	KTZ700-02		700	530	2	240~290	

可锻铸铁具有铁水处理简单，质量稳定，容易组织流水线生产等优点，在汽车、拖拉机等行业应用广泛，适用于制造形状复杂、承受冲击和振动的薄壁、中小型零件。

7.7 特殊性能铸铁

随着铸铁在现代工业中的应用日益广泛，除了力学性能外，对其他方面某些特殊的性能也提出了越来越高的要求，如耐热性、耐蚀性及耐磨性等。这些具有特殊性能的铸铁，通常采用在灰口铸铁和球墨铸铁的基础上加入合金元素的方法获得，所以也称为合金铸铁。与相似条件下使用合金钢相比，虽然力学性能较低、脆性较大，但其生产方便、成本低廉、性能良好，因而获得了广泛的应用。

根据其性能的不同，特殊性能铸铁主要有耐热合金铸铁、耐磨合金铸铁、耐蚀合金铸铁等三类。

7.7.1 耐磨铸铁

根据工作条件的不同，耐磨铸铁通常分为两类：一类是在润滑条件下工作的，失效形式通常为粘着磨损，要求具有小的摩擦系数和保持连续油膜的能力，如机床导轨、气缸套和活塞环等。这种耐磨铸铁也称为减磨铸铁。

另一类是在无润滑条件下工作的，失效形式通常为磨粒磨损，要求具有高而均匀的硬度，如犁铧、轧辊及球磨机零件等。这种铸铁也称为耐磨铸铁。

1. 减磨铸铁

在润滑条件下工作的零件，一般要求具有在软的基体上分布着硬的强化相的组织。软基体磨损后形成沟槽，可以保持油膜，以利润滑。珠光体灰铸铁中的铁素体为软基体，渗碳体为硬强化相，基本符合这一要求。同时石墨本身也是良好的润滑剂，能起一定的储油和润滑作用。

为了进一步提高珠光体灰铸铁的耐磨性，常加入少量的磷（$w_{Pb}=0.4\%\sim0.6\%$），磷和铁素体或珠光体形成磷化物共晶体，以断续网状形式分布，形成坚硬的骨架，使铸铁的耐磨性显著提高。由于有磷共晶的存在，使铸件的强度和韧性降低，因此，常加入铬、钼、钨、铜等合金元素，增加珠光体量，细化和改善组织，以进一步强化基体，提高铸铁的耐磨性。这种铸铁称为高磷耐磨铸铁。

减磨铸铁广泛用于机床导轨、汽缸套、发动机的汽缸和活塞环等零件的制造。

2. 耐磨铸铁

在干摩擦、磨粒磨损条件下工作的铸件，应有均匀的高硬度组织，如白口铸铁的基体组织为莱氏体，具有很高的硬度和耐磨性。耐磨铸铁主要有以下几种。

（1）激冷铸铁

白口铸铁具有均匀的高硬度，耐磨性很高，但由于脆性较大，一般仅适用于制造犁铧等承受冲击载荷不大的耐磨铸铁件。因此，生产中常在灰口铸铁的基础上适当降低硅的含量、加入适量的镍、铬等元素，并采用“激冷”的方法得到冷硬铸铁，即需要获得白口组织的表面采用金属型，其他部位采用砂型铸造。激冷处理后表面为白口组织，而心部为灰铸铁组织，铸件既有较高的耐磨性，又能承受一定的冲击载荷。激冷铸铁的牌号用“LT”表示，如 LTCrMoR 等，主要用于轧辊、车轮等铸铁件的制造。

(2) 抗磨白口铸铁

在白口铸铁的基础上加入较高含量的铬($w_{Cr}=7\%\sim30\%$)和一定量的钼、镍、铜等元素。热处理后,组织中除马氏体外,还有大量的残余奥氏体和$(Fe,Cr)_7C_3$等合金碳化物。这些合金碳化物硬度高、分布不连续,使铸铁在提高耐磨性的同时,韧性也得到改善。高铬抗磨白口铸铁的牌号用“KmTB”表示,如 KmTBMn5Mo2Cu 等,可用于球磨机衬板、砂浆泵、轧钢导板等铸件。

(3) 中锰耐磨铸铁

在稀土镁球墨铸铁的基础上,将锰含量提高到$w_{Mn}=5\%\sim9.5\%$,硅含量提高到$w_{Si}=4.0\%\sim4.8\%$,经球化处理和孕育处理,并适当控制冷却速度,从而获得马氏体、大量的残余奥氏体、$(Fe,Mn)_3C$合金渗碳体和球状石墨的组织,使铸铁具有较高的耐磨性和抗冲击能力。中锰耐磨铸铁的牌号用“KmTQ”表示,如 KmTQMn6 等,适用于犁铧、粉碎机锤头、球磨机的衬板、磨球等铸件。

7.7.2 耐热铸铁

铸铁的耐热性主要指它在高温下抗氧化和抗热生长的能力。铸铁在高温下除表面会发生氧化外,还会出现“热生长”现象,即铸铁的体积产生不可逆的长大。其原因是空气中的氧沿着石墨边界和裂纹渗入铸铁内部,生成密度小而体积大的氧化物,或与石墨作用生成气体以及在高温下渗碳体分解,析出密度小而体积大的石墨,从而导致铸铁体积长大,甚至表面产生裂纹,结果造成铸件报废。

为了提高铸铁的耐热性,可向铸铁中加入硅、铝、铬等合金元素。一方面使铸铁在高温下形成一层致密的SiO_2、Al_2O_3、Cr_2O_3等氧化膜,保护内层不被继续氧化;另一方面,这些元素还提高了铸铁的临界温度,使基体形成单相铁素体组织,在高温下不易产生石墨化过程,因此提高了铸铁的耐热性。球墨铸铁中的石墨呈球状,分布孤立、互不相连,不易形成氧气渗入的通道,所以耐热性好,耐热球墨铸铁就是在球墨铸铁的基础上改进而来的。

目前常用的耐热铸铁主要有:中硅耐热铸铁($w_{Si}=5\%\sim6\%$)、高铝耐热铸铁($w_{Al}=21\%\sim24\%$)、硅铝耐热铸铁($w_{Si}=4.4\%\sim5.4\%$,$w_{Al}=4\%\sim5\%$)、高铬耐热铸铁($w_{Cr}=32\%\sim36\%$)等。

(1) 中硅耐热铸铁,铸铁中$w_{Si}>5\%$,表面可形成一层致密的SiO_2氧化膜。基体为单相铁素体,临界温度A_{c1}提高到900 ℃以上,在600 ℃下工作具有良好的耐热性。由于铁素体中含有过饱和的硅,提高了铸铁的硬度,但也使脆性增大。为了提高其机械性能,常采用中硅球墨铸铁,其组织为在铁素体基体上均匀分布着球状石墨,既提高了机械性能,又保持了良好的耐热性。

(2)高铝耐热铸铁,铸铁中$w_{Al}=8\%$,表面形成一层致密的Al_2O_3氧化膜。基体为单相铁素体,临界温度进一步提高,可在700 ℃下长期工作。

耐热铸铁的牌号用“RT”表示,如 RTCr2 等,耐热球墨铸铁的牌号用“RTQ”表示,如 RTQAl6 等,可以用来代替耐热钢,制造加热炉底板、加热炉传送链构件、渗碳坩埚、热交换器等。

7.7.3 耐蚀铸铁

铸铁的耐蚀性是指在腐蚀性介质中的抗腐蚀能力。由于铸铁组织中存在石墨、渗碳体、铁素体等不同相,它们在电解质中的电极电位不同,形成微电池。其中铁素体的电极电位最低,因此作为阳极的铁素体被不断溶解而腐蚀。在铸铁中加入硅、铬、铝、钼、铜等合金元素,可提高基体的电极电位,降低与石墨、渗碳体等相的电位差;使基体成为单相铁素体,并减少石墨数量;在表面形成一层致密的保护膜,使铸铁不被继续腐蚀,从而提高铸铁的耐蚀能力。

目前常用的耐蚀铸铁主要有高硅耐蚀铸铁和高铬耐蚀铸铁。高硅耐蚀铸铁中$w_{Si}=10\%\sim18\%$,组织为硅合金铁素体+石墨+ Fe_3Si_2,在硝酸、硫酸等含氧酸中具有良好的抗蚀性。在碱性介质中工作的零件,可加入铜、镍、铬等合金元素,以改善其耐蚀性。高铬耐蚀铸铁中$w_{Cr}=26\%\sim36\%$,能形成 Cr_2O_3 保护膜,具有优良的耐蚀性。

耐蚀铸铁的牌号用“ST”表示,如 STSi15R 等,耐热球墨铸铁的牌号用“STQ”表示,如 STQAl5Si5 等,主要用来制作管道、阀门、泵及容器等,在化工部门应用广泛。

习 题

1. 什么是铸铁的石墨化?分哪几个阶段?影响石墨化的因素主要有哪些?
2. 灰铸铁铸铁薄壁处常出现高硬度层,切削加工困难,说明其产生原因及消除措施。
3. 根据基体组织的不同,灰铸铁可分为哪几类?
4. 对于灰铸铁来说,基体中珠光体数量越多,珠光体片越细,其强度越高。在生产上常用哪些方法增加铸铁中的珠光体数量?
5. 为什么铸铁的力学性能比钢低,但在工业生产上又广泛应用?
6. 什么是铸铁的孕育处理?孕育处理后铸铁的组织和性能有什么变化?
7. 球墨铸铁是怎样获得的?它与相同基体的灰铸铁相比,有哪些性能特点?
8. 灰铸铁为什么一般不进行淬火和回火,而球墨铸铁可以进行热处理?
9. 与灰铸铁和球墨铸铁相比,蠕墨铸铁在石墨形态和性能方面有哪些特点?
10. 为什么可锻铸铁适宜制造薄壁铸件,而球墨铸铁不适宜制造这种铸件?
11. 如何提高铸铁的耐热性能?
12. 说明下列铸铁牌号中符号和数字的意义:

    HT150 QT600-3 RuT340 KTH330-08 KTZ550-04 LTCrMoR RTQAl2 STQAl5Si5

第8章　非铁金属材料及硬质合金

除了钢铁材料(黑色金属)以外的所有金属材料统称为非铁金属材料(有色金属)。与钢铁材料相比,非铁金属材料具有良好的导电性和导热性,良好的塑性和韧性以及较低的密度和较高的比强度(即抗拉强度与密度的比值)等性能,所以在工业上被广泛应用。常用的有铝及铝合金、铜及铜合金、钛及钛合金和轴承合金。

8.1　铝及铝合金

8.1.1　工业纯铝

纯铝是银白色的轻金属,密度为 2.7 g/cm³,熔点为 660 ℃,具有面心立方晶格,无同素异晶转变。纯铝具有良好的导电性、导热性,仅次于银、铜、金。纯铝和氧的亲和力很大,在空气中表面会生成一层致密 Al_2O_3 薄膜,可以阻止纯铝的进一步氧化。

1. 工业纯铝的性能特点

纯铝的强度(σ_b=80～100 MPa)、硬度(20 HBS)很低,但塑性(δ=30%～50%)很好,通过冷变形强化可提高纯铝的强度(σ_b=150～250 MPa),但塑性有所下降。

工业纯铝的纯度为 98.7%～99.8%,并含有少量的铁和硅等杂质。杂质含量愈多,其导电性、导热性、耐蚀性及塑性愈差。

2. 工业纯铝的牌号表示方法

(1) 旧牌号

工业纯铝的加工产品的牌号由“L”(“铝”的汉语拼音字首)加数字组成。数字表示顺序号,序号数愈大,纯度愈低。如 L1 表示 1 号工业纯铝的加工产品,常用的牌号有 L1、L2、L3 等。加工产品的高纯铝的牌号用“LG”(“铝”和“高”的汉语拼音字首)加数字表示。数字表示顺序号,如 LG2 表示 2 号高纯铝的加工产品。

(2) 四位字符体系

根据 GB/T16474 — 1996 的规定,工业纯铝的牌号用 1××× 四位字符表示,“1”表示组别,纯铝;第二位为字母,表示原始纯铝的改型情况,如果字母为 A,表示为原始纯铝;后二位数字表示铝的最低含量小数点后的两位数字(用百分数表示)。如 1A97 表示的是最低铝含量为 99.97%的原始纯铝。

工业纯铝主要用于制造电线、电缆、通风系统零件、电线保护套管、垫片和配制合金等。

8.1.2　铝合金

由于纯铝的强度低,不宜制造承受较大载荷的结构零件。所以工业中广泛采用的铝合金,即是在工业纯铝中加入适量锌、硅、铜、镁、锰等合金元素制成的有较高强度的合金。若再经冷变形强化或热处理，强度还可以提高(σ_b＝500～600 MPa)。铝合金的比强度高，耐蚀性和切削加工性好，应用较广。

(1) 铝合金的分类

根据铝合金的成分和生产工艺特点不同，铝合金可分为形变铝合金和铸造铝合金两大类。

① 形变铝合金

如图 8－1 所示，凡成分在 *D* 点左边的合金，加热时能形成单相固溶组织，合金塑性较高，适于压力加工，称为形变铝合金。形变铝合金又分为能用热处理强化的和不能用热处理强化的铝合金两类，能用热处理强化的铝合金是指成分在 *F* 与 *D* 点之间的铝合金，其固溶体的成分随着温度的变化而变化，可用热处理来强化；不能用热处理强化的铝合金是指成分在 *F* 点左边的合金，其固溶体成分不随着温度的变化而变化，故不能用热处理强化。

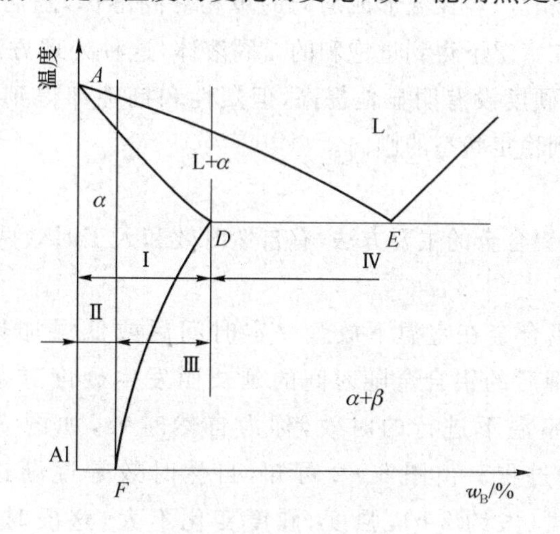

图 8－1　铝合金相图

② 铸造铝合金

成分在 *D* 点右边的合金，因具有共晶组织，塑性较差，不适于压力加工，但其熔点低，流动性好，适于铸造，故称铸造铝合金。

(2) 铝合金的牌号表示方法

铝合金有变形铝合金和铸造铝合金。

① 旧牌号

按 GB/T3190 — 82 的规定，变形铝合金的牌号是用两个大写的汉语拼音字母及数字来表示。其中，第一个字母为“L”表示铝合金；第二个字母表示合金的组别，(F——防锈铝合金，Y——硬铝合金，C——超硬铝合金、D——锻铝合金)；后面的数字表示顺序号。如 LF2 表示 2 号防锈铝合金，LY11 表示 11 号硬铝合金，LC4 表示 4 号超硬铝合金，LD8 表示 8 号锻铝合金。

铸造铝合金分为 Al－Si 系、Al－Cu 系、Al－Mg 系和 Al－Zn 系四类。铸造铝合金的代号用“铸铝”汉语拼音字首“ZL”加三位数字表示。第一位数字表示主要合金类别，即“1”表示铝-

硅系,“2”表示铝-铜系,“3”表示铝-镁系,“4”表示铝-锌系;第二、三位数字表示合金的顺序号。如:ZL102 表示 2 号铸造铝硅合金,ZL201 表示 1 号铸造铝铜合金。

② 四位字符体系

根据 GB/T16474 — 1996 的规定:用数字 2～9 加大写英文字母 B～Y(C、I、L、N、O、P、Q、Z 除外)和两位数字组成。第一位数字表示铝合金的组别,“2～8”分别表示 Cu、Mn、Si、Mg、Mg2Si、Zn 及其他元素;大写英文字母表示原始铝合金的改型情况(若为 A 表示原始合金);最后两位数字用来标识同一组中不同的铝合金。如 LD5 的四位字符体系为 2A50,LF21 的四位字符体系为 3A21 等。

8.1.3 铝合金的强化

1. 铝合金的固溶热处理

将铝合金加热到 α 单相区,经保温形成均匀的单相 α 固溶体,随后迅速水冷,使第二相来不及从 α 固溶体中析出,在室温下得到过饱和的 α 固溶体,这种处理方法称为固溶热处理。铝合金经固溶处理后强度和硬度没有明显地提高,但塑性和韧性却得到了改善,并且组织不稳定,有分解出强化相过渡到稳定状态的倾向。

2. 铝合金的时效

铝合金的时效是强化铝合金的主要方法,有自然时效和人工时效两种。

(1) 自然时效

将经过固溶处理的铝合金在室温下放置一定时间后或低温加热时,强度和硬度会明显提高。这种固溶热处理后的铝合金随时间的延长而发生硬度和强度升高的现象,称为时效(即时效强化)。在室温下进行的时效,称为自然时效,如图 8－2 所示为含铜量为 4%的铝铜合金自然时效过程。由图 8－2 可知,自然时效是逐渐进行的,固溶热处理后的铝合金在时效初始阶段(大约 2 h),强度、硬度变化不大,这段时间称为“孕育期”。在孕育期内铝合金的塑性较好,易于进行各种冷变形加工(如铆接、弯曲等)。超过孕育期后,强度、硬度迅速增高,在 5～15 h 内硬度、强度升高的速度最快,经 4～5 昼夜后强度达到最大值,再延长时效的时间,铝合金的强度不再变化。所以自然时效只是在一定时间内进行的。

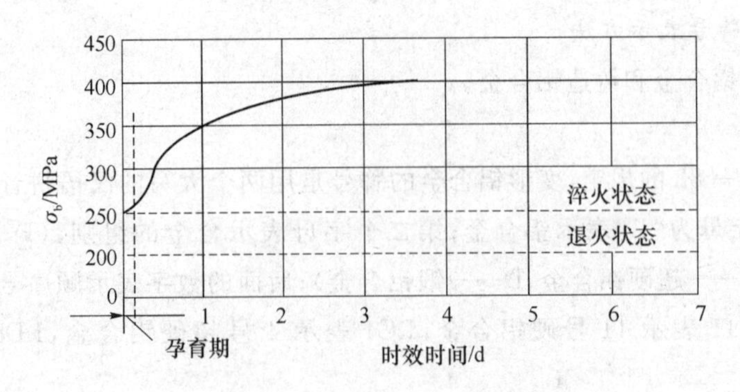

图 8－2 含铜 4%的铝合金的自然时效曲线

(2) 人工时效

在加热条件下进行的时效，称为人工时效。图 8-3 表示的是人工时效的温度与强度之间的关系。从图 8-3 可知，人工时效的强化效果主要与加热温度有关，即时效温度愈高，时效进行的速度愈快，合金达到其最高强度的时间愈短，但其强度愈低。但时效温度过高，或时间过长，合金会出现软化的现象，即过时效处理。如果时效的温度过低，则原子的扩散能力减弱，时效进行的速度非常缓慢。如将固溶热处理后的铝合金在低于室温下(例如－50 ℃)长期放置，其力学性能基本无变化。对于在使用过程中容易发生变形的铝合金零件(如铆钉等)在修复和校直时要求较好的塑性，应对其进行回归处理恢复其塑性。即将已经时效强化的铝合金，重新加热到 200～270 ℃经短时间的保温，然后在水中急冷，使合金恢复到固溶处理状态的处理方法。

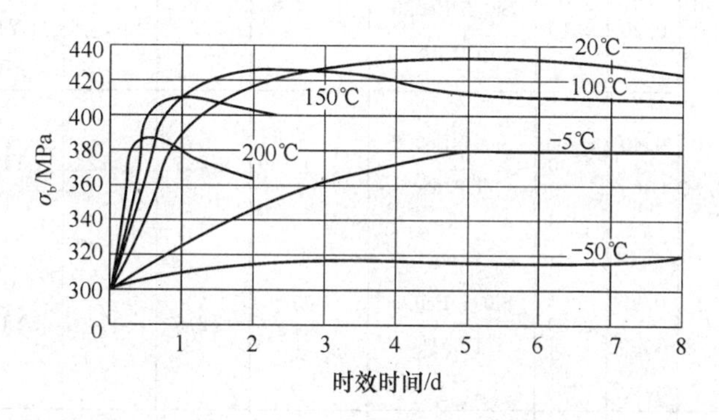

图 8-3　人工时效温度对强度的影响

8.1.4　变形铝合金

按性能特点和用途，变形铝合金可分为防锈铝合金、硬铝合金、超硬铝合金和锻铝合金等四种。

1. 防锈铝合金

防锈铝合金属于 Al-Mn 或 Al-Mg 系合金。常用的有 5A05、3A21 等。

防锈铝合金属于不能用热处理强化的铝合金，只能用冷变形强化。防锈铝合金的强度、硬度较低，耐蚀性、塑性和焊接性良好，但切削加工性较差，主要用于制造高耐蚀性的构件(如窗框、灯具和油箱等)、薄板容器、管道及需要弯曲或冷拉伸的零件和制品。

2. 硬铝合金

硬铝合金属于 Al-Cu-Mg 系合金，可用热处理(淬火和时效处理)来强化。常用的有 2A01、2A11、2A12 等，由于密度小，比强度(接近高强度钢)高，所以称为硬铝。

2A01、2A10 是低合金硬铝，强度低、塑性好，时效速度慢，淬火后孕育期长，剪切强度高。常用于制作铆钉，有“铆钉硬铝”之称。

2A11 是标准硬铝，它是使用最早，应用较广的铝合金。由于它的时效强化效果好，退火后加工性能良好。主要用于形状较复杂、载荷较轻的结构件。

常用形变铝合金的牌号、化学成分、力学性能及用途见表 8-1。

表8-1 常用变形铝合金的代号、成分、力学性能及用途

(摘自GB/T 3190－2008、GB/T 3880－2006、GB/T 3191－1998)

组别	牌号	化学成分/%					试样状态	力学性能		曾用牌号	用途
		Cu	Mg	Mn	Zn	其他		σ_b/MPa	δ_{10}/%		
防锈铝	5A05	0.10	4.8～5.5	0.30～0.6	0.20	Si0.5 Fe0.5	H112	≥265	≥14	LF5	焊接油箱、油管、焊条、铆钉及中载零件
	3A21	0.20	0.05	1.0～1.6	0.10	Si0.6 Fe0.7 Ti0.15	H112	≥120	≥16	LF21	焊接油箱、油管、铆钉及轻载零件
硬铝	2A01	2.2～3.0	0.20～0.50	0.20	0.10	Si0.5 Fe0.5 Ti0.15	—	—	—	LY1	工作温度不超过100 ℃,常用作铆钉
	2A11	3.8～4.8	0.40～0.80	0.40～0.8	0.30	Si0.7 Fe0.7 Ti0.15	0	≤235	≥12	LY11	中等强度结构件,如骨架、螺旋浆、叶片和铆钉等
	2A12	3.8～4.9	1.2～1.8	0.30～0.90	0.30	Si0.5 Fe0.5 Ti0.15	0	≤215	≥14	LY12	高强度结构件、航空模件锻件及150℃以下工作零件
超硬铝	7A04	1.4～2.0	1.8～2.8	0.20～0.60	5.0～7.0	Si0.5 Fe0.5 Cr0.10～0.25 Ti0.10	0	≤245	≥11	LC4	主要受力构件,如飞机大梁、桁架等
							T6	≥490	≥7	—	
							T62	≥490	≥7		
锻铝	6A02	0.20～0.6	0.45～0.90	或Cr0.15～0.35	0.20	Si0.5～1.2 Ti0.15 Fe0.5	T6	≥295	≥8	LD2	形状复杂、中、低强度的锻件
	2A50	1.8～2.6	0.40～0.80	0.40～0.80	0.3	Si0.7～1.2 Ti0.15Fe0.7	—	—	—	LD5	形状复杂、中等强度的锻件

2A12是高合金硬铝,时效强化效果好,强度、硬度高,但塑性和焊接性较差。主要用于高强度的结构件及150 ℃以下工作的机械零件。

硬铝的固溶热处理温度范围很窄,抗蚀性差,尤其不耐海水腐蚀。常用包覆纯铝的方法来提高其耐蚀性。

3. 超硬铝合金

超硬铝合金属于Al－Cu－Mg－Zn系合金。常用的有7A03、7A04等。在铝合金中,超硬铝合金的时效强化效果最好,其强度、硬度均高于硬铝,比强度接近超高强度钢,故称超硬铝。但耐蚀性较差,且温度>120 ℃时就会软化。超硬铝主要用作要求重量轻而受力较大的结构件,如飞机大梁、起落架等。

4. 锻铝合金

锻铝合金属于Al－Cu－Mg－Si系和Al－Cu－Mg－Ni－Fe系合金。常用的有2A50、

6A02 等。其力学性能与硬铝相近，但热塑性、耐蚀性较高，适于锻造，故称锻铝。主要用于比强度要求较高的锻件。通常采用固溶热处理和人工时效来提高强度。

8.1.5　铸造铝合金

1. 铝硅合金

铝-硅系铸造铝合金通常称硅铝明。这类铝合金具有良好的铸造性能，其流动性好，收缩及热裂倾向小，熔点低，采用铸造方法生产。由于其密度小，又具有一定的强度和良好的耐蚀性，所以应用最广泛。其中最常用的是 ZL102，它是典型的铝硅合金，属于共晶成分，是简单硅铝明。其铸造组织是硅溶入铝中形成的 α 固溶体和粗大针状硅晶体组成的共晶体(α+Si)，如图 8－4(a)所示，这种组织铸造性能良好，但强度和韧性都较差。为提高其力学性能，常采用变质处理，即在浇注前向合金液中加入占合金液重量 2%～3% 的变质剂(常用 1/3NaCl +2/3NaF 的混合盐)，停留一定时间后浇入铸型。因变质剂使共晶点移向右下方，因而使合金处于亚共晶相区，硅晶体变为细小颗粒状，均匀分布在铝的基体上，形成了具有良好塑性的初晶 α 相，即 α 固溶体。故变质处理后获得的是亚共晶组织，如图 8－4(b)所示。图中暗色基体为细粒状共晶体，亮色晶体为初晶 α 固溶体。变质处理后合金的强度和韧性等力学性能显著提高。但 ZL102 致密性较差，且不能热处理强化。为提高硅铝明的强度，常加入能产生时效硬化的铜、镁等合金元素，称此合金为特殊硅铝明。这种合金在变质处理后，还可通过固溶热处理和时效硬化，进一步强化合金。硅铝明用于制造重量轻、形状复杂、耐蚀，但强度要求不高的结构件，如内燃机活塞、汽缸体等。常用铸造铝合金的牌号、化学成分和用途见表 8－2。

2. 其他铸造铝合金

(1) 铸造铝铜合金

铸造铝铜合金的耐热性好，可进行时效硬化，但铸造性能和耐蚀性差，主要用来制造高温条件下不受冲击和要求较高强度的零件，常用代号有 ZL201、ZL202 等。

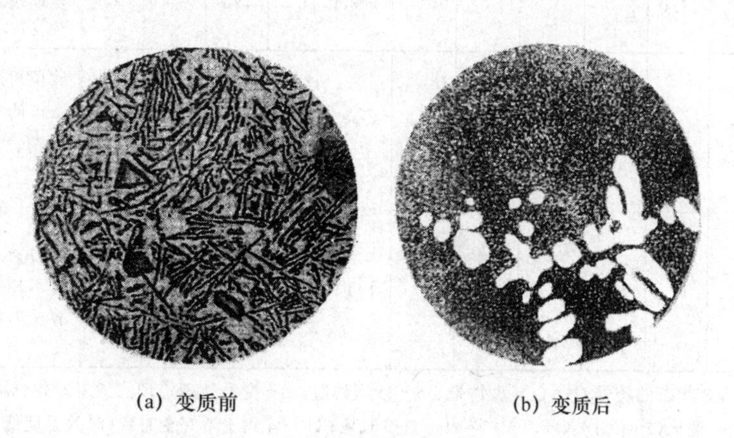

(a) 变质前　　(b) 变质后

图 8－4　ZL102 的铸态组织

表 8-2 常用铸造铝合金的代号、化学成分、力学性能及用途(摘自 GB/T 1173-1995)

类别	合金代号与牌号	化学成分(余量为 Al)/%						铸造方法与合金状态①	力学性能(不低于)			用途
		Si	Cu	Mg	Mn	Zn	Ti		σ_b /MPa	δ_5 /%	HBS (5/250 /30)	
铝硅合金	ZL101 ZAlSi7Mg	6.5~ 7.5	—	0.25~ 0.45	—	—	—	J,T5 S,T5	205 195	2 2	60 60	形状复杂的砂型、金属型和压力铸造零件,如飞机、仪器的零件,抽水机的壳体,工作温度不超过 185 ℃的汽化器等
	ZL102 ZAlSi12	10.0~ 13.0	—	—	—	—	—	J,F SB,JB,F SB,JB,T2	155 145 135	2 4 4	50 50 50	形状复杂的砂型、金属型和压力铸造零件,如仪表、抽水机壳体,工作温度在 200 ℃以下,要求气密性承受低载荷的零件
	ZL105 ZAlSi5Cu1 Mg	4.5~ 5.5	1.0~ 1.5	0.4~ 0.6	—	—	—	J,T5,S,T5 S,T6	235 195 225	0.5 1.0 0.5	70 70 70	砂型、金属型和压力铸造的形状复杂、在 225 ℃以下工作的零件,如风冷发动机的气缸头、机闸、液压泵客体等
	ZL108 ZAlCu2Mg	11.0~ 13.0	1.0~ 2.0	0.4~ 1.0	0.3~ 0.9	—	—	J,T1 J,T6	195 225		85 90	砂型、金属型铸造的、要求高温强度及低膨胀系数的高速内燃机活塞及其他耐热零件
铝铜合金	ZL201 ZAlCu5 MnA	—	4.5~ 5.3	—	0.6~ 1.0	—	0.15~ 0.35	S,T4 S,T5	295 335	8 4	70 90	砂型铸造在 175~300 ℃以下工作的零件,如支臂、挂架梁、内燃机气缸头、活塞等
	ZL202 ZAlCu10	—	9.0~ 11.0	—	—	—	—	S,J S,J,T6	110 170	— —	50 100	形状简单、对表面粗糙度要求较高的中等载荷零件
铝镁合金	ZL301 ZAlMg10	—	—	9.5~ 11.5	—	—	—	J,S,T4	280	10	60	砂型铸造在大气或海水中工作的零件,承受大震动载荷,工作温度不超过 150 ℃的零件
铝锌合金	ZL401 ZAlZn11Si7	6.0~ 8.0	—	0.1~ 0.3	—	9.0~ 13.0	—	J,T1 S,T1	245 195	1.5 2	90 80	压力铸造的零件,工作温度不超过 200 ℃,结构形状复杂的汽车、飞机零件

注:铸造方法与合金状态的符号:J—金属型铸造; S—砂型铸造; B—变质处理; T1—人工时效(铸件快冷后进行,不进行淬火); T2—退火(290±10 ℃); T4—淬火+自然时效; T5—淬火+不完全时效(时效温度低,或时间短); T6—淬火+完全人工时效(约 180 ℃,时间较长); F—铸态。

（2）铸造铝镁合金

铸造铝镁合金的强度较高、耐蚀性好、密度小（<2.55 g/cm³），但时效强化效果甚微，其铸造性能差，耐热性较低，易产生热裂和疏松。主要用于制造在腐蚀性介质中工作的零件，常用代号有 ZL301、ZL302 等。

（3）铸造铝锌合金

铸造铝锌合金的铸造性能好，经变质处理和时效处理后强度较高，但耐蚀性、耐热性较差。铸造铝锌合金的价格便宜，主要用于制造结构形状复杂的仪器零件、汽车零件，常用代号有 ZL401、ZL402 等。

8.2　铜及铜合金

8.2.1　工业纯铜

纯铜由于表面极易被氧化形成紫红色的 Cu_2O，所以又称红铜（或紫铜），密度为 8.96 g/cm³，熔点为 1 083 ℃，具有面心立方晶格，无同素异晶转变。纯铜具有优良的导电性、导热性和耐蚀性，并且塑性（δ=40%～50%）和韧性好，但强度低（仅为 σ_b=230～250 MPa），硬度很低（100～120 HBS）。可用冷变形强化提高强度和硬度，但塑性降低。例如，当变形度为 50%时，硬度为 100～200 HBS，强度为 σ_b=400～430 MPa，塑性下降至 1%～2%。所以，在纯铜的冷变形过程中应进行适当的中间退火，以恢复其塑性。

工业用纯铜的质量分数为 99.70%～99.95%，工业纯铜的代号用“T”（“铜”字汉语拼音字首）加顺序号表示，共有四个代号：T1、T2、T3、T4。序号愈大，纯度愈低，导电性愈差。

纯铜广泛用于制造电线、电缆、电刷、铜管、铜棒及配制合金，不宜制造受力的结构零件。

8.2.2　铜合金

由于工业纯铜的强度和硬度低，不能满足工程上的需要，在工业上应用的主要是铜合金，即在工业纯铜的基础上加入一些合金元素（如锌、镍、铝、锰、铍和锡等）。

1. 铜合金的分类

按所加的合金元素不同，铜合金可分为黄铜（铜-锌合金）、白铜（铜-镍合金）和青铜（铜-除锌、镍以外的其他元素）；按生产方法不同，铜合金可分为铸造铜合金和压力加工铜合金。生产中使用较广的是黄铜和青铜。

2. 铜合金的牌号表示方法

（1）压力加工铜合金的牌号表示方法。

① 黄铜的牌号表示方法

黄铜分为普通黄铜和特殊黄铜。普通黄铜的牌号采用“H”（“黄”字的汉语拼音字首）加数字表示。数字表示平均铜的质量分数（用百分数表示），如 H68 表示铜的质量分数为 68%，其余为锌的普通黄铜。特殊黄铜牌号依次有“H”、主加合金元素符号、铜的平均质量分数（用百分数表示）、主加合金元素平均质量分数（用百分数表示）组成。如 HSn62－1 表示平均铜含量为 62%、锡含量为 1%，其余为锌含量的锡黄铜。

② 白铜的牌号表示方法

白铜分为普通白铜和特殊白铜。普通白铜的牌号由代号“B”(“白”字的汉语拼音字首)和数字(镍的平均质量百分数)组成,如B30表示的是镍的平均质量分数为30%的白铜。特殊白铜的牌号由“B”(“白”字的汉语拼音字首)、其他化学元素符号(第二主加元素的元素符号)、第一主加元素镍的平均质量分数(用平均百分数来表示)和第二主加元素的质量分数(用百分数来表示)组成,如BMn43-0.5表示镍的平均质量分数为43%、锰的平均质量分数为0.5%的锰白铜。

③ 青铜的牌号表示方法

青铜可分为锡青铜和无锡青铜。青铜的牌号依次由“Q”(“青”字汉语拼音字首)、主加元素符号及其平均质量分数(用百分数表示)和其他元素的平均质量分数(用百分数表示)组成。如QSn4-3表示平均锡的质量分数为4%、锌的质量分数为3%,其余为铜的锡青铜;QBe2表示平均铍的质量分数为2%,其余为铜的铍青铜。

(2) 铸造铜合金的牌号表示方法

① 铸造黄铜的牌号表示方法

其牌号由“Z”(“铸”字汉语拼音字首)、铜与合金元素符号及该合金元素平均质量分数(用百分数表示)组成。如ZCuZn38是常用铸造普通黄铜,表示平均铜含量为62%,锌含量为38%的铸造普通黄铜。铸造特殊黄铜牌号依次由“Z”(“铸”字汉语拼音字首)、铜和合金元素符号、合金元素平均质量分数的百分数组成。如ZCuZn16Si4表示平均锌含量为16%、硅含量为4%,其余为铜的铸造硅黄铜。

② 铸造青铜的牌号表示方法

其牌号由“Z”(“铸”字汉语拼音字首)、铜与合金元素符号及该合金元素平均质量分数(用百分数表示)组成。如ZCuSn10Zn2表示平均锡的质量分数为10%、锌的质量分数为2%,其余为铜的铸造锡青铜。

3. 黄　铜

黄铜是以锌为主要添加元素的铜合金,按其成分不同,分为普通黄铜和特殊黄铜。按加工方法不同分为压力加工黄铜和铸造黄铜。

(1) 普通黄铜

① 普通黄铜的成分、组织和性能

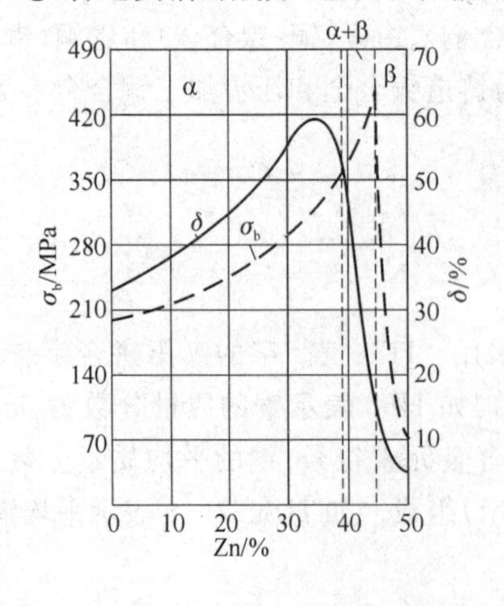

图8-5　黄铜的含锌量与组织和性能的关系

普通黄铜是由铜和锌组成的二元合金。加入锌可提高合金的硬度、强度和塑性,还可以改善铸造性能。黄铜的含锌量与组织和力学性能的关系如图8-5所示。在平衡状态下,当锌的质量分数小于32%时,锌可全部溶入铜中,室温下形成锌在铜中的单相α固溶体,单相α黄铜的塑性和韧性好,适于冷变形加工;随着锌的质量分数的增加,其强度升高,塑性也升高,当锌的质量分数达到32%时,黄铜的塑性达到最高值;当锌的质量分数>32%以后,其室温组织中出现了硬而脆的β相,随着锌的质量分数的增加,其强度继续升高,但塑性已开始下降;当锌的质量分数达到32%~45%时,普通黄铜室温组织为α固溶体与硬而脆的β相（以CuZn为基的固容体）组成的两相组织，随含锌量的增加，强度增加，但塑性下降，不宜冷变形加工，但高温下塑性好，可进行热变形加工；当锌含量大于45%时，黄铜组织全部是β相，甚至出现γ相（以Cu_5Zn_8为基本的固溶体），强度与塑性急剧下降，脆性很大，已无使用意义。当普通黄铜锌的质量分数小于7%时，耐大气和海水的腐蚀性好，但当锌的质量分数大于7%时（特别是>20%），若经冷变形加工后有残余应力存在，则在大气或海水中，特别是含有氨的环境中，容易产生应力腐蚀导致开裂（也称季裂）。为消除应力，应对冷变形加工后的黄铜进行去应力退火（250～300 ℃，保温1～3 h）。

② 常用的黄铜牌号及用途

常用的加工黄铜的牌号、化学成分、力学性能和用途见表8-3。常用的单相黄铜主要有H70、H68，组织为单相α固溶体，强度较高，塑性较好，适用于冷、热塑性变形加工，主要适于用冲压方法制造形状复杂、要求耐蚀性较高的零件，如弹壳、冷凝器等；H62、H59为双相黄铜（α+β），其强度较高，有一定的耐蚀性，但在室温下，其塑性和韧性较差，不适于冷变形加工，但在高温下具有良好的塑性和韧性，可进行热变形加工，广泛用于制作热扎、热压的零件。

表8-3　常用加工黄铜的代号、成分、力学性能及用途（摘自GB/T 2040—2008、GB/T 5231—2001）

组别	代号或牌号	化学成分/%			力学性能			主要用途
		Cu	Pb	其他	σ_b/MPa	δ/%	HBS	
普通黄铜	H90	88.0～91.0	0.03	余量Zn	450	3	—	双金属片、供水和排水管、证章、艺术品（又称金色黄铜）
	H85	84.0～97.0	0.03	余量Zn	550	4	126	冷凝器管，冷却设备制件、蛇形管等
	H70	68.5～71.5	0.03	余量Zn	660	3	150	弹壳、造纸用管、机械电器零件
	H68	67.0～70.0	0.03	余量Zn	660	3	150	复杂的冷冲压件、散热器外壳、弹壳、导管、波纹管、轴套
	H62	60.5～63.5	0.08	余量Zn	500	3	164	销钉、铆钉、螺钉、螺母、垫圈、弹簧、夹线板
	H59	57.0～60.0		余量Zn	500	10	103	机械电器零件，焊接件、热冲压件
特殊黄铜	HSn62-1	61.0～63.0		0.7～1.1Sn 余量Zn	700	4	—	与海水和汽油接触的船舶零件（又称海军黄铜），热电厂高温的耐腐蚀的冷凝管
	HSi80-3	79.0～81.0		2.5～4.5Si 余量Zn	700	15	—	船舶零件，在海水、淡水和蒸汽（<265 ℃）条件下工作的零件
	HMn58-2	57.0～60.0		1.0～2.0Mn 余量Zn	700	10	—	在海水、过热蒸气和氯化物中有较高的耐腐蚀性，主要用于海轮制造业和精密电器用零件
	HPb59-1	57.0～60.0	0.8～0.9	0.8～1.9Pb 余量Zn	650	16	140	热冲压及切削加工零件，如销、螺钉、螺母、轴套（又称易削黄铜）
	HSn60-1	59.0～61.0		余量Zn	700	4	—	船舶焊接结构用的焊条
	HAl60-1-1	58.0～61.0		0.7～1.5Al 余量Zn	750	8	180	齿轮、涡轮、衬套、轴及其他耐腐蚀零件

铸造黄铜是指适用于铸造的普通黄铜，常用的普通铸造黄铜为ZCuZn38，主要用于耐蚀件和一般结构件。铸造黄铜的熔点低于纯铜，铸造性能好，且组织致密。

(2) 特殊黄铜

① 在普通黄铜中加入硅、锡、铝、铅、锰、铁等合金元素所形成的合金，称为特殊黄铜。加入的合金元素均可提高黄铜的强度，锡、铝、铅、硅、锰还可以提高耐蚀性和减少“季裂”，铅可改善切削加工性和耐磨性，硅能改善铸造性能，铁可细化晶粒。

② 特殊黄铜分为压力加工和铸造用两种。前者加入的合金元素较少。后者因不要求有很高的塑性，为提高强度和铸造性能，可加入较多的合金元素。

常用的铸造黄铜的牌号、化学成分、力学性能和用途见表8-4。

表8-4 常用的铸造黄铜的牌号、化学成分、力学性能及用途

类别	牌号	化学成分/%				铸造方法	力学性能			用途举例
		Cu	Al	Mn	其他		σ_b/MPa	δ/%	HBS	
普通铸造黄铜	ZCuZn38	60.0～63.0			余量Zn	S J	285 295	30 30	60 70	一般结构件和耐蚀零件，如法兰盘、阀座、支架、手柄、螺母等
铸造铝黄铜	ZCuZn25Al6Fe3Mn3	60.0～66.0	4.5～7.0	1.5～4.0	Fe2.0～4.0 余量Zn	S J	725 740	10 7	160 170	高强度的耐磨零件，如桥梁支撑板、螺母、螺杆、滑块、涡轮等
	ZCuZn31Al2	66.0～68.0	2.0～3.0		余量Zn	S J	295 390	12 15	80 90	适于压力铸造零件，如电机、仪表等压力铸造件，机械制造业的耐腐蚀件
铸造锰黄铜	ZCuZn38Mn2Pb2	57.0～60.0		1.5～2.5	Pb1.5～2.5 余量Zn	S J	245 345	10 18	70 70	一般用途的结构件，如套筒、衬套、轴瓦、滑块
	ZCuZn40Mn2	57.0～60.0		1.0～2.0	余量Zn	S J	345 390	42 25	80 90	在空气、水、海水、蒸气和流体燃料中工作的零件和阀体、泵体、管接头等
	ZCuZn40Mn3Fe1	53.0～58.0		3.0～4.0	Fe0.5～1.5 余量Zn	S J	440 490	18 15	100 110	耐海水腐蚀的零件以及在300℃以下工作的管配件等

注：S—砂型铸造，J—金属型铸造。

4. 白 铜

白铜是以镍为主加元素的铜合金，呈银白色，有金属光泽，故名白铜。铜与镍在固态下能无限互溶，因而白铜的组织为单相固溶体，加入其他元素一般也不改变其组织特征。白铜与其他铜合金相比，具有较高的强度、硬度、塑性、电阻和很小的电阻温度系数，良好的耐蚀性。主要用于制造电热元件、热电偶、变压器、电工测量器材、精密仪器和医疗器材等。白铜按化学成分可分为普通白铜和特殊白铜(含有合金元素的白铜)。

(1) 普通白铜

普通白铜是由铜和镍组成的二元合金，镍的含量一般为25%以上，加入镍能显著提高白铜的强度、耐蚀性、硬度、塑性、电阻和热电性，并降低电阻温度系数。因此白铜较其他铜合金的力学性能及物理性能都好，色泽美观、耐腐蚀、富有深冲性能。常用的牌号有B19、B25、B30等。广泛应用于造船、石油化工、电器、仪表、医疗器械和装饰工艺品等领域，并且还是重要的电阻及热电偶合金。

（2）特殊白铜

特殊白铜是在普通白铜的基础上，加入铁、锰、锌、铝等合金元素形成的，分别称为铁白铜、锰白铜、锌白铜和铝白铜等。

① 铁白铜：常用铁白铜的牌号有 BFe5－1.5－0.5、BFe10－1－1、BFe30－1－1 等。铁白铜中铁的加入量不超过 2%以防腐蚀开裂，其特点是强度高，抗腐蚀性好，特别是抗流动海水的能力可明显提高。

② 锰白铜：常用锰白铜的牌号有 BMn 3－12（锰铜）、BMn 40－1.5（康铜）、BMn 43－0.5（考铜）等。锰白铜具有低的电阻温度系数，可在较宽的温度范围内使用，耐腐蚀性好，还具有良好的加工性。这类合金具有高的电阻率和低的电阻温度系数，适于制作标准电阻元件和精密电阻元件，是制造精密电工仪器、变阻器、仪表、精密电阻、应变片等用的材料；康铜和考铜的热电势高，还可用作热电偶和补偿导线。

③ 锌白铜：常用锌白铜的牌号有 BZn18－18、BZn18－26、BZn15－12－1.8 等。锌白铜具有优良的综合力学性能，耐腐蚀性优异，冷热加工成型性好，易切削，可制成线材、棒材和板材，用于制造仪器、仪表、医疗器械、日用品和通信等领域的精密零件。

④ 铝白铜：常用铝白铜的牌号有 BAl13－3、BAl16－1.5 等。它是以铜镍合金为基加入铝形成的合金。合金性能与合金中镍量和铝量的比例有关，当质量分数 Ni∶Al＝10∶1 时，合金性能最好。主要用于造船、电力和化工等工业部门中各种高强度的耐蚀件。

5. 青　铜

除黄铜和白铜以外的其他铜合金称为青铜，其中含有元素锡的称为锡青铜，不含元素锡的称为无锡青铜（也称特殊青铜）。按化学成分和工艺特点，又分为压力加工青铜和铸造青铜两类。常用加工青铜和铸造青铜的牌号、化学成分、力学性能和用途见表 8－5 和 8－6。

表 8－5　常用加工青铜的代号、成分、性能及用途（GB/T 5231－2001）

类别	代号	化学成分/%		力学性能			用途举例
		主加元素	其他	σ_b/MPa	δ/%	HBS	
锡青铜	QSn4－3	Sn3.5～4.5	Zn2.7～3.3	550	4	160	弹性元件，化工机械耐磨零件和抗磁零件
	QSn4－4－2.5	Sn3.0～5.0	Zn3.0～5.0 Pb1.5～3.5	600	2～4	160～180	航空、汽车、拖拉机用承受摩擦的零件，如轴套等
	QSn4－4－4	Sn3.0～5.0	Zn3.0～5.0 Pb3.5～4.5	600	2～4	160～180	航空、汽车、拖拉机用承受摩擦的零件，如轴套等
	QSn6.5－0.1	Sn6.0～7.0	Zn0.3 P0.1～0.25	750	10	160～200	弹簧接触片，精密仪器中的耐磨零件和抗磁零件
铝青铜	QAl5	Al4.0～6.0	Mn Zn Ni Fe 各 0.5	750	5	200	弹簧
	QAl9－2	Al8.0～10.0	Mn1.5～2.5 Zn1.0	750	4～5	160～200	海轮上的零件，250 ℃以下工作的管配件和零件
	QAl9－4	Al8.0～10.0	Fe2.0～4.0 Zn1.0	900	5	160～200	船舶零件和电气零件
	QAl10－3－1.5	Al8.5～10.0	Fe2.0～4.0 Mn1.0～2.0	800	9～12	160～200	船舶用高强度耐磨零件，如齿轮、轴承

续表 8-5

类别	代号	化学成分/%		力学性能			用途举例
		主加元素	其他	σ_b/MPa	δ/%	HBS	
硅青铜	QSi3-1	Si2.7~3.5	Mn1.0~1.5 Zn0.5	700	1~5	180	弹簧、耐蚀零件以及蜗轮、蜗杆、齿轮、制动杆等
硅青铜	QSi1-3	Si0.6~1.1	Si2.4~3.4 Mn0.1~0.4	600	8	150~200	发动机和机械制造中的机构件,300 ℃以下工作的摩擦零件
铍青铜	QBe2	Be1.8~2.1	Ni0.2~0.5	1 250	24	330	重要的弹簧和弹性元件,耐磨零件以及高压、高速、高温轴承

表 8-6　常用铸造青铜的牌号、成分、性能及用途(GB/T 1176-1987)

类别	牌号(旧牌号)	化学成分/%			铸造方法	力学性能			用途举例
		主加元素	其他			σ_b/MPa	δ/%	HBS	
铸造锡青铜	ZCuSn3Zn8Pb5Ni1 (ZQSn3-7-5-1)	Sn2.0~4.0	Zn6.0~9.0 Pb4.0~7.0 Ni0.5~1.5	Cu余量	S J	157 215	8 10	60 71	在各种液体燃料、海水、淡水和蒸汽(<225 ℃)中工作的零件、压力小于2.5 MPa的阀门和管配件
铸造锡青铜	ZCuSn3Zn11Pb4 (ZQSn3-12-5)	Sn2.0~4.0	Zn9.0~13.0 Pb3.0~6.0	Cu余量	S J	175 215	8 10	60 65	海水、淡水和蒸汽中、压力小于2.5 MPa的阀门和管配件
铸造锡青铜	ZCuSn5Pb5Zn5 (ZQSn5-5-5)	Sn4.0~6.0	Zn4.0~6.0 Pb4.0~6.0	Cu余量	S J	200 200	13 13	70 90	在较高负荷、中等滑动速度下工作的耐磨、耐蚀零件,如轴瓦、缸套、活塞、离合器和蜗轮等
铸造锡青铜	ZCuSn10Pb1 (ZQSn10-1)	Sn9.0~11.5	Pb0.5~1.0	Cu余量	S J	220 310	3 2	90 115	在高负荷、高滑动速度下工作的耐磨、耐蚀零件,如连杆、轴瓦、缸套、衬套和蜗轮等
铸造铅青铜	ZCuPb10Sn10 (ZQPb10-10)	Pb8.0~11.0	Sn9.0~11.0	Cu余量	S J	180 220	7 5	62 65	表面压力高、又存在侧压的滑动轴承、轧辊、车辆轴承及内燃机的双金属轴瓦等
铸造铅青铜	ZCuPb17Sn4Zn4 (ZQPb17-4-4)	Pb14.0~20.0	Sn3.5~5.0 Zn2.0~6.0	Cu余量	S J	150 175	5 7	55 60	一般耐磨件、高滑动速度的轴承等
铸造铅青铜	ZCuPb30 (ZQPb30)	Pb27.0~33.0	Cu余量		S J	—	—	40	高滑动速度的双金属轴瓦、减摩擦零件等
铸造铝青铜	ZCuAl8Mn13Fe3 (ZQAl8-13-3)	Al7.0~9.0	Mn12.0~14.5	Cu余量	S J	600 650	15 10	160 170	重型机械用轴套及要求强度高、耐磨、耐压零件,如衬套、法兰、阀体和泵体等
铸造铝青铜	ZCuAl8Mn13Fe3Ni2 (ZQAl8-13-3-2)	Al7.0~8.5	Ni1.8~2.5 Fe2.5~4.0 Mn11.5~14.0	Cu余量	S J	645 670	20 18	160 170	要求强度高耐蚀的重要铸件,如船舶螺旋桨、高压阀体及耐压、耐磨零件如蜗轮、齿轮等
铸造铝青铜	ZCuAl9Mn2 (ZQAl9-2)	Al8.0~10.0	Mn1.5~2.5	Cu余量	S J	390 440	20 20	85 95	耐蚀、耐磨件及<250 ℃工作的管配件、要求气密性高的铸件

(1) 锡青铜

① 锡青铜的化学成分

锡青铜是以锡为主要添加元素的铜基合金。含锡量对锡青铜的组织和力学性能的影响如图 8-6 所示。当锡的质量分数 $w_{Sn}<7\%$ 时，锡青铜的室温组织是锡溶于铜中形成的单相 α 固溶体，由于单相 α 固溶体具有良好的塑性和韧性，适宜压力加工；随着锡的质量分数的增加，组织中出现了硬而脆的 δ 相(以电子化合物 $Cu_{31}Sn_8$ 为基的固溶体，是一个硬脆相)，其强度升高但塑性开始下降；当锡的质量分数 $w_{Sn}>10\%$ 时，强度继续上升，但塑性急剧下降，故适宜铸造；当锡的质量分数 $w_{Sn}>20\%$时，由于 δ 相过多，合金变得很脆，强度显著降低，已无实用价值。因此，工业用锡青铜一般锡的质量分数为 3%～14% 。

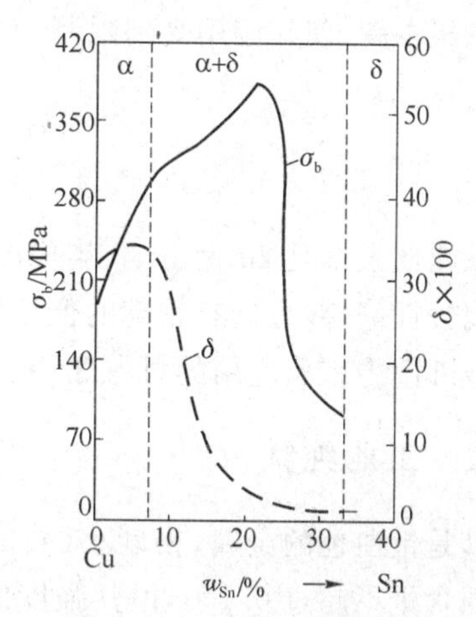

图 8-6　含锡量对锡青铜的组织和力学性能的影响

② 锡青铜性能特点及用途

锡青铜的耐磨性高、无磁性、无冷脆现象，对大气、水和海水的抗蚀性比纯铜、黄铜高，但对酸类和氨水的抗蚀性差。为了提高锡青铜的某些性能，常加入锌、铅和磷等合金元素。锌可改善其流动性并可代替部分贵重的锡；铅可改善锡青铜的切削加工性；磷可增加锡青铜的耐磨性。压力加工锡青铜适于制造仪表上要求耐磨、耐蚀的零件以及弹性零件、抗磁零件等。

铸造锡青铜中锡的质量分数一般为 10%～14%，由于它的塑性和韧性很差，不适于压力加工，只适于铸造。铸造锡青铜的流动性差，容易产生成分偏析，在铸造时容易产生缩孔，使铸件致密性不高，但收缩小，所以适宜制造致密要求不高，形状复杂，外形尺寸要求严格，要求耐磨、耐蚀的零件，如齿轮、蜗轮、轴瓦、轴套和蒸汽管等。

(2) 特殊青铜

按主加元素的不同，特殊青铜可分为铝青铜、铍青铜、硅青铜和钛青铜等。

① 铝青铜

铝青铜是指以铝为主要添加元素的青铜合金。铝的质量分数一般为 5%～11% 。

铝青铜的结晶温度范围窄、流动性好、偏析小，适于铸造生产，能获得致密的铸件。铝青铜不仅耐蚀性高于锡青铜和黄铜，而且具有较高的硬度、强度、耐热性、耐磨性和较高的韧性，但收缩大。当铝的质量分数为 5%～7%时，塑性好，适于冷变形，如 QAl7 等，常用于制造仪器中耐蚀零件和弹性元件；当铝的质量分数为 10%左右时，强度最高，但塑性很差，适于铸造，称为铸造铝青铜，如 ZCuAl10Fe3Mn2 等，常用于制造要求强度、耐磨性较高的耐磨零件。为了提高铝青铜的性能，常加入合金元素锰、铁等以进一步提高铝青铜的强度和耐磨性。

② 铍青铜

铍青铜是以铍为主要添加元素的青铜合金。铍的质量分数一般为 1.7%～2.5% 。

铍青铜具有良好的耐蚀性、导电性、工艺性和无磁性,经固溶热处理和时效后有较高的强度、硬度、耐磨性、弹性极限和疲劳强度,塑性和韧性好可进行冷、热加工及铸造成型,此外,还有受冲击不产生火花等优点。常用的铍青铜有 QBe2 和 QBe1.9 等。主要用于制作仪器、仪表的重要弹性元件和耐蚀、耐磨零件,如钟表的齿轮、航海的罗盘和电焊机的电极等。由于铍青铜的成本高,使其应用受到限制。

8.3 钛及钛合金

钛及钛合金是20世纪50年代出现的一种新型材料。由于它的密度小、比强度高、耐高温和耐腐蚀性好,并且具有较高的低温韧性,加上资源丰富,已成为航空、航天、化工、造船和国防等工业部门中广泛应用的材料之一。

8.3.1 工业纯钛

钛是银白色的金属,密度小(4.5 g/cm^3),熔点高(1 720 ℃),热膨胀系数小。最纯的碘化钛杂质含量不超过0.1%,但其强度低、塑性高。含钛为99.5%工业纯钛的性能为:导热系数 $\lambda=15.24$ W/(m·K),抗拉强度 $\sigma_b=539$ MPa,伸长率 $\delta=25\%$,断面收缩率 $\psi=25\%$,弹性模量 $E=1.078\times10^5$ MPa,硬度为195 HBS。工业纯钛的强度低、塑性好,容易加工成型,可制成薄片、细丝。在550 ℃以下有良好的抗腐蚀性,不易氧化,特别是抗海水及其蒸气的腐蚀能力比不锈钢、铝合金和镍合金还要高。

钛具有同素异晶转变现象,在882 ℃以下为密排六方晶格,称为 α-Ti(α钛);在882 ℃以上为体心立方晶格,称为 β-Ti(β钛)。

工业纯钛按纯度可分为TA1、TA2、TA3三个等级。其中"T"为"钛"字汉语拼音字首,序号表示纯度,数字越大则纯度越低。

8.3.2 钛合金

1. 钛合金的成分和性能

钛合金是指在工业纯钛中加入合金元素而得到的合金,加入的合金元素主要有铝、铜、铬、锡、钒和钼等。根据元素的作用不同,可将合金元素分为α相稳定元素和β相稳定元素。铜、铬、钼、钒和铁等元素在β-钛中的溶解度比α钛中大,使 α-Ti⇌β-Ti 的相互转变温度下降,促使β相稳定。铝、锡在α钛中的溶解度比在β钛中大,使 α-Ti⇌β-Ti 的相互转变温度升高,扩大了α相稳定存在的范围。由于在工业纯钛中加入了合金元素,使一些高强度钛合金超过了许多合金结构钢的强度,并且钛合金的密度小,因此钛合金的强度远大于其他金属结构材料,可制出强度高、刚性好、质量轻的零部件。目前飞机的发动机构件、骨架、蒙皮、紧固件及起落架等都大量使用钛合金。

2. 钛合金的分类和牌号表示方法

(1) 钛合金的分类

由于钛具有同素异构转变现象,使其在不同的温度,具有不同的结构,即α钛和β钛。在其中添加适当的合金元素,使其同素异构转变温度发生改变,从而得到不同组织的钛合金。室温下，钛合金有三种基体组织：全部 α 相、全部 β 相和 α+β 相。根据基体的不同，钛合金可分为 α 钛合金、β 钛合金和 α+β 钛合金三类。

(2) 钛合金的牌号表示方法

钛及钛合金的牌号采用“T”(“钛”字的汉语拼音字首)、大写的英文字母(A、B、C)和数字来表示。其中，“T”表示钛合金；英文字母表示钛合金的种类，A、B、C 分别代表 α 钛合金、β 钛合金和 α+β 钛合金；数字表示顺序号。如 TA1 表示 1 号 α 钛合金，即 1 号工业纯钛；TB2 表示 2 号 β 钛合金；TC4 表示 4 号 α+β 钛合金。

3. 常用的钛合金的牌号及用途

(1) α 钛合金

它的主加元素是铝和锡。由于此类合金的 α-Ti⇌β-Ti 的相互转变温度较高，因而在室温或较高的温度时，均为单相 α 相固溶体组织，不能热处理强化。在高温(500～600 ℃)时，它的强度最高，切削加工性最好，它的组织稳定，焊接性良好；但在常温下，它的硬度和强度低于其他钛合金。常用的牌号有 TA5、TA6、TA7 等。

(2) β 钛合金

此类合金中含有铬、钼、钒和铁等合金元素，这些元素都是使 β 相稳定的元素，在正火或淬火时容易将高温的 β 相保留到室温，得到较稳定的 β 相组织。这类合金具有良好的塑性，在 540℃以下具有较高的强度。因其生产工艺复杂，合金密度大，在三种钛合金中它的切削加工性最差，故在工业上用途不广。

(3) α+β 钛合金

α+β 钛合金是三种钛合金中最常用的。此类合金的室温组织为 α+β 两相组织。因为此类合金除了含有铬、钼、钒等使 β 相稳定的元素外，还含有锡和铝等使 α 相稳定的元素。在冷却到一定温度时，发生 β→α 的相变。α+β 钛合金具有良好的综合性能，组织稳定性好，有良好的韧性、塑性和高温变形性能，能较好地进行热压力加工，而且高温强度高，可在 400～500 ℃的温度下长期工作，其热稳定性和切削加工性仅次于 α 钛，并可以热处理强化，应用范围广。常用的牌号有 TC1、TC2、TC4，其中应用最广的是 TC4(钛-铝-钒合金)，它具有较高的强度和良好的塑性。在 400 ℃时，组织稳定，强度较高，抗海水等腐蚀能力强。工业纯钛和常用钛合金的牌号、力学性能及主要用途见表 8-7。

表 8-7　工业纯钛和部分钛合金的牌号、力学性能及用途

类别	牌号	化学成分	室温力学性能			高温力学性能			用途举例
			热处理	σ_b /MPa	δ/%	温度/℃	σ_b /MPa	σ_S /MPa	
工业纯钛	TA1	工业纯钛	退火	300～500	30～40	—	—	—	在 350 ℃以下，受力不大要求高塑性的冲压件，如飞机骨架、船舶管道
	TA2	工业纯钛	退火	450～600	25～30	—	—	—	
	TA3	工业纯钛	退火	550～700	20～25	—	—	—	
α 钛合金	TA4	Ti-3Al	退火	700	12	—	—	—	在 400 ℃以下工作的零件，如导弹燃料罐、超音速飞机的涡轮机匣
	TA5	Ti-4Al-0.005B	退火	700	15	—	—	—	
	TA6	Ti-5Al	退火	700	12～20	350	430	400	

续表 8-7

类别	牌号	化学成分	室温力学性能			高温力学性能			用途举例
			热处理	σ_b /MPa	δ/%	温度 /℃	σ_b /MPa	σ_S /MPa	
β钛合金	TB1	Ti-3Al-8Mo-11Cr	淬火	110	16	—	—	—	在350 ℃以下工作的零件,压气机叶片、轴轮盘等重载荷旋转件
			淬火+时效	1 300	5				
	TB2	Ti-5Mo-5V-8Cr-3Al	淬火	1 000	20	—	—	—	
			淬火+时效	1 350	8				
α+β钛合金	TC1	Ti-2Al-1.5Mn	退火	600~800	20~25	350	350	350	在400 ℃以下工作的零件,有一定高温强度的发动机零件,低温用部件
	TC2	Ti-4Al-1.5Mn	退火	700	12~15	350	430	400	
	TC3	Ti-5Al-4V	退火	900	8~10	500	450	200	
	TC4	Ti-6Al-4V	退火	950	10	400	630	580	
			淬火+时效	1 200	8				

8.3.3 钛合金的热处理

为了提高β钛合金和α+β钛合金的力学性能需要对其进行热处理,钛合金常用的热处理方法是退火、淬火和时效处理。

1. 退　火

由于钛合金主要采用冷、热变形加工,容易产生较大的内应力,故需要进行退火处理。

(1) 为了消除内应力,可在450~650 ℃进行去内应力退火。

(2) 在冷变形加工时,容易产生加工硬化,导致加工过程难以顺利进行。为了消除加工硬化,可在650~850 ℃退火(许多钛合金以退火状态供货)。

2. 淬火+时效处理

钛合金通过淬火得β相(亚稳定相),再经400~600 ℃时效,可析出弥散分布的化合物,从而使强度提高,但塑性下降;β钛合金是由β相固溶体组成的单相合金,未热处理前具有较高的强度,淬火+时效后合金得到进一步强化,室温强度可达1 372~1 666 MPa,但热稳定性较差,不宜在高温下使用。α+β钛合金可进行淬火+时效使合金强化。热处理后的强度约比退火状态提高50%~100%。

8.4 滑动轴承合金

在滑动轴承中,制造轴瓦或内衬的合金称为轴承合金。由于滑动轴承(与滚动轴承相比)具有承压面积大,工作平稳、无噪声以及装卸方便等优点,所以应用广泛。

8.4.1 滑动轴承对轴承合金的性能要求

轴在滑动轴承内旋转时,轴承受交变载荷作用,并伴有振动和冲击,使轴颈与轴瓦之间产生强烈摩擦,导致温度升高,体积膨胀,使轴承和轴颈之间可能发生咬合。因轴的成本较高,更换困难，为减小轴承对轴颈的磨损，对轴承合金的性能提出较高的要求。

1. 轴承合金应具备的性能

(1) 足够的强度、硬度和较高的疲劳强度、抗压强度和耐磨性。

(2) 良好的磨合性及较小的摩擦系数。

(3) 良好的耐腐蚀性、导热性和抗咬合性。

(4) 足够的塑性、韧性和较高的抗冲击、振动性，膨胀系数小。

2. 轴承合金的组织特征

根据轴对轴承合金的性能要求，轴承合金的性能取决于组织，所以轴承合金采用以下两种组织来满足其性能要求。

(1) 软基体上分布着硬质点

如图 8-7 所示为轴承合金的理想组织示意图。滑动轴承在工作时，由于摩擦力的作用，使软基体上很快被磨凹下去，硬质点凸出基体支撑轴颈，减少了轴颈与轴瓦的接触面积，从而减小了摩擦力；由于硬质点周围的凹陷能储存润滑油，形成油膜，也减小摩擦和磨损。同时软基体还能承受冲击与振动，并使轴颈与轴瓦很好的磨合。这类合金具有较好的磨合性，且抗冲击和震动，但承载能力不高。属于这类组织的有锡基和铅基轴承合金(也称巴氏合金)。

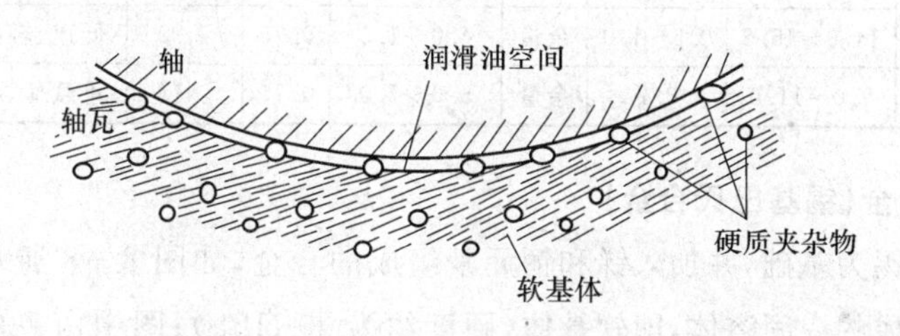

图 8-7　滑动轴承的理想组织示意图

(2) 硬基体上分布着软质点

这种组织的摩擦系数低，能承受较高的载荷，但磨合性差。属于这类组织的有铜基和铝基轴承合金。

8.4.2　轴承合金的分类及牌号表示方法

按主要成分不同，常用的轴承合金分为锡基、铅基、铝基、铜基等四种。轴承合金牌号由“Z”(“铸”字汉语拼音字首)、基体金属的化学元素符号、主加合金元素符号和数字(用百分数表示主加元素的质量分数)、辅加合金元素符号和数字(用百分数表示辅加元素的质量分数)组成。如 ZSnSb11Cu6 表示主加元素锑的质量分数为 11%，辅加合金元素铜的质量分数为 6% 的铸造锡基轴承合金；ZPbSb16Sn16Cu2 表示主加元素锑的质量分数为 16%，辅加合金元素锡的质量分数为 16%，铜质量分散为上 2%的铸造铅基轴承合金。

8.4.3　常用的轴承合金及用途

常用的铸造轴承合金的牌号、化学成分和用途见表 8-8。

表 8-8　铸造轴承合金的牌号、化学成分、用途(摘自 GB/T 1174—1992)

类别	牌号	化学成分/%					硬度/HBS	用途举例①
		Sb	Cu	Pb	Sn	杂质		
锡基轴承合金	ZSnSb12Pb10Cu4	11.0～13.0	2.5～5.0	9.0～11.0	余量	0.55	≥29	一般发动机的主轴承,但不适于高温工作
	ZSnSb11Cu6	10.0～12.0	5.5～6.5	0.35	余量	0.55	≥27	1 500 kW 以上蒸汽机、3 700 kW 涡轮压缩机,涡轮泵及高速内燃机轴承
	ZSnSb8Cu6	7.0～8.0	3.0～4.0	0.35	余量	0.55	≥34	一般大机器轴承及高载荷汽车发动机的双金属轴衬
	ZSnSb4Cu4	4.0～5.0	4.0～5.0	0.35	余量	0.50	≥20	涡轮内燃机的高速轴承及轴衬
铅基轴承合金	ZPbSb16Sn16Cu2	15.0～17.0	1.5～2.0	余量	15.0～17.0	0.60	≥30	110～880 kW 蒸汽涡轮机,150～750 kW 电动机和小于 1 500 kW 起重机及重载荷推力轴承
	ZPbSb15Sn10	14.0～16.0	0.7	余量	9.0～11.0	0.45	≥24	中等压力的机械,也适用于高温轴承
	ZPbSb15Sn5	14.0～15.5	0.5～1.0	余量	4.0～5.5	0.75	≥20	低速、轻压力机械轴承
	ZPbSb10Sn6	9.0～11.0	0.7	余量	5.0～7.0	0.70	≥18	重载荷、耐蚀、耐磨轴承

1. 锡基轴承合金(锡基巴氏合金)

这类合金是以锡为基础,并加入锑和铜元素组成的合金,如图 8-8 所示。图中黑色的部分是锑溶入锡中形成的 α 固溶体,即软基体(硬度约为 30 HBS);图中白色的方块部分是 β 相(以 SnSb 为基的固溶体,硬度为约 110 HBS),白色星状或针状的部分是电子化合物,所以硬质点是由 β 相和 Cu_3Sn(或 Cu_6Sn_5)组成。Cu_3Sn 相还可以在合金凝固时形成树枝状的骨架,防止密度较小的 β 相上浮,减小密度偏析。

这类合金的特点是摩擦系数和膨胀系数小,具有良好的塑性、导热性和耐蚀性。但疲劳强度较差,工作温度低于 150 ℃,成本较高。适于制造重要的轴承,如涡轮机、汽轮机和内燃机等高速轴瓦。常用的锡基轴承合金有 ZSnSb11Cu6 和 ZSnSb8Cu6 等。

2. 铅基轴承合金(铅基巴氏合金)

铅基轴承合金是以铅为基础,并加入锡、锑、铜等元素组成的合金。如图 8-9 所示,图中的黑色基体部分是(α+β)共晶体(α 相是锑溶于铅中形成的固溶体,β 相是以电子化合物 SnSb 为基的含铅的固溶体),即软基体;图中白色的方块状的部分为初生 β 相和白色针状的化合物 Cu2Sb,即硬质点。

铅基轴承合金的强度、硬度、韧性、导热性及耐蚀性比锡基轴承合金低,摩擦系数较大,但价格较低。所以,它主要适用于制作工作温度不超过 120 ℃,承受中、低载荷的中速轴承,如汽车、拖拉机的曲轴轴承及电动机、破碎机的轴承等。常用的牌号有 ZPbSb16Sn16Cu2。

图 8-8　锡基轴承合金(ZSnSb11 Cu6)的显微组织

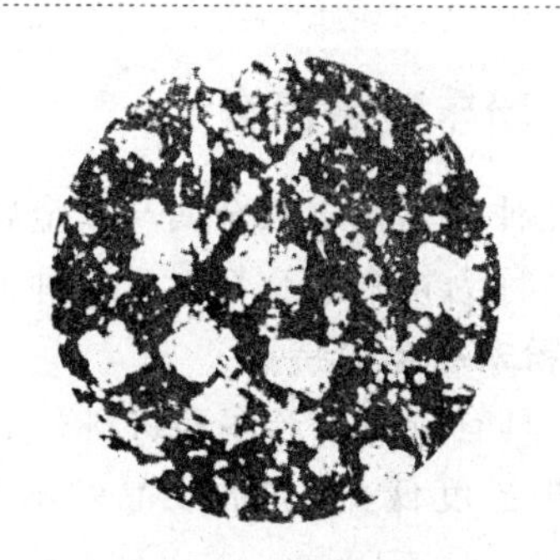

图 8-9　铅基轴承合金(ZPbSb16 Sn16 Cu2)的显微组织

3. 铜基轴承合金

常用的铜基轴承合金:铅青铜、锡青铜和铝青铜等。

铅青铜是以铅为基本合金元素的铜基合金,常用牌号是 ZCuPb30。铅与铜在固态下互不溶解,铅青铜的硬基体是铜,软质点为铅。铅均匀分布在铜的基体上,形成了硬基体加软质点的组织。铅青铜的疲劳强度、承载能力、导热性和塑性好均高于巴氏合金,且摩擦系数小,价格便宜。能在 250 ℃左右的温度下工作,故广泛用于制造高速、重载荷下工作的轴承,如航空发动机、高速柴油机轴承和其他高速重载荷轴承。

锡青铜是以锡为基本合金元素的铜基合金,常用的有 ZCuSn10P1 和 ZCuSn5Pb5Zn5。其组织为软基体加硬质点的组织,软基体由锡溶于铜中形成的固溶体组成,硬质点由铜锡形成的电子化合物及 Cu_3P 组成。由于它的组织中存在较多的缩孔,有利于储存润滑油,主要用于承受较大载荷的中等速度的轴承,如电动机、泵等的轴承。

4. 铝基轴承合金

铝基轴承合金是一种新型减磨材料,其特点是密度小,导热性、耐热性、耐蚀性好,疲劳强度高,价格便宜。但抗咬合性差、膨胀系数较大。铝基轴承合金已逐步推广使用,以代替其他轴承合金。目前采用的有高锡铝基轴承合金和铝锑镁轴承合金,例如高锡铝基轴承合金 ZAl-Sn6Cu1Ni1 。

高锡铝基轴承合金是以铝为基本合金元素,加入锡、铜、铝等合金元素组成的合金。组织为硬的铝基体上均匀分布着软的粒状锡质点。

这种合金常以 08 钢为衬背,轧制成双合金带使用。它具有高的疲劳强度,良好的耐磨、耐热和耐蚀性。适于制作高速(13 m/s)、重载(3 200 MPa)的轴承,在汽车、拖拉机和内燃机等部门应用广泛。

除上述轴承合金外,珠光体灰铸铁也可制作低速、不重要的轴承。

8.5　硬质合金

硬质合金是一种用常规的加工方法难以加工的材料,通常采用粉末冶金的方法生产,下面简单介绍一下粉末冶金。

8.5.1 粉末冶金简介

用几种金属粉末或金属与非金属粉末作原料,通过配料、压制成型和烧结等工艺过程而制成的材料称为粉末冶金材料。这种工艺过程称为粉末冶金。

1. 粉末冶金的特点

(1) 具有较高生产率和材料利用率,由于粉末冶金制品的形状和尺寸精度均接近零件,而且表面粗糙度低,大多数制品基本不需要切削加工,节省了切削加工用的机床和生产占地面积。

(2) 不但是制取具有某些特殊性能材料的方法,也是一种无切屑或少切屑的加工方法。

(3) 金属粉末成本高,模具费用高,制品大小和形状受到一定限制,制品的韧性较差。

2. 粉末冶金法的应用

粉末冶金法主要用于高熔点的难熔材料及难加工材料的加工,在工程上常用粉末冶金法制作硬质合金、减摩材料、含油轴承材料、结构材料、摩擦材料、难熔金属材料(如钨丝、高温合金)、过滤材料(水的净化,空气、液体燃料、润滑油的过滤材料等)、金属陶瓷、无偏析高速工具钢、磁性材料和耐热材料等。

8.5.2 硬质合金

硬质合金是指以一种或几种难熔金属的碳化物(如碳化钨、碳化钛等)的粉末为主要成分,加入起粘结作用的金属钴粉末,用粉末冶金的方法制得的材料。

1. 硬质合金的分类

按成分和性能特点可分为钨钴类硬质合金、钨钛钴类硬质合金和钨钛钽(铌)类硬质合金(万能硬质合金)三种。常用硬质合金见表 8-9。根据 GB 2075—87 规定,切削加工用硬质合金按其切屑排出形式和加工对象的范围不同,分为 P、M、K 三个类别,根据被加工材质及适应的加工条件不同,将各大类硬质合金按用途进行分组,每组分别用不同的代号来表示,见表 8-10。

2. 硬质合金的成分和牌号表示方法

(1) 钨钴类硬质合金

其主要化学成分是碳化钨(WC)及钴。它的牌号是由“YG”(“硬”、“ 钴”二字汉语拼音字首)及数字(有时后面可加上表示产品性能、添加元素或加工方法的汉语拼音字母)组成,其中数字表示的是钴的平均质量分数(用百分数表示)。如 YG6 表示平均钴的质量分数为 6% ,余量为碳化钨的钨钴类硬质合金;YG6X 中的“X”表示细晶粒。

(2) 钨钛钴类硬质合金

它的主要化学成分是碳化钨(WC)、碳化钛(TiC)及钴。其牌号由“YT”(“硬”、“钛”二字汉语拼音字首)和数字(有时后面可加上表示产品性能、添加元素或加工方法的汉语拼音首字母)组成,其中数字表示的是碳化钛的质量分数(用百分数表示)。如,YT5 表示平均碳化钛的质量分数为 5%,其余为碳化钨和钨钛钴类硬质合金;YT5U 中的“U”为“涂”字汉语拼音的第二个字母,表示表面涂层。

(3) 钨钛钽(铌)类硬质合金

这类硬质合金又称通用硬质合金和万能硬质合金。它由碳化钨、碳化钛和碳化钽组成。

其牌号由“YW”(“硬”、“万”二字汉语拼音字首)加数字组成,其中数字表示的是顺序号。如 YW1 表示 1 号万能硬质合金。

(4) 代号表示法

切削加工用硬质合金的代号表示方法是:其代号由在主要类别代号后面加一组数字组成,如 P01、M10、K20、…。每一类别中,数字愈大,耐磨性愈低,韧性愈好。

3. 硬质合金的性能及用途

(1) 硬质合金的性能特点

① 硬度高、耐磨性好

由于硬质合金中含有大量的高熔点、高硬度的碳化物,使其在常温下的硬度可达 86～93 HRA(相当于 69～81 HRC),红硬性高,可达(900～1 000 ℃),并且具有较高的耐磨性。在硬质合金中,碳化物的含量越高,钴含量越少,合金的硬度、红硬性和耐磨性就越高,合金的强度及韧性越低,钴含量相同时,YT 类硬质合金由于碳化钛的加入,合金具有较高的硬度、红硬性和耐磨性。但其强度和韧性不如 YG 类硬质合金。

② 抗压强度高(可达 6 000 MPa),但抗弯强度较低,韧性和导热性差。

③ 切削速度高、使用寿命长

用硬质合金制造的刀具与高速工具钢的刀具相比,其切削速度可提高 4～7 倍,刀具寿命高可延长 5～80 倍。可切削 50 HRC 左右的硬质材料。

④ 耐蚀性(抗大气、酸、碱等)和抗氧化性良好,线膨胀系数低。

⑤ 硬质合金材料不能用一般的切削方法加工,只能采用电加工(如电火花、线切割及电解磨削等)或用砂轮磨削。硬质合金制品常用钎焊、粘结及机械夹固等方法固连在刀体或模具体上使用。

表 8－9　常用硬质合金的牌号、成分和性能

类别	牌号	化学成分/%				力学性能(不小于)	
		WC	TiC	TaC	Co	硬度 HRA	强度 σ_b/MPa
钨钴类硬质合金	YG3X	96.5	—	<0.5	3	91.5	1 079
	YG6	94.0	—	—	6	89.5	1 422
	YG6X	93.5	—	<0.5	6	91.0	1 373
	YG8	92.0	—	—	8	89.0	1 471
	YG8N	91.0	—	1	8	89.5	1 471
	YG11C	89.0	—	—	11	89.5	2 060
	YG15	85.0	—	—	15	87	2 060
	YG4C	96.0	—	—	4	89.5	1 422
	YG6A	92.0	—	2	6	91.5	1 373
	YG8C	92.0	—	—	8	88.0	1 716
钨钛钴类硬质合金	YT5	85.0	5	—	10	89.5	1 373
	YT14	78.0	14	—	8	90.5	1 177
	YT30	66.0	30	—	4	92.5	883
通用类硬质合金	YW1	84～85	6	3～4	6	91.5	1 177
	YW2	82～83	6	3～4	8	90.5	1 324

注:牌号后“X”表示细颗粒合金;“C”表示粗颗粒合金;无字为一般颗粒合金。

(2) 硬质合金的用途

硬质合金主要用于制造高速切削或加工硬度高的材料的切削刀具，如车刀、铣刀等，合金中钴的质量分数愈高，韧性愈好。因此，韧性好的YG类硬质合金制造的刀具适宜加工脆性材料，而硬度高的YT类硬质合金制造的刀具适宜加工塑性材料，在同一类硬质合金中，含钴量较高者适宜制造粗加工刀具。反之，则适宜制造精加工的刀具。硬质合金也可制造冷作模具，如冷拉模、冷冲模、冷挤模和冷镦模等。其中钨钴类硬质合金适用于拉伸模，YG6、YG8适用于小拉伸模，YG15适用于大拉伸模和冲压模具。

此外，硬质合金还可制作量具及一些冲击小、振动小的耐磨零件，如千分尺的测量头、精轧辊、车床顶尖和无心磨床的导板等。

4. 其他硬质合金简介

钢结硬质合金是一种新型的工模具材料，其性能介于高速工具钢和硬质合金之间。它是以一种或几种碳化物(如TiC和WC)为硬化相，以非合金钢和合金钢(如高速工具钢、铬钼钢等)粉末为黏结剂，经配料、混料、压制和烧结而成的粉末冶金材料。

钢结硬质合金经退火后，可进行切削加工，经淬火回火后，有相当于硬质合金的高硬度和高耐磨性，也可焊接和锻造，并有良好的耐热、耐蚀、抗氧化等特性。适于制造各种形状复杂的刀具(如麻花钻头、铣刀等)、模具和耐磨零件。

表8-10 切削加工用硬质合金分类及对照表

应用范围分类		对照		性能提高方向	
代号	被加工材料类别	用途代号	硬质合金牌号	合金性能	切削性能
P	长切削的钢铁材料	P01	YT30	↑耐磨性 高　韧性↓ 高	↑切削速度 高　进给量↓ 大
		P10	YT15		
		P20	YT14		
		P30	YT5		
M	介于P与K之间	M10	YW1	↑耐磨性 高　韧性↓ 高	↑切削速度 高　进给量↓ 大
		M20	YW2		
K	短切削的钢铁材料，有色金属及非金属材料	K01	YG3X	↑耐磨性 高　韧性↓ 高	↑切削速度 高　进给量↓ 大
		K10	YG6X、YG6A		
		K20	YG6、YG8N		
		K30	YG8、YG8N		

习　题

1. 何谓黄铜？锌的含量对黄铜的性能有何影响？
2. 何谓青铜？锡的含量对青铜的性能有何影响？
3. 试说明黄铜和青铜的牌号表示方法。

4. 黄铜有哪些特点？生产中应如何选用？

5. 试说明铝合金的牌号如何表示？用四位字符如何表示铝合金的牌号？

6. 什么是时效？什么是人工时效？什么是自然时效？铝合金经时效处理后性能有什么变化？

7. 试述铝合金的分类及热处理特点。

8. 何谓铝合金的变质处理？变质处理的目的是什么？

9. 钛合金可分为哪几类？钛合金有哪些性能和用途？

10. 轴承合金应满足哪些要求？常用的轴承合金有哪几类？

11. 何谓硬质合金？它有哪些性能特点？常用的硬质合金有几种？

12. 硬质合金的牌号如何表示？如何选用硬质合金？

13. 指出下列牌号各代表何种金属材料？说明其数字及符号的含义？

TA3　ZL401　TC4　YW1　LF11　LD2　H90　YG8　YT15　2A11　3A21　2A50
ZL102　LC4　ZCuZn38　HPb59－1　QSn4－3　ZSnSb11Cu6　TA6　ZCuZn40Mn2

第9章 非金属材料及新型材料

非金属材料是指除金属材料以外的所有固体工程材料。由于非金属材料的原料来源广泛,自然资源丰富,成型工艺简单,具有一些金属材料所不具备的特殊的物理、化学性能(如橡胶的高弹性,陶瓷的高硬度、耐高温、抗腐蚀等),所以应用日益广泛,目前已成为机械工程材料中不可缺少的、独立的组成部分。机械中常用的非金属材料有高分子材料、陶瓷材料和复合材料等三大类。

9.1 高分子材料

9.1.1 高分子材料的概念

以高分子化合物为主要组成物的材料称为高分子材料。高分子化合物是指分子量很大的化合物,其分子量一般在5 000~1 000 000;低分子化合物的分子量小于1 000。

高分子化合物包括有机高分子化合物和无机高分子化合物两类。有机高分子化合物又分为天然的和人工合成的两大类。机械中用的高分子材料主要是各种合成有机高分子化合物,例如塑料、合成橡胶、合成纤维、涂料和胶粘剂等。塑料是一种高分子合成材料,以树脂为主要成分,加入一些用来改善使用性能和工艺性能的添加剂而制成的。橡胶是以生胶为主要原料,加入适量配合剂而制成的高分子材料。生胶是指未加配合剂的天然胶或合成胶,它也是将配合剂和骨架材料粘成一体的黏结剂。

9.1.2 高分子材料的性能

高分子材料具有较高的耐蚀性、电绝缘性、减振性 和化学稳定性和较高的弹性等。

1. 塑料的性能

(1) 优　点

① 密度小、质量轻。塑料的密度为0.9~2.2 g/cm^3,只有钢铁的1/8~1/4,铝的1/2;泡沫塑料的密度更小,约为0.01 g/cm^3,这对减轻机械产品的重量具有重要的意义。

② 比强度高。虽然塑料的强度比金属低,但密度小,所以其比强度高。

③ 电绝缘性好。塑料的电绝缘性可与陶瓷、橡胶以及其他绝缘材料相媲美。

④ 消声吸振性好。用塑料制造传动、摩擦零件,可以降低噪声,减少振动。

⑤ 减摩、耐磨性好。因为塑料的硬度低于金属,而且多数塑料的摩数系数小,有些塑料(如聚四氟乙烯、尼龙等)本身就有自润滑性,因此,塑料可用于制作在无润滑条件下工作的某些零件。

⑥ 化学稳定性好。塑料能耐大气、水、碱、有机溶剂等的腐蚀,聚四氟乙烯能耐王水腐蚀。

⑦ 加工性能好。塑料具有良好成型加工性,且方法简单,多数塑料的生产率高。

(2) 缺 点

① 导热性差,耐热性低。塑料的导热性差,约为金属的1/500;在高温下容易分解,所以多数塑料只能在100 ℃左右使用,少数产品可在200 ℃左右使用。

② 蠕变量大,在载荷长期作用下塑性变形量逐渐增加。

③ 热膨胀系数大,约为金属的3~10倍。

④ 易燃烧和易老化,塑料在光、热、水、碱、酸、载荷及氧等长期作用下,会变硬、变脆和开裂,这些现象称为老化。

⑤ 力学性能低,且对温度变化敏感。塑料的强度、韧性和刚度等力学性能较低;对温度的变化较敏感,只要温度发生变化,其力学性能就会产生很大的变化。如聚甲基丙烯酸甲酯(有机玻璃),工作温度变化几十度,就会从弹性模量较高的脆性断裂变为弹性模量很低的塑性断裂。

2. 橡胶的性能

橡胶弹性大,最高伸长率可达800%~1 000%,外力去除后能迅速回复原状;吸振能力强,耐磨性、隔声性、绝缘性好;可积储能量,并具有一定耐蚀性和足够的强度。但橡胶容易老化,所以在使用或运输时要主要防止氧化、高温和强烈的阳光照射。

9.1.3 常用高分子材料

常用的高分子材料是塑料、橡胶、涂料、胶粘剂和合成纤维等。

1. 工程塑料

(1) 工程塑料的组成

工程上用的塑料是以树脂为基础,再加入一定的添加剂所组成的。树脂是塑料的主要成分,塑料的性能取决于树脂的种类、数量和性能,因此,塑料基本上都是以树脂的名称命名的,例如聚氯乙烯塑料的树脂就是聚氯乙烯。工业中用的树脂主要是合成树脂,如聚乙烯等。添加剂的作用是改善塑料的性能,常用的主要有以下几种。

① 填料,又称填充料。用木屑、纸屑、石棉纤维和玻璃纤维等作为填料,可以使塑料具有所要求的性能,且能降低成本。用高岭土、滑石粉、氧化铝、石墨、铁粉、铜粉和铝粉等无机物为填料,可使塑料具有较高的耐热性、热导性、耐磨性及耐蚀性等。用有机材料作填料,可增加塑料的强度,例如酚醛树脂中加入木屑即是一般所说的电木。

② 增塑剂。常用的增塑剂有磷酸酯类化合物、甲酸酯类化合物和氯化石蜡等,它们可以增加树脂的可塑性、柔软性、流动性,降低脆性,改善加工性能。

③ 着色剂。为使塑料呈现出不同的色彩,可在塑料中加入有机染料或无机颜料使其着色。

④ 润滑剂。常用的润滑剂有硬脂酸等,可改善塑料成型时的流动性和脱模性,使制品表面光滑美观。

⑤ 稳定剂。稳定剂可增加塑料对光、热、氧等老化作用的抵抗力,延长塑料的寿命。常用的稳定剂有硬脂酸盐、铅的化合物、环氧化合物等。

(2) 常用的工程塑料及用途

按树脂的性质塑料可分为热塑性塑料和热固性塑料。加热时变软,冷却后变硬;再加热又可变软,可反复成型,基本性能不变,其制品使用温度低于120 ℃的塑料称为热塑性塑料。热塑性塑料成型工艺简便,可直接经注射、挤压、吹塑成型,生产率高。加热时软化,冷却后坚硬;

固化后再加热,则不再软化或熔融,不能再成型的塑料称为热固性塑料。热固性塑料抗蠕变性强,不易变形,耐热性高,但树脂性能较脆,强度不高,成型工艺复杂,生产率低。

常用的热塑性塑料有以下几种。

① 聚氯乙烯(PVC)

聚氯乙烯强度较高,绝缘性和耐蚀性好,耐热性差,在−15～60 ℃使用。用于输油管、容器、离心泵、电线、电缆的绝缘包皮等,用途较广。

② 聚乙烯(PE)

聚乙烯的耐磨性、耐蚀性、绝缘性好。适宜制作化工用管道、槽,电线、电缆包皮,承载小的齿轮、轴承等,又因无毒,可制作茶杯、奶瓶、食品袋等。

③ 聚砜(PSF)

强度、硬度、成型温度高,抗蠕变、尺寸稳定性、绝缘性好,可在−100～150 ℃长期使用。不耐有机溶剂和紫外线。可用于制造耐热件,减摩、耐磨件,高强度件,如凸轮、精密齿轮、真空泵叶片、仪表壳体和罩、汽车护板及电子器件等。

④ ABS塑料

丙烯腈(A)、丁二烯(B)、苯乙烯(S)的三元共聚物。其综合力学性能好,并且具有较高的尺寸稳定性和绝缘性,耐水和耐油的腐蚀,耐磨性好,但长期使用易起层。可用于制造电话机、电视机、仪表的壳体,齿轮、叶轮、轴承、贮槽内衬、仪表盘、把手、管道、轿车车身、汽车挡泥板等。

⑤ 聚甲基丙烯酸甲酯(PMMA)

这俗称有机玻璃,具有较好的透光性、着色性、绝缘性和耐蚀性,在自然条件下不易老化,可在−60～100 ℃使用。不耐磨、脆性大,易溶于有机溶剂中,硬度不高,表面易擦伤。主要用于航空、仪器、仪表及汽车中的透明件和装饰件,如飞机窗、灯罩、电视和雷达屏幕、油标、油杯及设备标牌等。

⑥ 聚四氟乙烯(PTFE、F-4)

聚四氟乙烯也称塑料王,其绝缘性、自润滑性好,不易吸水,摩擦系数小,具有极强的耐蚀性,能抵抗王水的腐蚀,可在−195～250 ℃使用,但价格较高。主要用于制造耐蚀、减摩、耐磨件,密封件和绝缘件,如化工用反应器、高频电缆、电容线圈架及管道等。

⑦ 聚甲醛(POM)

聚甲醛具有较好的着色性、减摩性、耐磨性、尺寸稳定性及绝缘性,可在−40～100 ℃长期使用。但热稳定性差,加热时易分解,收缩率大。主要用于制造减摩、耐磨件及传动件,如滚轮、齿轮、轴承、化工容器、绝缘件、仪表外壳和表盘等,可代替尼龙和有色金属使用。

⑧ 聚丙烯(PP)

聚丙烯的硬度、强度、刚性和耐热性均较高,可在<120 ℃长期工作。绝缘性好,且不受湿度影响,无毒无味。但在低温时脆性大,不耐磨。主要用于一般的机械零件,如齿轮、接头;耐蚀件,如化工管道、泵的叶轮、容器;绝缘件;收音机、电扇、电视机和电机罩等壳体;生活用具,食品和药品的包装、医疗器械等。

⑨ 聚酰胺(PA)

通称尼龙或锦纶,具有较高的强度、耐磨性和良好的韧性,并且摩擦系数小,耐蚀性、吸振性、自润滑性、成型性好,无毒无味,在100 ℃以下使用。但蠕变值大,热导性差,吸水性高,成型收缩率大。常用的有尼龙1010、尼龙610、尼龙66、尼龙6等。主要用于制造某些耐磨、耐蚀的承载和传动零件,如机床导轨、齿轮、轴承、螺母及一些小型零件。也可用于制造高压耐油密封圈,或喷涂在金属表面做防腐、耐磨涂层等,应用较广。

⑩ 聚碳酸酯(PC)

聚碳酸酯的强度高、韧性好,并且尺寸稳定性高、透明性好,可在－60～120 ℃长期使用。但耐疲劳性不如尼龙和聚甲醛。主要用于制造电气仪表零件、大型灯罩、防护玻璃、齿轮、蜗轮、凸轮、飞机挡风罩及高级绝缘材料等,用途很广。

常用的热固性塑料有以下几种。

① 环氧塑料(EP)

俗称万能胶,能防水、防潮、防霉,可在－80～155 ℃长期使用,黏结力强,成型工艺简便,成性后收缩率小,并且具有较高的强度、韧性、绝缘性和化学稳定性,主要用于制造塑料模具,电器零件,灌注电气、仪表零件、电子元件及线圈,涂覆、包封和修复机件等。

② 酚醛塑料(PF)

俗称电木,是用途较广、价格低廉的热固性塑料,不仅具有较高的强度和硬度,而且具有很好的绝缘性、耐蚀性和尺寸稳定性,工作温度＞100 ℃,但热固性塑料的脆性大,耐光性差,只能模压成型。主要用于制造仪表外壳,灯座、灯头、插座,电器绝缘板,耐酸泵,电器开关,刹车片,水润滑轴承等。

③ 氨基塑料

俗称电玉,其绝缘性好,色泽鲜艳,半透明如玉,长期使用温度＜80 ℃,但耐水性差。主要用于制造装饰件、绝缘件,如开关、旋钮、把手、灯座、钟表外壳和插头等。

2. 橡　胶

(1) 橡胶的组成和分类

① 橡胶的组成

橡胶是在生胶的基础上加入一定量的配合剂组成的高分子材料。加入配合剂的目的是为了提高橡胶的力学性能和改善橡胶的加工工艺性能,常用的配合剂有硫化剂、活性剂、软化剂、填充剂、防老剂、着色剂等。其中硫化剂(常用硫黄),可提高橡胶制品的弹性、强度、耐磨性、耐蚀性和抗老化能力;防老剂可在橡胶表面形成稳定氧化膜,以抵抗氧化作用,防止和延缓橡胶发粘、变脆和性能变坏等老化现象;填充剂可提高橡胶强度,减少生胶用量,降低成本和改善工艺性;软化剂可增强橡胶塑性,改善黏附力,降低硬度和提高耐寒性。为了减少橡胶制品变形,提高其承载能力,还可以在橡胶内加入金属丝、纤维织物等骨架材料。

② 橡胶的分类

根据应用范围宽窄,可分为通用橡胶和特种橡胶。按原料的来源不同,橡胶又分为天然橡胶和合成橡胶;天然橡胶是含有碳和氢的高分子化合物,它是由橡胶树或橡胶草的浆液经去除杂质和分离水分等加工程序而提炼出来的;合成橡胶是用石油、天然气、煤和农副产品为原料制成的。常用橡胶见表 9-1。

(2) 橡胶的性能特点

① 具有高的弹性,在较小的外力作用下,就能产生很大的变形(伸长、弯曲、压缩等),外力去除即可恢复原状;天然橡胶的伸长率可达 700%。

② 具有良好的吸振性和储存能量的能力,可吸收 30%～40%的机械能。

③ 具有优良的绝缘性、耐磨性、隔音性和一定的耐腐蚀性。

④ 天然橡胶通常呈非晶态,综合性能好,很容易溶解于汽油、苯、醚及其他的有机溶剂中,

不适于在100 ℃以上使用。

⑤ 橡胶的主要缺点是易老化,长时间的紫外线照射、重复的屈挠、温度升高等都会导致橡胶的老化而使其失去弹性。

表9-1　常用橡胶的种类、性能和用途

种类	名称(代号)	σ_b /MPa	δ/%	使用温度 t/℃	回弹性	耐磨性	耐碱性	耐酸性	耐油性	耐老化	用途举例
通用橡胶	天然橡胶	17～35	650～900	−70～110	好	中	好	差	差		轮胎、胶带、胶管
	丁苯橡胶	15～20	500～600	−50～140	中	好	中	差	差	好	轮胎、胶板、胶布胶带、胶管
	顺丁橡胶	18～25	450～800	−70～120	好	好	好	差	差	好	轮胎、V带、耐寒运输带、绝缘件
	氯丁橡胶	25～27	800～1 000	−35～130	中	中	好	中	好	好	电线(缆)包皮,耐燃胶带、胶管,汽车门窗嵌条,油罐衬里
	丁腈橡胶	15～30	300～800	−35～175	中	中	中	中	好	中	耐油密封圈、输油管、油槽衬里
特种橡胶	聚氨酯橡胶	20～35	300～800	−30～80	好	中	差	差	中		耐磨件、实心轮胎、胶
	氟橡胶	20～22	100～500	−50～300	中	中	好	好	好	好	高级密封件,高耐蚀件,高真空橡胶件
	硅橡胶	4～10	50～500	−100～300	差	差	好	中	差	好	耐高、低温制品和绝缘件

(3) 常用橡胶的种类及用途

① 天然橡胶是一种通用性的橡胶,适用于制造无特殊要求的轮胎、电线电缆的绝缘包皮和护套等工业橡胶制品。

② 常用的合成橡胶有丁苯橡胶、丁腈橡胶、顺丁橡胶等。主要用于制造各种要求较高弹性的轮胎、胶布、油管、密封圈等。

9.2　陶瓷材料

9.2.1　概　述

1. 陶瓷材料的概念

陶瓷材料是用天然或合成化合物经过成形和高温烧结制成的一类无机非金属材料。陶瓷材料具有高熔点、高硬度、高耐磨性、耐氧化等优点,可用作结构材料、刀具材料,由于陶瓷还具有某些特殊的性能,又可作为功能材料。传统的陶瓷材料是黏土、石英、长石等硅酸盐类材料,而现代陶瓷材料是无机非金属材料的统称,其原料已扩大到了人工化合物,如 Al_2O_3、SiO_2、ZrO_2 等。

2. 陶瓷材料的分类

(1) 按化学成分分类

按化学成分不同,陶瓷可分为氧化物陶瓷、碳化物陶瓷、氮化物陶瓷、硼化物陶瓷、复合陶瓷、金属陶瓷和纤维增强陶瓷等。

(2) 按原料分类

按原料不同,陶瓷可分为普通陶瓷(硅酸盐材料)和特种陶瓷(人工合成材料)。特种陶瓷按化学成分也分为氧化物陶瓷、碳化物陶瓷、氮化物陶瓷、硼化物陶瓷、金属陶瓷、纤维增强陶瓷等。

(3) 按用途和性能分类

按用途不同,陶瓷可分为日用陶瓷、结构陶瓷和功能陶瓷等。按性能不同,陶瓷可分为高强度陶瓷、高温陶瓷、耐磨陶瓷、耐酸陶瓷、压电陶瓷、光学陶瓷、半导体陶瓷、磁性陶瓷、生物陶瓷等。

9.2.2 陶瓷材料的结构和性能

1. 陶瓷材料的结构

陶瓷材料为多相多晶材料,一般由晶相、玻璃相和气相组成。其显微结构是由原料、组成相和制造工艺所决定的。

晶相是陶瓷材料的主要组成相,是化合物或固溶体。晶相分为主晶相、次晶相和第三晶相等,主晶相对陶瓷材料的性能起决定性作用。陶瓷中的晶相主要有硅酸盐、氧化物、非氧化物等。

玻璃相是一种低熔点的非晶态固相。其作用是粘接晶相,填充晶相间的空隙,提高致密度,降低烧结温度,抑制晶粒长大等。玻璃相的组成随着坯料组成、分散度、烧结时间以及炉(窑)内气氛的不同而变化。玻璃相会降低陶瓷的强度、耐热耐火性和绝缘性。故陶瓷中玻璃相的体积分数一般为 20%～40%。

气相(气孔)是指陶瓷孔隙中的气体。陶瓷的性能受气孔的含量、形状、分布等的影响。气孔会降低陶瓷的强度,增大介电损耗,降低绝缘性,降低致密度,提高绝热性和抗振性。对功能陶瓷的光、电、磁等性能也会产生影响。普通陶瓷的气孔率一般为 5%～10%,特种陶瓷和功能陶瓷的气孔率在 5%以下。

2. 陶瓷材料的性能

(1) 力学性能

陶瓷材料具有极高的硬度和优良的耐磨性,其硬度一般为 1 000～5 000 HV,而淬火钢为 500～800 HV。由于晶界的存在,陶瓷的实际强度比理论值要低得多,其强度和应力状态有密切关系。陶瓷的抗拉强度很低;抗弯强度稍高;抗压强度很高,一般比抗拉强度高 10 倍。陶瓷的塑性和韧性低,脆性大,在室温下几乎没有塑性。

(2) 物理化学性能

陶瓷的熔点高、热硬性好。陶瓷的熔点大多在 2 000℃以上,因而抗高温蠕变能力强,高温强度高,抗高温氧化性好。陶瓷的线胀系数小,导热性和抗热振性都较差,受热冲击时容易破裂。陶瓷的化学稳定性高,抗氧化性优良,对酸、碱、盐具有良好的耐腐蚀性。陶瓷有各种电学性能,大多数陶瓷具有高电阻率,少数陶瓷具有半导体性质。许多陶瓷具有特殊的性能,如光学性能、电磁性能等。

9.2.3 常用陶瓷材料

1. 普通陶瓷

普通陶瓷是以黏土、长石和石英为原料,经成形、烧结而成的陶瓷,又称传统陶瓷。它是以长石为溶剂,在高温下溶解一定量的黏土和石英后得到的。其组织中主晶相为莫来石,次晶相为石英,玻璃相占35%~60%,气相占1%~3%。通过改变组成物的配比、熔剂、辅料以及原料的细度和致密度,可以获得不同特性的陶瓷。

传统陶瓷质地坚硬,有良好的抗氧化性、耐6蚀性和绝缘性,能耐一定高温,成本低,生产工艺简单。但由于传统陶瓷含有较多的玻璃相,故结构疏松,强度较低,在一定的温度下会软化。耐高温性能不如近代陶瓷,通常最高使用温度在1 200 ℃左右。传统陶瓷广泛应用于日用、电气、化工、建筑、纺织等部门,如耐蚀要求不高的化工容器、管道,供电系统的绝缘子、纺织机械中的导纱零件等。

2. 特种陶瓷

特种陶瓷又称为新型陶瓷或精细陶瓷。特种陶瓷材料的组成除氧化物、复合氧化物和含氧酸盐等传统陶瓷材料外,还有碳化物、氮化物、硼化物、硫化物及其他盐类和单质,并由过去以块状和粉状为主,向单晶化、薄膜化、纤维化和复合化的方向发展。

(1) 氮化硼陶瓷

这类陶瓷有良好的高温绝缘性(2 000 ℃时仍绝缘)、耐热性、热稳定性、化学稳定性及自润滑性,能抗多数熔融金属的侵蚀,可进行切削加工,但其硬度低。可用来制造半导体的散热绝缘件,热电偶的套管、坩埚、高温容器、玻璃制品的成型模具、管道、轴承等。

(2) 氮化硅陶瓷

这类陶瓷的化学稳定性好,具有较高的耐腐蚀性,不仅能耐除氢氟酸外的无机酸(硝酸、盐酸、磷酸、硫酸和王水)和碱液等的腐蚀,还可抗熔融非铁金属的侵蚀;抗高温蠕变性高于其他陶瓷,最高使用温度低于氧化铝陶瓷。硬度高;热膨胀系数小;摩擦系数小,有自润滑性;绝缘性、耐磨性好;主要用于制造高温轴承、热电偶套管、各种泵和阀的密封件、转子发动机的刮片和切削高硬度材料的刀具等。例如,农用泵因泥沙多,要求密封件耐磨,原来用铸造锡青铜做密封件与9Cr18对磨,寿命低,现在用氮化硅陶瓷与9Cr18对磨,使用寿命可高达8 400小时,磨损仍很小。

(3) 氧化铝陶瓷

Al_2O_3是氧化铝陶瓷的主要成分。它的强度高,要比普通陶瓷高2~6倍;硬度高,仅低于金刚石;高温蠕变小,含Al_2O_3高的陶瓷可在600 ℃时长期使用,空气中使用温度最高为1 980 ℃;具有较高的耐腐蚀性和抗氧化性,能耐酸、碱和化学药品的腐蚀,高温下不氧化;绝缘性好;但脆性大,不能承受冲击。主要用于制作高温容器(如坩埚)、高温轴承、内燃机的火花塞、切削尺寸较大的高硬度的精密件的刀具、耐磨件(如拉丝模)及化工、石油用泵的密封环等零件。

(4) 碳化硅陶瓷

这类陶瓷高温强度大,抗弯强度在1 400 ℃仍保持500~600 MPa,热传导性能强;并具有良好的热稳定性、耐磨性、耐蚀性和抗蠕变性。主要用于制作工作温度高于1 500 ℃的结构件,如火箭尾喷管的喷嘴、炉管、热电偶套管、浇注金属的浇口、高温轴承、汽轮机叶片和泵的密封圈等。

9.3 复合材料

根据国际标准化组织的定义,复合材料是“由两种以上在物理和化学上不同的物质结合起来而得到的一种多相固体材料”。不同的金属材料可以复合,不同的非金属材料可以复合,金属材料和非金属材料也可以复合。复合材料能克服单一材料的弱点，发挥其优点，可得到单一材料不具备的性能。例如，混凝土性脆、抗压强度高，钢筋的韧性好，抗拉强度高，为使性能上取长补短，制成了钢筋混凝土。复合材料主要应用于军工、机械、化工、建筑、交通、轻工、农业以及宇航等部门。

9.3.1　复合材料的组成和分类

1. 复合材料的组成

复合材料是多相体系，通常包括基体相和增强相两个基本组成相。基体相也称为连续相，主要起黏结和固定作用；增强相又称为分散相，主要起承受载荷的作用。此外，基体相和增强相之间的界面特性对复合材料的性能也有很大影响。

2. 复合材料的分类

(1) 按增强相的种类和形状的不同，复合材料可分为颗粒复合材料、层叠复合材料和纤维增强复合材料等。

(2) 按基体材料的不同，复合材料可分为金属基体复合材料和非金属基体复合材料两类。目前使用较多的是以高分子材料为基体的非金属基体复合材料。

(3) 按性能的不同，可分为结构复合材料、功能复合材料等。结构复合材料用于制作结构件；功能复合材料是指具有某种物理功能和效应的复合材料。

9.3.2　复合材料的性能

(1) 高温性能好。一般铝合金在 400～500 ℃时弹性模量和强度均急剧下降，但将碳或硼纤维作为增强相加在铝的基体上形成复合材料，在上述温度时，其弹性模量和强度基本不下降。

(2) 疲劳强度高。大多数金属的疲劳强度是其抗拉强度的 30%～50%，而碳纤维-聚酯树脂复合材料的疲劳强度是其抗拉强度的 70%～80%，这是因为碳纤维阻止了裂纹的扩展。

(3) 比强度和比模量高。碳纤维和环氧树脂组成的复合材料，其比强度是钢的 8 倍，比模量(弹性模量与密度之比)比钢大 3 倍。

(4) 减振性能好。纤维与基体界面均有较强的吸振能力，可减小振动。例如，对尺寸和形状相同的梁进行振动试验，金属梁停止振动需要的时间是 9 s，碳纤维复合材料制成的梁2.5 s 就可停止振动。

此外，复合材料还有较好的耐蚀性、减摩性、断裂安全性和工艺性等。

9.3.3　常用复合材料及用途

常用的复合材料有纤维增强复合材料、层叠复合材料、颗粒复合材料等。

1. 纤维增强复合材料

纤维增强复合材料是指将纤维增强材料均匀分布在基体材料内所组成的材料，这种材料是复合材料中最重要的一种。它包括玻璃纤维增强复合材料、碳纤维增强复合材料、尼龙纤维增强复合材料和硼纤维增强复合材料等。

(1) 玻璃纤维增强复合材料

玻璃纤维增强复合材料俗称玻璃钢,按黏结剂不同,分为热塑性玻璃钢和热固性玻璃钢。

① 热塑性玻璃钢以玻璃纤维为增强剂,以热塑性树脂为黏结剂。其特点是强度高,强度和疲劳强度比相同基体材料的热塑性塑料提高2~3倍,冲击韧度提高2~4倍,抗蠕变能力提高2~5倍,强度超过某些金属。这种玻璃钢主要用于制造仪表盘、轴承、齿轮、收音机壳体等。

② 热固性玻璃钢以玻璃纤维为增强剂,以热固性树脂为黏结剂。主要特点是密度小,具有良好的绝缘性、耐蚀性、成型性,其比强度高于铝合金和铜合金,甚至高于某些合金钢。但刚性差,仅为钢的1/10~1/5,耐热性低(低于200℃),易老化和蠕变。主要制作要求自重轻的受力件,例如汽车车身、直升机旋翼、轻型船体等耐海水腐蚀的零件、氧气瓶、石油化工管道和阀门等。

(2) 碳纤维增强复合材料

① 碳纤维增强复合材料的性能特点

与玻璃钢相比,这种复合材料的抗拉强度高;弹性模量高,是玻璃钢的4倍~6倍;玻璃钢在300℃以上,强度会逐渐下降,而碳纤维的高温强度好;玻璃钢在潮湿环境中强度会损失15%,碳纤维的强度不受潮湿影响;碳纤维复合材料还具有优良的减摩性、耐蚀性、热导性和较高的疲劳强度。

② 碳纤维增强复合材料的应用

由于碳纤维复合材料具有以上优良的性能特点,所以适用于制造活塞、齿轮、密封环、高级轴承,化工零件和容器,飞机涡轮叶片,卫星、火箭机架,宇宙飞行器外形材料,天线构架,发动机壳体,导弹鼻锥等。

2. 层叠复合材料

层叠复合材料是由两层或两层以上不同材料叠合而成的。

① 层叠复合材料的性能特点

用层叠法增强的复合材料具有较高强度和刚度;很好的耐磨性、耐蚀性、绝热性和隔音性。常用的有双层金属复合材料、塑料-金属多层复合材料和夹层结构复合材料等。

例如,以钢为基体,烧结铜网或铜球为中间层,塑料为表面层的自润滑层叠复合材料,即SF型三层复合材料。这种材料力学性能取决于钢基体,摩擦、磨损性能取决于塑性,中间层主要起黏结作用。这种复合材料比单一塑料的承载能力提高20倍,导热系数提高50倍,热膨胀系数下降75%,改善了尺寸稳定性。

夹层结构复合材料是由两层薄而强的面板(或称蒙皮)中间夹着一层轻而弱的芯子组成。而板与芯子用胶接或焊接连在一起。夹层结构密度小可减轻构件自重,有较高刚度和抗压强度,并有很好的绝热性、绝缘性和隔音性。

② 层叠复合材料的应用

可制造高应力(140 MPa)、高温(270℃)、低温(-195℃)和无油润滑条件下的轴承以及飞机的机翼、火车的车厢等,并在汽车、矿山机械、化工机械等部门广泛应用。

3. 颗粒增强复合材料

由一种或多种材料的颗粒均匀地分散在基体材料内所组成的复合材料,称为颗粒增强复合材料。颗粒主要有金属颗粒和陶瓷颗粒,金属颗粒可提高材料的导电、导热等性能,陶瓷颗粒可提高材料的强度、耐热、耐磨和耐腐蚀等性能。例如,弥散强化后的金属材料就是颗粒复合材料，只不过其增强粒子有的是人为加入的，有的是热处理过程中析出的第二相形成的。金属陶瓷也是颗粒复合材料，它是将金属的热稳定性好、塑性好、高温易氧化和蠕变的性能，与陶瓷脆性大、热稳定性差、但耐高温、耐腐蚀等性能进行互补，将陶瓷微粒分散于金属基体中，使两者复合为一体。颗粒增强复合材料主要用来制造高速切削刀具、重载轴承及火焰喷管的喷嘴等高温工作的零件。

9.4　新型材料

9.4.1　纳米材料

纳米是一个长度单位，1纳米等于十亿分之一(10^{-9})米。广义的纳米材料是指在三维空间中至少有一维空间处于纳米尺度范围(1～100 nm，它大概是10个氢原子紧密排列的长度)或由他们作为基本单元构成的材料。这里所说的基本单元包括零维的纳米粒子、一维的纳米线和二维的纳米薄膜。纳米材料大部分都由人工制备，因此属人工材料。但在自然界早就存在纳米微粒和纳米固体，如天体的陨石碎片、人和兽类的牙齿等。

1. 纳米材料的分类

(1) 按传统的材料学科体系划分，纳米材料可分为纳米金属材料、纳米陶瓷材料、纳米高分子材料和纳米复合材料等。

(2) 按三维空间中被纳米尺度约束的自由度分，可分为零维的纳米粉末(颗粒或原子团簇)、一维的纳米纤维(管)、二维的纳米薄膜和三维的纳米块体等。

① 纳米粉末，即超微粉或超细粉，一般指粒度在100 nm以下的粉末或颗粒，是一种介于原子、分子与宏观物体之间的固体颗粒材料。

② 纳米纤维，它是指在三维空间尺度上有二维处于纳米尺度的线(管)状材料。如纳米丝、纳米线、纳米棒、纳米碳管和纳米碳纤维等。

③ 纳米薄膜，是指尺寸在纳米数量级的晶粒构成的薄膜以及每层厚度在纳米数量级的单层膜或多层膜。

④ 纳米块体，是将纳米粉末高压成型或烧结或控制金属液体结晶而得到的纳米材料。

2. 纳米材料的特性

由于纳米材料的结构特点使纳米材料具有许多与其他材料不同的特征，即量子尺寸效应、小尺寸效应、界面效应以及宏观量子隧道效应等。从而导致其在声、光、电、磁、热、化学作用及力场下，显现特异性能。

① 量子尺寸效应：当微粒的尺寸下降到一定值时，纳米材料中处于分立能级的电子的波动性带来了纳米材料的一系列特殊性能。如高度光学非线性、特异性催化和光学催化性质、强氧化性和还原性。

② 小尺寸效应：当粒子的尺寸与光波的波长、传导电子的德布罗意波长及超导态的相干长度、透射深度等物理特征尺寸相当或更小时，其声、光、电、磁和热等特征均会发生变化。如金呈块状时，其熔点为1 337 K，而2 nm的金粒子为600 K，纳米银粉的熔点只有100 ℃。

③ 界面效应：随着粒度减小，比表面积大大增加。如粒径为5nm，表面的体积分数为50%；当粒径为2 nm时则达80%。界面效应导致纳米体系的化学性质发生较大变化，如纳米

金属粒子室温下在空气中便可强烈氧化而燃烧。

④ 宏观量子隧道效应:当微观粒子的总能量小于势垒时,该粒子仍能穿透该势垒。

此外,不同的纳米材料具有不同的特征,因而引起材料界广泛关注。如:纳米陶瓷具有塑性或超塑性,甚至可以制成透明涂料;气体通过纳米材料的扩散速度比通过一般材料快几千倍;纳米铁的抗断裂能力比一般铁高12倍;纳米级的氧化物绝缘体,电阻反而下降;纳米铜比普通铜坚固5倍,而且硬度随纳米颗粒尺寸的减小而增大;纳米材料的电阻随尺寸下降而增大纳米氧化物对红外线、紫外线、微波有良好的吸收特性,在传统相图中根本不共溶的两种元素或化合物,在纳米态则可形成共溶体,制成新材料或复合材料。

3. 纳米材料的应用

由于纳米材料具有特殊的性能,所以可以应用纳米技术制成各种纳米材料,被广泛地应用于建筑、化工、纺织、环保、汽车和农业等行业中。

(1) 纳米纤维

将纳米 SiO_2、纳米 ZnO 或纳米 TiO_2 等添加在合成纤维树脂中形成地复合粉体材料,称为纳米纤维,可制成杀菌、防霉、除臭、防污和抗紫外线辐射的内衣和服装及抗菌用品,并可制造满足国防工业要求,具有抗紫外线辐射的功能纤维。除了目前的气相法和混相法制造纳米级添加剂外,今后可能将聚合物与添加剂基因用分子组装法制成纳米级功能纤维。

(2) 纳米塑料

由纳米尺寸的超细微无机粒子填充到聚合物基体中的聚合物纳米复合材料,称为纳米塑料。纳米塑料具备优异的物理、化学性能,耐热性好,强度高,透明度好,密度小,光泽度高以及具有阻燃自熄的功能。

(3) 纳米橡胶

纳米橡胶是指用纳米氧化锌代替普通氧化锌添加到橡胶的基体中,所形成的纳米材料。纳米氧化锌是一种新型多功能精细无机产品,具有独特的表面效应、体积效应和量子尺寸效应等,广泛用于橡胶、电子、陶瓷等行业。使用纳米氧化锌不仅可以减少普通氧化锌的用量,而且可提高橡胶制品的耐磨性和抗老化能力,延长使用寿命。

添加纳米材料可开发出许多高性能橡胶制品,如高强度橡胶和高弹性减振橡胶。碳纳米管的韧度是其他纤维的200倍,其压扁程度是理论预测的3~5倍,但又能像弹簧一样恢复原状,可用作汽车减振装置;碳纳米管的理论强度是钢的100倍,密度是钢的1/6,延展性超过高强度尼龙纤维的3倍;添加纳米材料可制作超强电缆或微型电线,奇形碳纳米管有很好的导电性,制成电线用途较广,特别是信息与移动通讯领域;碳纳米管添加到橡胶中,可以制成导电橡胶和防静电橡胶。

9.4.2 磁性材料

磁性材料主要是利用材料的磁性能和磁效应,如电磁互感效应、压磁效应、磁光效应、磁卡效应、磁阻效应和磁热效应等,实现对能量和信息的转换、传递、调制、存储、检测等功能作用。磁性材料在机械、电力、电子电信和仪器仪表等领域应用广泛。按成分不同,磁性材料可分为金属磁性材料(含金属间化合物)和铁氧体(即氧化物磁性材料);按磁性能不同,磁性材料又可分为硬磁材料和软磁材料两大类。

1. 硬磁材料(永磁材料)

硬磁材料又称永磁材料,具有矫顽力高($H_c>1\times10^4$ A/m)、剩余磁感应强度 B_r 高,且磁能积($B\times H$)大的特点,在外磁场去除后仍能较长时间地保持强而稳定的磁性能(磁场)。硬磁材料的应用主要有两个方面:其一是利用硬磁合金产生的磁场,其二是利用硬磁合金的磁滞特性产生转动力矩,使电能转化为机械能,如磁滞电机。工程上常见的永磁材料主要有下列几种:

(1) 淬火磁钢

在 $w_C=1.0\%$左右的碳钢中加入 Cr、W、Mo、Al 等元素制成铬钢(2J63)、钨钢(2J64)、铬钴钢(2J65)等。其特点是价格低廉,易于加工,但硬磁性能不高且不稳定,主要用于电表中的磁铁。

(2) 析出硬化铁基合金

以 α-Fe 为基弥散析出金属间化合物 Fe_mX_n(X 代表 Co、W、Mo、V 等)来提高硬磁性能,包括 FeCoW(2J51)、FeCoMo(2J25)等。其硬磁性能比淬火磁钢优越,且工艺性能仍较好,主要用于磁滞电机转子、录音材料等。

(3) 铝镍钴系和铁铬钴系合金

铝镍钴系硬磁合金以高剩磁为主要特征,常见牌号有 LN10、LNG40(GB4753－1984);铁铬钴系硬磁合金的磁性能与铝镍钴合金相近,但加工性良好,常见牌号有 2J83、2J85 等。

(4) 铁氧体硬磁材料

铁氧体硬磁材料主要包括钡铁氧体(BaO·6Fe2O3)和锶铁氧体(SrO·6Fe2O3)两种,常用牌号有 Y10T、Y25BH 等。此类材料的矫顽力与电阻率高而剩磁低,价格低廉,主要适用于高频或脉冲磁场。

(5) 稀土硬磁材料

此类材料是以稀土金属 RE(主要是钐 Sm、钕 Nd、镨 Pt)和过渡族金属 TM(主要是钴 Co、铁 Fe)为主要成分制成,通常分为三类,即第一代稀土硬磁材料 $RECo_5$ 型(如 $SmCo_5$)、第二代稀土硬磁材料 RE_2TM_{17} 型和第三代稀土材料 Nd-Fe-B 型。稀土钴材料的矫顽力极高,B_s(饱和磁化强度)和 B_r(剩余磁化强度)也较高,磁能积大且居里点高,但价格昂贵;而 Nd-Fe-B 的硬磁性能更优,有利于实现磁性元件的轻量化、薄型化和超小型化,且价格降低了近一半。

(6) 黏结硬磁材料

大多数硬磁材料都较脆、加工性能较差。而黏结硬磁材料则是将磁性粉末用高分子材料或低熔点金属黏结起来,制成各种形状尺寸的磁体,如冷库和电冰箱门框密封条、静电复印机和传真机中的磁辊、工件固定吸盘、磁轴承等。

2. 软磁材料

软磁材料具有矫顽力低,磁导率高,磁滞损耗小,磁感应强度大的特点,在外磁场中易磁化和退磁(即便是微弱磁场)。金属软磁材料的饱和磁化强度高(适合于能量转换场合)、磁导率高(适合于信息处理)、居里温度高(适合于在较高的温度工作),但因电阻率低,集肤效应,涡流损失大,故一般限于在较低频域应用;而铁氧体软磁材料的电阻率高且耐磨,可用于高频领域,如用作微波材料和磁头材料。常用的金属软磁材料如下:

(1) 电工纯铁

电工纯铁一般为 $w_C<0.04\%$、杂质含量较低的工业纯铁(如 DT4),其优点是 B_s 高(达 2.15 T)、

易于加工且价格低廉,缺点是电阻率低,涡流损耗大。该种材料主要用于制造直流磁场和低频磁场中工作的磁性元件,如各种铁心、电磁铁、电话机的振动片等。

(2) 铁硅合金(电工硅钢片)

铁硅合金是在工业纯铁中加入Si元素(w_{Si}=0.50%~4.8%)制成,常用牌号有DR530-50(热轧)、DW500-35(冷轧无取向)、DQ200-35(冷轧单取向)等。其优点是因Si的加入,电阻升高,涡流损失降低,磁性能比电工纯铁优越得多,是目前用量最大的金属软磁材料,主要用于制造电力变压器和仪表变压器的铁心材料;缺点是脆性和硬度迅速增高,给加工带来了一定的难度。

(3) 铁镍合金(通称坡莫合金)

铁镍合金指w_{Ni}=30%~50%的软磁材料,常用牌号有1J50(Ni50)、1J80(Ni80Cr3Si)、1J85(Ni80Mo5)等6种。铁镍合金的特点是即便在弱磁场中也具有最大的磁导率(故又称高导磁率合金),较高的电阻率且易于加工,适合于在交流弱磁场中使用,是用作精密仪表的微弱信息传递与转换、电路漏电检测、微弱磁场屏蔽等元件的最佳材料,如电信业、计算机和控制系统。因其B_s较低,故不适合于作功率传输器件。

(4) 铁钴合金

铁钴合金是B_s最高(约2.45 T)的金属软磁材料,且居里温度高达980℃,但电阻率较低,适于制作小型轻量电机和变压器。

(5) 非晶和微晶软磁材料

利用特殊制备方法(如快淬工艺、气相沉积、电镀、机械合金化等)可得到非晶、微晶乃至纳米晶的新型磁性材料。此类磁性材料具有极优良的软磁性能,如高磁导率、高饱和磁感应强度、低矫顽力、低磁滞损耗,良好的高频特性、力学性能和耐蚀性等。如使用材料为Fe-10Si-8B生产的非晶软磁材料作为变压器铁心,其损耗只有硅钢片铁心的1/3。

3. 磁致伸缩材料

铁磁性材料在外磁场的作用下发生形状和尺寸的改变(在磁化方向和垂直方向发生相反的尺寸伸缩),此为磁致伸缩效应;与此相反,在拉压力的作用下,材料本身在受力方向和垂直方向上发生磁化强度的变化,此为压磁效应。磁致效应很强烈的材料即为磁致伸缩材料,这类换能材料主要用作音频或超音频声波发生器振子(铁心),用于电声换能器,水声仪器、超声工程等,在水下通信与探测、金属探伤与疾病诊断、硬质材料的刀刻加工与磨削、催化反应及焊接方面应用广泛。

磁致伸缩材料一般属于软磁材料,主要有纯金属(如纯Ni)、合金(如Ni50Fe50、Fe87Al13等)以及稀土系超磁致伸缩材料(如Pr_2Co_17、$SmFe_2$等)。

9.4.3 超导材料

超导材料是指在一定的温度下电阻为零,内部失去磁通成为完全抗磁性的材料,也称为超导体。超导现象是荷兰的物理学家K·昂纳斯在1911年发现的,他在检测水银低温电阻时发现,将水银冷却到约4.2 K时,电阻突然下降到无法测量的程度,电阻值转变前后的变化幅度超过10^4倍。他认为,电阻的消失意味着物质已转变为某一种新的状态。他把这种电阻突然“消失”的现象称为超导性。现已发现数十种金属和近4 000种合金和化合物都具有超导性。

1. 超导现象产生的原理

在金属中，都存在大量的自由电子，而在某些金属中，电子之间的排斥力大于吸引力就不会出现超导性。在超导体中的电子之间有一种强相互吸引作用而形成了“电子对”。这种“电子对”的电子不能单独活动，只能成对游动。从电子-声子的相互作用原理出发，则要求电子-声子的相互作用足够强，以致使吸引力大于库仑排斥力，从而产生净吸引，这是产生超导性的必要条件。我们知道，任何一种金属的电导率是受电子-声子的相互作用所支配的。在周期表中，大部分的良导体，如 Cu、Ag、Au 等都不是超导体。Al 虽然是超导体，但临界温度 T_C（超导体从具有一定电阻的正常态，转变为电阻为零的超导态时的温度）很低。但在常温下导电能力差的金属，如 Nb 和 Pb 却是较好的超导体。

在超导体中能否促成电子的成对组合，直接依赖于温度的变化。

2. 超导材料的基本参数

(1) 临界温度 T_C(K)

临界温度是指材料产生超导现象的最高温度，也就是说，温度低于临界温度，材料才具有超导性。如汞(Hg)的 $T_C=4.2$ K，当升温到 4.2 K 以上时，电阻又大于零，而使超导现象消失。临界温度主要取决于材料的化学成分、晶体结构和有序度。

(2) 临界磁场强度 H_C

临界磁场强度一般是指在给定温度条件下材料由超导态转变到正常态所需要的最小磁场强度。如果外加磁场强度 H 大于 H_C 时，超导便被破坏，又会突然出现电阻，磁力线又能穿过导体，而失去抗磁性。

(3) 临界电流 I_C

通过超导材料的电流达到一定数值，可使超导体由超导态转变到正常态，此时的电流值称为临界电流。也就是说 $I<I_C$ 时，才有超导现象，如果通过导体的电流 I 大于 I_C 时就会失去超导态而转入正常态。

3. 超导材料的分类

按化学成分可将超导材料分为超导合金、超导陶瓷和超导聚合物等；按超导材料的 T_C（临界温度）和 H_C（临界磁场）值的大小可分为Ⅰ类超导体和Ⅱ类超导体。

(1) Ⅰ类超导体（软超导体）

Ⅰ类超导体的基本特征是：具有较低的 H_C 值和 T_C，一般 H_C 只有几百高斯，而 T_C 只有几开尔文，纯 Pb、Sn、Hg 属于此类。如果把这种超导体冷却到它的 T_C 以下，即呈现出超导性；当超过 T_C 时，即从超导态转变到正常态。如果施加一个递增的外磁场(H)达到 H_C 时，则超导体内由于“持续电流”所产生的磁化强度突然下降到零，原来被排出体外的磁通线重新侵入超导体内，超导体的电阻全部恢复，此时导体从超导态重新转变到正常态。

(2) Ⅱ类超导体

Ⅱ类超导体可分为理想的Ⅱ类超导体和非理想的Ⅱ类超导体

① 理想的Ⅱ类超导体

比较典型的Ⅱ类超导体是经过充分退火的金属铌和钒。这种超导体的主要特点是具有两个临界磁场的特性，即下临界磁场(H_{C1})和上临界磁场(H_{C2})。当外磁场超过 H_{C1}时，磁通线将慢慢侵入超导体内部，此时在超导体内部超导相和正常相（磁通线侵入的部分）共存，这种现象叫做“混合态”。这种“混合态”的导体已不再具有完全抗磁性的特征，但还保持其超导性。这是Ⅱ类超导体与Ⅰ类超导体的根本的区别。当外磁场达到 H_{C2}时，则磁化强度为零，超导体完全恢复到正常态。

此外，Ⅱ类超导体的临界电流也与Ⅰ类超导体不同。但外磁场为零时，临界电流(I_C)和Ⅰ类超导体一样正比于 H_C。如果施加一个外磁场时，临界电流值随着磁场的提高而迅速降低。当磁场达到 H_{C2}时，I_C 值下降到零。Ⅱ类理想超导体的上临界磁场值与Ⅰ类超导体的磁场值相差不多。

② 非理想的Ⅱ类超导体

在实际应用中，要求超导体不仅要具有高的磁场、高的临界温度，而且还应该具有高的负载电流能力。虽然Ⅰ类超导体和理想的Ⅱ类超导体的磁化过程都是可逆的，但它们的 T_C 和 H_{C2}值均较低。为了提高导体的 T_C 和 H_{C2}值和负载电流能力，在超导材料中加入其他元素使之形成合金或化合物，再进行适宜的压力加工和热处理，使材料中产生位错网、晶格缺陷以及沉淀物等非均质相。事实证明，导体的负载电流能力对材料内部结构十分敏感，人们正是利用这种特性来提高超导体的临界电流值的。通常把具有这种特性的超导体叫做非理想的Ⅱ类超导体。

4. 超导材料的应用

(1) 超导体在电力系统的应用

超导电力储存是效率最高的储存方式，利用超导输电可大大降低输电损耗。利用超导体制造的超导电机(电动机、发动机)、变压器、断路器和整流器等电力设备，广泛地被用于国民经济的各个领域中。

(2) 在交通运输方面的应用

利用超导材料的抗磁性，将超导材料放在一块永久磁体的上方，由于磁体的磁力线不能穿过超导体，磁体和超导体之间会产生排斥力，使超导体悬浮在磁体上方。超导磁悬浮列车是在车底部安装许多小型的超导磁体，在轨道两旁埋设一系列闭和的铝环。当列车运行时，超导磁体产生的磁场相对于铝环运动，铝环内产生的感应电流与超导磁体相互作用，产生的浮力使列车浮起。列车运行的速度越快，产生的浮力就越大，磁悬浮列车的速度可达 500 km/h。

(3) 超导计算机

人们可以利用超导材料制成超导存储器或其他超导元器件，再利用这些器件制成超导计算机。超导计算机的性能是目前计算机无法相比的。目前制成的超导开关器件的开关速度已达到几微微秒(10^{-12} s)的水平。这是当今所有电子、半导体、光电器件都无法比拟的，比集成电路要快几百倍。超导计算机运算速度比现在的电子计算机快 100 倍，而电能消耗仅是电子计算机的千分之一。如果目前一台大中型计算机，每小时耗电 10 kW，那么同样一台超导计算机只需一节干电池就可以工作了。

(4) 在其他方面的应用

用超导线圈可以储存电磁能，因为超导材料的电阻非常小，所以在很细的超导线中能通过极大的电流，它可以通过的电流是同样直径的铜导线的几百倍以上。用超导导线做成的线圈可以产生很高的磁场强度。此外，超导材料还具有体积小、质量轻、均匀度高、稳定性好、高梯度以及易于启动和能长期运转等优点，广泛用于高能物理研究(粒子加速器、气泡室)、固体物理研究(如绝热去磁和输运现象)、磁力选矿、污水净化以及人体磁核共振成像装置及超弱电应用等。

9.4.4　形状记忆合金

有些材料，在发生塑性变形后，经过合适的热过程，能够回复到变形前的形状，这种现象叫做形状记忆效应；形状记忆效应是由于热弹性马氏体相变产生的低温相在加热时向高温相进行可逆转变形成的。形状记忆效应又分为单程形状记忆效应和双程形状记忆效应。单程形状记忆效应是指材料在高温下制成某种形状，在低温下将其任意变形，若将其加热到高温时，材料能恢复高温下的形状，但重新冷却时材料不能恢复低温时的形状；若材料在低温时仍能恢复低温时的形状，则称为双程形状记忆效应。具有形状记忆效应功能的材料一般是由两种以上的金属元素组成的合金，称为形状记忆合金。

1. 形状记忆的原理

合金的形状记忆效应实质上是在温度和应力作用下，合金内部热弹性马氏体形成、变化、消失的相变过程的宏观表现。所谓热弹性马氏体就是在冷却时长大，加热时收缩，呈现出热弹性行为的马氏体。热弹性马氏体的相变具有可逆性，即在一定的加热或冷却速度下，高温相(母相)和马氏体(低温相)发生可逆转变。具有热弹性马氏体相变的某些合金，当所受的应力增加时，马氏体增大，反之则缩小，应力去除后马氏体消失。

形状记忆效应有三种情况：一是形状记忆合金在较低的温度下变形，加热后可恢复到变形前的形状，这种只在加热过程中存在的形状记忆现象称为单程记忆效应；二是某些合金加热时能恢复高温相形状，冷却时也能恢复低温相形状的现象称为双程记忆效应；三是加热时恢复高温相形状，冷却时变为形状相同而取向相反的低温相形状的现象称为全程记忆效应。

2. 常用的形状记忆合金

目前已经发现 20 多个合金系，共 100 多种合金具有形状记忆效应，典型的形状记忆合金有 Ti-Ni 系形状记忆合金、Cu 系形状记忆合金和 Fe 系形状记忆合金等。

(1) Cu 基形状记忆合金

铜基形状记忆合金材料在所有发现的记忆合金材料中占的比例最大。铜基形状记忆合金的加工性能好，并且价格低廉，生产成本只有 Ti-Ni 合金的 1/10 以下。但铜基形状记忆合金的记忆特性不如 Ti-Ni 合金。为了改善铜基形状记忆合金的形状记忆功能，向其中加入铝、镍、锌等元素形成了 Cu-Zn-Al 和 Cu-Ni-Al 三元合金，它们的特点是形状记忆性能好、生产过程简单，而且它的相变点可在 −100～300 ℃范围内随成分变化进行调节，但长期或反复使用时，热稳定性差、形状回复率会减小。

(2) Ti-Ni 形状记忆合金

Ti-Ni 形状记忆合金具有以下特点：

① 在热循环或应力循环中性能比较稳定，反复循环的寿命比较长。这是因为 Ti-Ni 合金的弹性各向异性小，难以在晶界处产生大的应力集中；

② 其形状记忆特性是迄今为止发现的形状记忆合金中最好的一种；

③ 在固溶处理后晶粒非常小，因此成型性能良好，不会像铜基记忆合金那样，在晶界处产生破裂；

④ Ti-Ni 形状记忆合金的形状记忆效应表现在马氏体相变过程中，记忆合金随着温度的变化表现出形状变化(形状回复)，同时产生回复应力，马氏体相变和马氏体逆相变存在着温度滞后，经历了一定的热循环或应力循环后，形状记忆特性开始逐渐衰减以至消失，即存在疲劳寿命等。

(3) Fe基形状记忆合金

最早发现的Fe基形状记忆合金是Fe-Pt、Fe-Pd合金具有形状记忆效应,而且马氏体相变为热弹性型(即表现出对热量呈弹性行为)。但是,Pt和Pd都是贵金属,在实际中应用较少。这几年对铁基形状记忆合金的研究主要放在不锈钢为基体的合金上,近年来又主要在FeMnSi合金为基体的开发中获得了很大的进展。

某些铁基形状记忆合金的成本比铜基合金还要低廉许多,从经济角度考虑,利用价值很大。

3. 形状记忆合金的应用

由于形状记忆合金具有常规材料所不具备的特殊的性能,使其应用日趋广泛。

(1) 在工业上的应用

形状记忆合金可以用做管子的接头、密封件等。如管接头的内径比待连接管子的外径约小4%,在M_f温度以下,马氏体非常软,接头内径很容易扩大。在此形态下,将管子插入接头内,加热后,接头内径即回复到原来尺寸,使两管件紧紧地箍紧。因为形状回复力很大,故连接很严密,无泄漏的危险。美国F14战斗机的压油系统内很多管接头都采用这种加工工艺。

(2) 在医学方面的应用

Ti-Ni基形状记忆合金的形状记忆效应和超弹性在医学上的应用非常广泛。如血栓过滤器、牙齿矫形丝、脊椎矫形棒、接骨板、髓内针、人工关节、心脏修补元件、脑动脉瘤夹和人造肾脏用微型泵等。

(3) 在通讯方面的应用

1970年,美国首先将Ti-Ni形状记忆合金用于宇宙飞船的天线。方法是在宇宙飞船发射之前,在室温条件下,将经过形状记忆处理的Ti-Ni形状记忆合金丝折成直径在5 cm以下的球状放入飞船内,飞船进入太空轨道后,通过加热或者是利用太阳能将其晒热,使合金丝的温度升高,达到77 ℃后,被折成球状的合金丝就完全打开,成为原先设定的抛物面形状,作为天线,用于通讯。

(4) 日常生活中的应用

用记忆合金黄铜弹簧制成防烫伤喷头,当水的温度太高时,弹簧可以自行关闭热水,以防止沐浴时烫伤;用记忆合金制作的眼睛架,弯曲时,只要将它放入55 ℃的温水中,即可恢复到原来的形状。

习 题

1. 什么是高分子材料?高分子材料包括哪些材料?
2. 什么是塑料?塑料的性能有什么特点?
3. 塑料是由哪些物质组成的?各组成部分有何作用?
4. 常用的工程塑料有哪些?各有什么特点?
5. 什么是橡胶?橡胶的性能有什么特点?
6. 在橡胶中加入配合剂有什么作用?常用的配合剂有哪些?
7. 和其他材料相比,陶瓷有哪些性能特点?
8. 举例说明复合材料与单一材料在性能上的差异。
9. 什么是纳米材料?纳米材料由哪些特征?主要应用于哪些行业?

第10章 常用机械工程材料的选用

在机械零件设计和制造过程中，为了达到一定的功能或性能，不仅要对零件的结构和形状进行合理的设计，材料的选择也是一个非常重要的环节。无论是采用新型材料进行创新设计，还是对现有的常用材料进行合理的选用，各种材料本身的性能，都会对零件的结构设计、产品性能、使用寿命以及加工工艺、制造成本、零件质量等方面产生重要的影响。

选择材料的过程，并不是参照同类产品进行简单的重复，而是要针对零件具体的工作条件、使用环境、受力状态和零件的主要失效原因等各种因素，在满足零件所必须达到性能的要求的前提下，综合考虑材料的工艺性和经济性，在多种可行方案中筛选优化的系统工程。在生产实践中，考虑因素不够全面、选材不当，往往是造成零件失效或加工困难、成本居高不下的一个重要原因。因此，了解机械零件材料的选用原则，掌握材料的选用方法，能正确、合理地选择和使用材料是从事机械设计和制造的工程技术人员所必须具备的能力。

10.1 零件的失效与分析

10.1.1 失效的概念

所谓失效，就是指机械零件失去正常条件下所应具有的工作能力的现象。根据损坏的程度及其对使用功能的影响大小，零件失效一般分为下列三种情况：

(1) 完全破坏，不能继续工作，如零件断裂或产生较大的塑性变形等；

(2) 严重损伤，继续工作不安全，如机床主轴的变形、受力零件出现危险裂纹等；

(3) 轻微损坏，能安全地工作，但已达不到预定的精度或功能，如齿轮磨损、模具型腔表面因磨损而变粗糙等。

一般机械零件都是按一定的使用寿命设计的，在超过零件使用期限后发生的失效是正常的，其危害是可以预见的，可以通过正常的保养、维修及时发现并解决。但有些零件在不到使用寿命，甚至是远远低于其使用寿命时即发生失效，特别是那些没有明显预兆的失效，往往会带来严重的后果，造成巨大的经济损失，甚至导致重大的灾难事故。因此，认真分析零件失效的原因，提出预防措施，是进行产品结构设计、合理选择材料和改进加工工艺的重要依据。

10.1.2 失效的形式

机械零件常见的失效形式主要有断裂失效、过量变形失效和表面损伤失效等三种基本类型。

1. 断裂失效

断裂失效是指机械零件在工作过程中由于应力的作用发生完全断裂的现象。重要零件的断裂失效将导致整个机器设备无法正常工作。根据断裂方式的不同，断裂失效主要分为塑性断裂、疲劳断裂、低应力脆性断裂和蠕变断裂等类型。

(1) 塑性断裂

塑性断裂是指零件承载截面上所受的应力超过了零件材料的屈服强度,产生塑性变形,直至发生断裂的现象。其典型的例子是光滑试样拉伸时先产生缩颈,后发生断裂。

塑性断裂在实际工程应用中并不常见,因为在断裂发生前已经产生了较大的塑性变形,使零件因不能正常工作而失效,易于早期发现,不等断裂发生已及时处理。因此,一般塑性断裂容易预防,不易造成严重后果,危险性相对较小。

(2) 疲劳断裂

疲劳断裂是指零件在交变循环应力多次作用下发生断裂的现象。

疲劳断裂失效是机械零件最常见的失效形式之一。疲劳断裂的主要特点是:①引起疲劳断裂的应力较低,一般大大低于材料的屈服强度;②断裂前没有明显的宏观塑性变形,在没有预兆的情况下突然发生断裂。因此,疲劳断裂的危险性较大,在设计时必须重视。影响零件疲劳强度的主要因素有载荷类型、材料的选用、内部组织、零件的结构形状以及表面状态等,因此,提高零件疲劳强度的主要措施有选择正确的材料,结构设计时尽量减少应力集中,强化表面和提高表面质量。

(3) 低应力脆性断裂

低应力脆性断裂是指零件在所受应力远低于材料屈服强度时发生断裂的现象。如在低温时受到冲击载荷,或在超高强度钢由于氢脆的影响,零件发生没有明显预兆的脆性断裂。脆性断裂往往会带来灾难性的后果,是最危险的零件失效形式。

(4) 蠕变断裂

蠕变是指金属材料在较高温度(再结晶温度以上)与应力的作用下,缓慢地产生塑性变形,且变量随着时间的延长而增加的现象。零件由蠕变而引起的断裂称为蠕变断裂。一般情况下,材料熔点越高,蠕变抗力就越大,即发生蠕变的温度越高。蠕变时有明显的塑性变形发生,易于提前观察判断,一般不会产生严重的后果。

2. 过量变形失效

过量变形失效是指机械零件在工作中受到外力作用,发生过量的弹性变形或塑性变形而失效的现象。零件过量的变形会使机器设备无法正常工作,或达不到预期的性能。根据变形性质的不同,过量变形失效主要分为过量弹性变形和过量塑性变形两大类。

(1) 过量弹性变形失效

机械零件在受到外力作用时,都处于弹性变形状态。但是,大多数零件在工作时只允许一定的弹性变形量,若发生过量的弹性变形就会造成零件失效,因此,要求零件应有足够的刚度。例如机床的主轴、镗床的镗杆,若发生过大的弹性变形就会影响其加工精度。而对于各种弹簧等弹性元件,为了达到一定的弹性变形要求,就需要选用弹性极限高、弹性模量小的材料来制造。

(2) 过量塑性变形失效

当受力超过了材料的屈服强度时,零件就会发生塑性变形。塑性变形失效是机械零件常见的失效形式之一。机器零件在使用过程中一般是不允许产生塑性变形的,在进行零件设计时也都考虑留有一定的余量,但由于偶然的原因,机器零件在工作中有时也会产生过载,或短时间工作应力超过材料的屈服强度,而产生塑性变形。绝大多数零件一旦产生塑性变形,就会失去其应有的功能,致其失效。也有一些零件在允许的塑性变形范围内仍可使用。

3. 表面损伤失效

表面损伤失效是指机械零件在工作中,由于机械力或化学腐蚀的作用,使其工作表面产生磨损、疲劳点蚀、腐蚀等损伤的现象。表面损伤会使机器设备的精度降低,严重时会使设备无法正常工作。

根据损伤形式的不同,表面损伤失效一般分为磨损失效、表面疲劳失效和腐蚀失效三大类。

(1) 磨损失效

磨损失效是指在机械力的作用下,相对运动的零件表面之间发生摩擦,材料以细屑的形式逐渐磨耗,使零件的表面材料不断损失,从而导致零件最终失效的一种形式。磨损失效是一种渐进的失效形式,没有明确的界限,主要表现为零件尺寸不断减小,零件表面逐渐变得粗糙,出现许多擦伤痕迹。

磨损最常见的有磨粒磨损和黏着磨损两种主要类型。

① 磨粒磨损:是指在零件相对摩擦时,由于硬质颗粒对金属表面的切削作用,造成被磨表面产生沟槽,磨面材料逐渐耗损的一种磨损。磨粒磨损是机械零件常见的一种磨损形式,硬质颗粒可以是外界带人的尘埃、砂石,也可以是零件材料内部的硬质相。提高材料的硬度是减少磨粒磨损的有效方法之一。

② 黏着磨损:是指在零件相对摩擦时,其表面微小的凸起部分,在压力和摩擦热的作用下发生焊合或黏着,当零件继续运动时,黏着部分又被撕开,使材料从一个表面转移到另一个表面所造成的表面磨损。黏着磨损又称咬合磨损。提高零件的表面强度,减小表面摩擦系数,都能减少黏着磨损。如对零件进行渗碳、氮化处理,可以提高其耐磨性;或进行硫化、磷化处理,减小表面摩擦系数,可以起到减摩作用。

(2) 表面疲劳失效

表面疲劳失效是指相对滚动接触的零件,在工作过程中,由于交变接触应力的长期作用,使表层材料发生疲劳破坏而剥落的现象,又称疲劳点蚀。表面疲劳失效的表现形式主要有,在接触表面上出现许多细小麻点,或形成较大的凹坑,有时甚至会产生表面硬化层大块剥落,这些都会对设备的正常使用产生严重的影响。一般采用表面淬火或化学热处理的方法,并使表面硬化层有一定的深度,提高零件的疲劳强度和表面硬度,可有效地提高零件的抗表面接触疲劳能力。

(3) 腐蚀失效

腐蚀失效是指零件表面由于和周围介质发生化学或电化学反应引起表面损伤的现象。它与材料本身的成分、结构和组织有关,也与介质的性质密切相关。同样的材料在不同的介质中,往往性能表现差异极大,如黄铜在海水和大气中具有良好的耐蚀性,但在含氨的环境中却极易腐蚀。

10.1.3　失效的原因与分析方法

1. 零件失效的原因

在实际使用过程中,造成零件失效的因素有很多,归纳起来主要有以下几个方面。

(1) 结构设计方面

零件的整体结构设计不合理,薄弱区域未得到有效的加强,造成零件在工作中承载能力不足。零件的局部结构、形状和尺寸设计不合理,存在尖角、尖锐缺口和过小的过渡圆角等缺陷,往往是产生应力集中的重要原因。另外,对零件的实际工作条件估计不足,使得零件在工作中安全系数较低,抗过载能力过低。对零件工作时所处的温度、介质等环境的变化考虑不够,使零件的实际承载能力大大降低。

(2) 材料选择方面

在选择材料时只注意了材料的部分常规性能指标,而对零件的失效形式、实际性能指标要求的判断存在较大的偏差,造成选材错误。或者是对产品本身的工作条件、性能特点理解不深,照搬同类产品的材料和处理工艺,忽略了产品间的差异,造成选材不当。另外,选用的材料质量差,含有夹杂物、杂质元素或不良组织,使得零件达不到应有的性能指标。还有生产中管理不严,造成混料或错料,也是造成产品失效的一个重要原因。

(3) 加工工艺方面

在零件加工和成型过程中,由于采用的工艺方法和工艺参数不正确,使零件产生各种各样的缺陷,最终导致零件失效。如零件在机械加工中,出现表面粗糙度值过大、刀痕纹路较深,或磨削时产生较高的残余应力、裂纹或回火等缺陷。铸件中有气孔、疏松、夹杂甚至裂纹等缺陷。锻造时温度过高,会产生过热、过烧,温度过低则会因材料塑性下降而开裂;或者钢中含硫量过多,出现热脆;还有锻造流线分布不合理,也会造成零件失效。焊接时,焊缝区域金属的强度、硬度、晶粒度及化学成分等方面都发生了变化,而且还会产生高应力和裂纹,影响焊接质量。在热处理时,加热温度、保温时间、冷却介质以及回火温度等工艺参数制定不当,都会使零件产生变形、开裂、氧化和脱碳等各种热处理缺陷。

(4) 装配安装使用方面

零件装配工艺或操作不当,零件装配或配合过紧、过松,或者机器安装时对中不准、固定不紧、润滑不良等都可造成失效。在使用过程中,由于操作、维护、保养不当,或不按要求违规使用,均有可能使零件失效。

零件失效的形式很多,导致零件失效的原因也是多种多样的。在实际应用中,一个零件的失效往往是多种因素造成的,因此,在分析零件失效的原因时,应根据零件的主要失效形式,从设计、选材、加工和安装使用等各方面逐一分析、综合判断,最终找出起主要作用的失效原因,为下一步的改进改善提供正确的依据。

2. 零件失效分析的方法

因为零件失效的原因很多,分析起来也相当复杂,涉及面很广,所以分析零件失效必须要有一个科学的方法和合理的工作程序。失效分析的基本步骤如下。

(1) 收集证据,收集失效零件的残体,观察并纪录失效部位、尺寸变化、断口宏观特征,对失效部位进行拍照;对失效部位取样,收集表面剥落物和腐蚀产物供分析参考。

(2) 调查经过,了解零件的工作环境、失效经过。

(3) 查阅资料,查阅失效零件在设计、材料、加工、安装、使用及维护等方面的原始资料,切实了解该零件的实际状况。

(4) 试验分析,对零件失效部位用肉眼或低倍显微镜进行宏观观察,用高倍光学显微镜或电子显微镜微观断口进行微观观察和分析以及做相应的金相分析,确定失效的发源点和失效形式。对失效零件,特别是其失效部位进行化学成分、显微组织、应力分析、力学性能测试及断裂力学分析等一系列分析测试,以便确定失效原因。

(5) 综合分析，对失效零件进行全面分析，确定失效形式，找出失效原因，提出改进措施，写出分析报告。

10.2　材料选择的一般原则、方法和步骤

在零件的设计过程中，设计人员不仅要根据零件的功能，设计零件的形状和结构，还要分析零件可能的失效形式，选择合适的材料。在选择零件的材料时，除了要满足零件的使用性能要求外，还应从材料的加工工艺、制造成本等方面出发，综合考虑，从多种可选的材料中选择最佳方案。

10.2.1　材料选择的一般原则

机械零件材料选择的一般原则主要包括以下几个方面，即材料的使用性能、工艺性能和经济性。

1. 材料的使用性能

材料的使用性能是指零件在工作时材料应具有的力学性能、物理性能和化学性能。材料的使用性能是材料选择时最主要的依据，其要求是根据零件的工作条件和失效形式提出的。

零件的工作条件主要包括三个方面：

(1) 受力状态，包括应力的种类（如拉伸、压缩、弯曲、扭转和剪切等）、载荷的性质（如静载、动载、交变载荷等）、载荷的大小和分布等情况；

(2) 工作环境，即零件工作时所处的环境条件，如工作温度、环境介质和摩擦条件等；

(3) 特殊要求，主要包括对材料的导电性、导热性、磁性、密度、外观、耐高温、耐蚀性等物理性能和化学性能的要求。

零件在工作时的受力状态是选择材料力学性能指标的重要依据。常用的力学性能指标主要有强度、硬度、塑性、韧性等，在零件设计时，应根据零件的受力状态和主要失效形式，着重考虑所需的性能指标。例如，轴类在工作时主要受交变弯曲应力、扭转应力、摩擦力和冲击力作用，失效形式一般为疲劳断裂、磨损和过量塑性变形，设计时应着重考虑材料的疲劳强度、屈服强度、硬度和塑韧性等性能指标。齿轮在工作时主要受交变弯曲应力、接触应力和冲击力作用，失效形式一般为断齿、疲劳点蚀、齿面磨损等，因此，设计时应着重考虑材料的弯曲、接触疲劳强度、表面硬度、心部强度和韧性等性能指标。

强度指标意义明确，可直接用于零件各种承载能力的定量计算，但在实际生产过程中，零件强度的检验却比较困难，直接检查要破坏零件，用试棒检查有时又不能全面反映零件的实际状态。硬度的检验则简单得多，而且基本上不会破坏零件，同时，在一定条件下，硬度和强度有较强得相关性，因此，在零件设计时，往往用硬度作为材料的主要力学性能指标和零件的质量检验标准，零件图上一般也仅标注零件应达到的硬度要求。实际应用中，硬度相同但组织不同时，材料的力学性能也会存在较大的差异，如正火和调质处理都可以使材料达到相同的硬度，但因组织不同，其力学性能有一定的差异。所以，在标注零件硬度要求的同时，也应对采用的热处理工艺作出明确规定。

实际零件的受力情况较为复杂，往往存在台阶、键槽、螺纹及刀痕等易产生应力集中的结构，容易产生变形和裂纹。因此，在设计零件和选材时，应根据零件的实际条件，对常规力学性

能数据加以修正后使用。必要时可通过试验进行验证。

对于特殊条件下工作的零件,除了要考虑常规的力学性能外,还要考虑特殊性能要求和环境介质的影响。如汽轮机叶片工作时有交变弯曲应力和冲击载荷外,还有高温燃气的作用,主要失效形式为疲劳、腐蚀和过量塑性变形,设计时应考虑材料在高温下的弯曲疲劳强度、蠕变极限、耐蚀性和韧性等性能指标;储存酸、碱的容器和管路,应主要考虑材料的耐酸、碱的能力,可选用0Cr19Ni9等不锈钢。

2. 材料的工艺性能

所选用的材料仅仅满足使用性能的要求是不够的,还必须具有一定的加工工艺性能。其工艺性能的好坏,直接关系到零件的加工工艺、生产效率、制造成本和产品质量,因此,在满足使用性能要求的条件下,材料的工艺性能往往成为决定材料取舍的重要因素。材料的工艺性能是指材料加工成型的难易程度,主要包括铸造性能、压力加工性能、焊接性能、切削加工性能和热处理工艺性能等。

(1) 铸造性能

金属材料的铸造性能一般从流动性、收缩性、偏析倾向等方面进行综合评定。铸造性能好的材料通常具有流动性好、收缩率低和偏析倾向小的特点。合金的熔点低、结晶温度范围小则其铸造性能一般也较好。同一合金系中,共晶成分或接近共晶成分的合金,其熔点最低、结晶温度范围最小,铸造性能也最好。在常用的铸造合金中,铸造铝合金和铜合金的铸造性能较好,其次是铸铁,铸钢的铸造性能较差。在各种铸铁中,又以灰铸铁的铸造性能最好。

(2) 压力加工性能

压力加工性能主要包括锻造性能、冷冲压性能等,通常用材料的塑性和变形抗力来衡量。材料的塑性越好,变形抗力越小,则其压力加工性能也越好。金属材料的压力加工性能与加工方法密切相关,如锻造性能主要与材料在加工时的塑性、变形抗力和可加工温度范围有关,而冷冲压性能则与材料的塑性、成型性、表面质量和产生裂纹倾向等有关。

一般来说,纯金属的压力加工性能优于其合金,单相固溶体优于多相合金,低碳钢优于高碳钢,非合金钢优于合金钢。铜合金的压力加工性能较好,而铝合金的流动性低,锻造温度范围窄,锻造性能较差。

(3) 焊接性能

焊接性能一般用焊接接头的力学性能和焊缝处形成裂纹、脆性和气孔的倾向来衡量。在常用的金属材料中,低碳钢、低合金结构钢的焊接工艺简便,焊接接头具有足够的强度和韧性,焊缝不易产生裂纹焊接缺陷,具有良好的焊接性能。中碳钢的焊接性能有所下降,随着碳和合金元素质量分数的增加,材料的焊接性能将越来越差。铸铁由于碳的质量分数大,焊接时产生裂纹的倾向较大,焊缝处易形成白口组织,一般只能用于铸铁件的焊补。铜合金和铝合金的导热性高,焊接时裂纹倾向大,易产生氧化、气孔等缺陷,焊接性能较差,需采用氩弧焊工艺进行焊接。

(4) 切削加工性能

切削加工性能一般从切削速度、切削抗力、零件表面粗糙度、断屑能力以及刀具磨损量等方面来评价。铝、镁、铜合金和易切削钢的切削加工性能较好,其次是碳钢和铸铁,钛合金、高温合金、奥氏体不锈钢等材料的切削加工性能则较差。

材料的切削加工性能不仅与化学成分有关,其力学性能和显微组织也会产生很大的影响,因此,针对不同的材料,应采取不同的处理工艺,将其组织和硬度调整到合适的范围,以改善其切削性能。经验表明,钢的硬度在 170～230 HB 时,切削性能较好;当硬度提高到 250 HB 时,加工后表面粗糙度值较小,表面质量得以提高,但此时对刀具的磨损较严重;当硬度大于 300 HB 时,其切削性能显著下降;而硬度偏低时,切削表面易形成积屑瘤,表面粗糙度值较大,也同样会缩短刀具的寿命。

在生产上,对于$w_C \leqslant 0.25\%$的低碳钢,一般采用正火处理,得到细片状珠光体组织,使硬度适当提高,以利于切削加工;当$w_C = 0.25\% \sim 0.4\%$时,可采用正火或退火工艺,提高切削表面质量;当$w_C = 0.4\% \sim 0.6\%$时,采用调质或退火处理,得到回火索氏体组织,或适当降低材料硬度,改善其切削性能;当$w_C > 0.6\%$时,则采用球化退火工艺,获得球状珠光体组织,以降低材料的硬度,改善切削加工性能。

(5) 热处理工艺性能

热处理工艺性能主要包括淬透性、淬硬性、变形开裂倾向、氧化脱碳倾向、过热敏感性、回火脆性和回火稳定性等。大多数金属材料都需要经过热处理,才能达到零件要求的性能。热处理工艺性能的好坏,直接影响到零件的性能、质量和成本。因此,材料的选择和热处理工艺的制定往往是同时进行、综合考虑的结果。例如,碳钢与合金钢相比,其淬透性较低,变形、开裂倾向较大,一般适合制作一些尺寸小、形状简单和强度、韧性要求不高的零件;而对于要求截面尺寸较大、形状复杂和强度要求较高的零件,应选用合金钢并采用油淬火等较为缓和的淬火工艺,这样既能保证零件的力学性能,又可避免淬火开裂的发生。

3. 材料的经济性

在满足使用性能和工艺性能的条件下,材料的经济性也是材料选择时必须考虑的重要因素。材料的经济性是指所选用的材料生产出来的零件,其总成本最低,经济效益最好。零件的总成本主要包括材料的价格、零件的加工费用、使用维修成本和资源供应状况等方面,应综合考虑。

(1) 材料的价格

各种材料的价格差别较大,材料成本在零件的总成本中也占有相当大的比重,因此,在能够保证零件性能的前提下,应尽量选用价格便宜的材料,以降低零件的成本。如碳钢能满足要求时就不选用合金钢,低合金钢能满足要求时就不选用高合金钢。为了节省贵重材料,可针对零件不同部位性能要求的不同,分别选用不同的材料。如磨床顶尖,其顶尖端部工作条件恶劣,要求有一定的耐磨性和热硬性,因此顶尖端部选用高速钢 W18Cr4V,而柄部选用 45 钢,分别进行热处理后,将高速钢顶尖端部镶在 45 钢柄部上,这样既能满足使用要求,又可节约贵重材料,降低零件成本。

(2) 零件的加工费用

不同材料的加工工艺不同,加工费用也有很大的差异。在生产中应合理地安排加工工艺,尽量采用精铸或精锻毛坯,减少切削加工工序和加工余量,提高材料利用率,降低零件成本。另外,加工费用还与产品批量、加工设备有关,一般大批量生产和采用专用设备加工,生产效率较高,加工成本会显著降低。

(3) 使用维修成本

有时材料的价格虽然较高,但由于性能优良,产品质量高,使用寿命长,维修保养费用低,其性价比更高,因而更加经济。如要求性能可靠、自重较轻的航空航天零件,或要求性能好、质量高、使用周期较长的工模具等零件,由于材料价格的因素与其使用维修相比所占的比重较低,采用高强度的铝合金、优质的合金钢、硬质合金等材料比用碳钢更加经济合理。

(4) 资源供应状况

在选择材料时,需要考虑材料的来源应充分,采购便利,同时还应尽量减少材料的品种规格,降低库存,以便于生产管理,减少积压。

10.2.2 材料选择的方法与步骤

1. 材料选择的方法

选材时应根据零件的工作条件和失效形式,首先考虑材料的主要使用性能能否满足要求,然后再进一步考虑其加工性能和经济性,机械零件材料的选择是一个综合评价与优化决策的过程。

(1) 以综合力学性能为主

机械中的许多结构零件,如轴、连杆、低速轻载齿轮等,工作时主要承受交变载荷与冲击载荷的作用,易导致零件疲劳断裂和过量塑性变形。因此,要求材料具有良好的综合力学性能,即材料的强度和疲劳极限要高,同时还要有较好的塑性与韧性。对于这类零件,常选用中碳钢或中碳合金钢,正火或调质处理后使用,其中最常用的是45钢和40Cr钢。

(2) 以疲劳强度为主

对于在交变载荷条件下工作的零件,如发动机曲轴、齿轮、滚动轴承、弹簧等,其主要失效形式是疲劳破坏,因此,选材时应重点考虑材料的抗疲劳性能。通常,材料的强度越高,其疲劳强度也越高;调质处理比正火和退火组织具有更高的疲劳强度。

一般认为,应力集中是导致零件疲劳破坏的重要原因,在设计时应尽量改善零件的结构形状,避免应力集中的产生。此外,由于疲劳裂纹一般产生在零件的表面,通过表面淬火、渗碳、渗氮等表面热处理的方法强化表面,或进行喷丸、滚压增加表面残余压应力,或降低零件的表面粗糙度等工艺方法都能有效地提高零件的疲劳强度。

(3) 以磨损为主

机械零件在接触状态下运动时,会产生相互摩擦,导致零件表面磨损。一般情况下,材料的硬度越高,其耐磨性越好。根据工作条件的不同,材料可作如下选择。

① 摩擦剧烈,但受力较小,无大的冲击载荷的零件,如钻套、顶尖、量具等。因为对塑性和韧性要求不高,通常选用高碳钢或高碳合金钢,进行淬火+低温回火处理,得到高硬度的回火马氏体和碳化物组织,就可以满足使用要求。

② 同时承受磨损和交变载荷以及一定的冲击载荷的零件,要求材料表面具有较高的耐磨性,同时还要有较高的强度、塑性和韧性。因此,材料本身应具有良好的综合力学性能,还要能通过表面热处理等强化方法提高其表面耐磨性。对于载荷相对较小、磨损较轻的零件,如机床主轴、机床齿轮等,常采用中碳钢或中碳合金钢,正火或调质后再进行表面淬火+低温回火处理,使零件表面具有高硬度,心部综合力学性能良好。对于载荷较大、磨损严重的零件,如机汽车变速齿轮等,可选用低碳钢或低碳合金钢,经渗碳、淬火+低温回火处理后,表面为高硬度、高耐磨性的高碳马氏体和碳化物组织,心部为强度高、塑韧性良好的低碳马氏体组织,以满足使用要求。

③ 要求具有小的摩擦系数的零件，如滑动轴承、轴套等，可采用轴承合金、减磨铸铁、工程塑料等材料制造。

(4) 以特殊性能为主

对于特殊条件下工作的零件，主要应考虑材料的特殊性能。如在高温下工作并承受较大载荷的零件，一般选用热强钢或高温合金；而受力不大的零件则可考虑采用耐热铸铁制造。对于在腐蚀性介质中工作的零件，主要应考虑其对相应介质的耐蚀能力。

2. 材料选择的步骤

材料选择的基本步骤如下：

(1) 分析零件的工作条件和失效形式，明确零件材料的主要性能要求；

(2) 对同类产品的材料选用情况进行调研，从使用性能、工艺性能、经济性以及实际使用效果等各个方面进行综合分析评价，以供选材时参考；

(3) 查阅有关设计手册，通过相应的计算，确定零件应有的各种性能指标，一般情况下主要考虑的是力学性能指标；

(4) 初步选择具体的零件牌号，并决定热处理工艺和其他强化方法；

(5) 对于重要零件和关键工序，在设计阶段就应进行单件、小批量生产，验证材料的实际使用性能及加工工艺性能，并根据试验结果进行相应的设计修改，最终确定合适的材料和热处理工艺。

10.3　典型零件的材料选择

机械零件的工作条件不同，对性能的要求各异，选择不同的材料，其性能特点、加工工艺也不尽相同。因此，在零件设计时，应在能满足性能要求的材料中综合比较，合理选材。工程材料主要有金属材料、高分子材料、陶瓷材料和复合材料等四类，它们的性能特点各不相同，在机械工程中有着各自的用途和应用范围。

目前机械工程中常用的高分子材料主要有工程塑料、合成橡胶等，它们有一定的强度，具有成型性好、弹性高、电绝缘性好和密度小等特点，广泛应用于制造各类产品的壳体、覆盖件，轻载结构件、受力较小的机械零件以及各种密封圈、轮胎等弹性、密封件。

陶瓷材料硬度高，热硬性好，化学稳定性好，绝缘性能优良，可用于制造砂轮磨料，电器元件和各种耐磨、耐蚀、耐高温零件。但由于陶瓷材料较脆，目前还不能用于制作承载较大的受力构件。

复合材料可以克服单一材料的弱点，充分发挥不同材料的优良性能，具有比强度、比模量高，抗疲劳、抗断裂性能好，减摩、减振性好，高温性能优良，化学性能稳定等突出的性能特点。目前复合材料的成本还较高，这在很大程度上限制了其应用范围，但作为一种性能优良的新型工程材料，它的应用和发展前景非常广阔。

金属材料具有良好的综合力学性能，还可以通过热处理和加工硬化等手段，进一步调整和改善其组织和性能，可用于制造各种重要的机械零件和工程构件。同时其加工工艺成熟、生产成本较低，其中尤其是钢铁材料的应用最为广泛，目前仍然是机械工程中最主要的结构材料。

下面以轴类、齿轮和箱体类零件为例，说明工程材料的选择方法与工艺路线。

10.3.1 轴类零件

轴是机械中的重要零件之一,其主要作用是支承传动零件,传递运动和动力,是直接影响机器的精度和寿命的关键零件。

1. 工作条件和失效形式

(1) 承受交变的弯曲载荷和扭转载荷的复合作用,易导致疲劳断裂。

(2) 承受过载和冲击载荷,易导致轴产生过量变形,甚至断裂。

(3) 轴颈或花键处承受局部摩擦和磨损,易导致磨损失效。

2. 材料应具备的性能

(1) 良好的综合力学性能,即具有足够的强度和一定的塑韧性,防止过量变形和断裂。

(2) 高的疲劳强度,防止疲劳断裂。

(3) 高的表面硬度和耐磨性,防止轴颈等处磨损。

(4) 在高温条件下、或腐蚀性介质中,还要求有高的抗蠕变能力和耐腐蚀性能。

3. 材料选择与工艺路线

(1) 材料选择

轴类零件在选材时主要考虑强度,同时要兼顾材料的冲击韧性和表面耐磨性。因此,轴类零件一般采用经过锻造或轧制的低碳钢、中碳钢、合金钢或球墨铸铁制造。为了使材料具有良好的综合力学性能,常用钢种主要是中碳钢和中碳合金钢,如 45、40Cr、40MnB、30CrMnSi、35CrMo 和 40CrNiMo 等。在材料选择时,应从其实际工作条件和失效形式出发,根据载荷性质和大小、转速高低、运行精度以及有无冲击载荷等情况,综合考虑材料所应具备的性能,选择合适的材料和相应的热处理工艺。

① 载荷不大或不重要的轴,常选用 Q235、Q275 等碳素结构钢,不经热处理直接使用。

② 承受一定的弯曲载荷和扭转载荷的轴,一般选用 35、40、45、50 等优质碳素结构钢,经调质或正火处理,并对有耐磨性要求的部分进行表面淬火处理,其中最常用的是 45 钢。

③ 载荷较大、截面较大或承受一定冲击载荷的轴,可选用 40Cr、35CrMo 和 40CrNiMo 等合金调质钢,经调质处理,并对有耐磨性要求的部分进行表面淬火处理。

④ 耐磨性要求较高、承受较大冲击载荷的轴,可选用 20Cr、20CrMnTi 等合金渗碳钢,经渗碳、淬火、回火处理后使用。

⑤ 要求精度高、尺寸稳定性好、耐磨性好的轴,可选用 38CrMoAlA 钢,进行调质处理和氮化处理后使用。

⑥ 对于形状复杂的轴,如曲轴,可采用 QT600-3、QT700-2 等球墨铸铁制造。

(2) 工艺路线

选用不同的材料,其热处理工艺也不同,应制定相应的加工工艺路线。

① 中碳结构钢或合金结构钢主轴工艺路线:

下料→锻造→正火或退火→粗加工→调质→精加工→表面淬火+回火→粗磨→低温回火→精磨。

② 合金渗碳钢主轴工艺路线:

下料→锻造→正火→精车→渗碳、淬火+低温回火→粗磨→低温回火→精磨。

③ 氮化钢主轴工艺路线:

下料→锻造→退火→粗车→调质→精车→低温回火→粗磨→氮化→精磨。

4. 轴类零件选材举例

(1) 机床主轴的选材

机床主轴一般承受中等的扭转和弯曲复合载荷,转速中等并承受一定的冲击载荷,局部表面承受摩擦和磨损,因而要求其材料应具有优良的综合机械性能和良好的抗疲劳性能。机床主轴常选用45钢制造,经调质处理后,轴颈等处再进行局部表面淬火,载荷较大时可选用40Cr等合金钢制造。

下面以某车床主轴为例,说明材料选择分析和工艺路线制定的过程,其简图如图10-1所示。

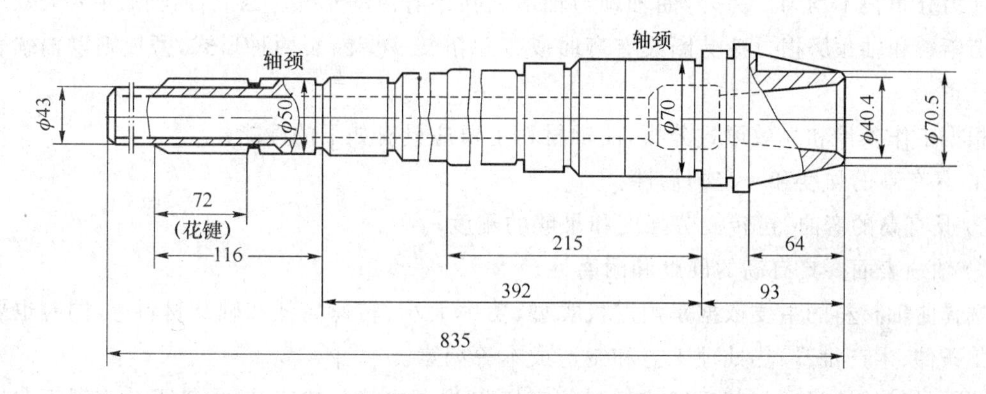

图10-1 某车床主轴简图

该机床主轴主要承受交变的弯曲载荷和扭转载荷的复合作用,其载荷不大、转速不高,有时受到不大的冲击载荷作用,具有一般的综合力学性能即可满足使用要求。其大端的内锥孔和外锥体在与顶尖和卡盘的装卸过程中有相对摩擦,花键部位与齿轮有相对滑动,为了防止这些部位表面磨损和划伤,要求有较高的硬度和耐磨性。

经过上述分析,该主轴可选用45钢制造。热处理工艺为整体调质处理,硬度为220~250 HBS;内锥孔和外锥体局部淬火,硬度为45~50 HRC;花键部位高频淬火,硬度为48~53 HRC。

其加工工艺路线如下:

下料→锻造→正火→粗加工→调质→半精加工(除花键外)→局部淬火+回火(内锥孔和外锥体)→粗磨(外圆、外锥体和内锥孔)→铣花键→花键高频淬火+低温回火→精磨(外圆、外锥体和内锥孔)。

热处理工艺分析:

① 正 火

消除锻造应力,并得到合适的硬度(180~220 HBS),便于切削加工。同时也改善锻造组织,为调质处理做准备。

② 调 质

调质处理后组织为回火索氏体,硬度为220~250 HBS,使主轴得到良好的综合力学性能和疲劳强度。

③ 局部淬火

内锥孔和外锥体采用盐浴快速加热局部淬火,经回火后达到所要求的硬度,可提高其耐磨性,保证装配精度。

④ 高频淬火+回火

花键部位采用高频淬火,变形较小,经回火后达到所要求的表面硬度。

(2) 内燃机曲轴的选材

曲轴是内燃机中形状复杂而又重要的零件之一,在工作过程中将活塞连杆的往复运动变为曲轴的旋转运动,将动力输出至变速机构。燃烧室周期性爆发的气体压力作用在活塞上,使曲轴承受较大的扭转应力、弯曲应力和冲击力,也受到曲柄连杆机构的往复惯性力的作用。在高速内燃机中,曲轴还会受到扭转振动的影响,产生很大的附加应力。因曲轴形状极不规则,造成应力分布很不均匀。另外,曲轴颈与轴承之间还有滑动摩擦。因此,曲轴的主要失效形式是疲劳断裂和轴颈磨损。疲劳断裂有弯曲疲劳和扭转疲劳断裂两种形式,磨损则以轴颈表面最为严重。

根据工作条件和失效形式分析,曲轴材料主要应具有如下的性能:

① 具有高的强度和一定的韧性;

② 具有高的弯曲、扭转疲劳强度和足够的刚度;

③ 轴颈表面要具有高的硬度和耐磨性。

选择曲轴材料的主要依据是内燃机类型、功率大小、转速高低和轴瓦材料等,同时也要考虑加工条件、生产批量、热处理工艺和制造成本等因素。

曲轴材料的选择还与其毛坯成型工艺密切相关。按其制造工艺,曲轴可分为锻钢曲轴和铸造曲轴两种。锻钢曲轴主要采用优质中碳钢和中碳合金钢,如35、40、45、40Cr、35CrMo、42CrMo等钢;铸造曲轴主要采用铸钢、球墨铸铁、珠光体可锻铸铁及合金铸铁等,如ZG230-450、QT600-3、QT700-2、KTZ450-06、KTZ550-04等。

1) 锻钢曲轴:

45钢的综合力学性能良好,具有较高的疲劳强度,表面淬火可以获得较高的硬度,可以满足一般内燃机的使用要求,是常用的锻造曲轴材料。

其加工工艺路线如下:

下料→锻造→正火→粗加工→调质→半精加工→局部表面淬火+低温回火(轴颈)→精磨。

热处理工艺分析如下:

① 正　火

消除锻造应力,得到合适的硬度,同时改善组织,并为调质做组织准备。

② 调　质

获得回火索氏体组织,使主轴具有良好的综合力学性能和疲劳强度。调质后硬度适中,切削加工性能良好。

③ 局部表面淬火

轴颈处采用中频淬火,提高表面硬度和耐磨性,获得较深的硬化层。

2) 铸造曲轴:

球墨铸铁具有铸造性能好、减磨、吸振性能优良及缺口敏感性小等优点,广泛应用于曲轴的铸造,常用的材料有QT600-3、QT700-2等。下面以某农用柴油机曲轴为例,说明球墨铸铁铸造曲轴的加工工艺，其简图如图 10－2 所示。

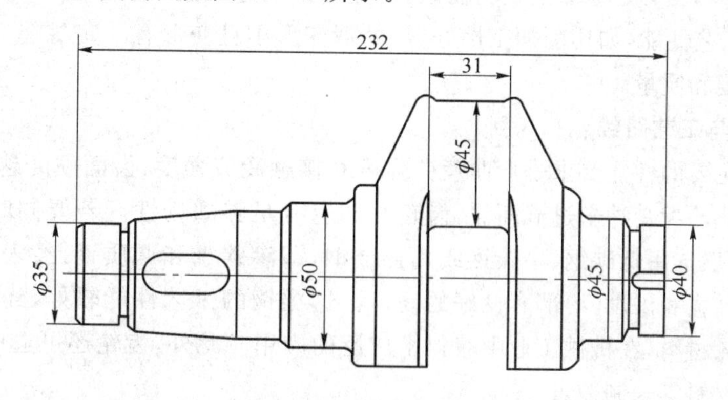

图 10－2　柴油机曲轴简图

该柴油机为单缸四冲程柴油机，汽缸直径 75 mm，柴油机功率和曲轴承受的载荷都不大；由于轴颈在滑动轴承中工作，故要求轴颈部位要有较高的硬度和耐磨性。其性能要求为 $\sigma_b \geqslant 750$ MPa，整体硬度为 240～260 HBS，轴颈表面硬度≥625 HV，$\delta \geqslant 2\%$，$A_{KU} \geqslant 150$ kJ/m^2。

根据上述要求，该柴油机曲轴材料选用 QT700－2。

其加工工艺路线如下：

铸造毛坯→高温正火→高温回火→切削加工→轴颈气体氮化→精磨。

热处理工艺分析如下。

① 正　火

采用 950 ℃高温正火工艺，获得细珠光体基体组织，以提高其强度、硬度和耐磨性。

② 高温回火

采用 560 ℃高温回火工艺，消除正火时产生的内应力。

③ 氮化(570 ℃)

对轴颈处采用 570 ℃的气体渗氮工艺，以提高轴颈表面硬度和耐磨性。

10.3.2　齿轮类零件

齿轮是机械工业中应用最为广泛的重要零件之一，它主要依靠齿轮副的啮合，按照规定的速比传递动力、改变运动速度和方向。

1. 工作条件和失效形式

(1) 由于传递扭矩，齿根承受较大的交变弯曲应力，易导致齿根部位发生疲劳断裂。

(2) 齿面相互滚动和滑动，承受很大的接触压应力和摩擦力，易产生齿面磨损和齿面接触疲劳破坏。

(3) 换挡、启动或啮合不均时，轮齿承受一定冲击载荷，易使齿面产生塑性变形。

(4) 瞬时过载、润滑油腐蚀和外部硬质颗粒的侵入，齿轮的工作条件更加恶化，易造成轮齿折断、齿面腐蚀、磨损加剧等破坏。

2. 材料应具备的性能

(1) 高的弯曲疲劳强度，以防轮齿疲劳断裂。

(2) 齿面具有高的接触疲劳强度、高的硬度和耐磨性，以防疲劳点蚀和齿面过量磨损。

(3) 齿轮心部具要有足够的强度和韧性,防止轮齿因过载而断裂。

(4) 良好的工艺性能,如切削加工性好、热处理变形小且变形有一定规律、淬透性好等,保证齿轮的加工精度和质量。

3. 材料选择与工艺路线

齿轮材料最主要的性能要求是弯曲疲劳强度和接触疲劳强度,齿面硬度越高,其疲劳强度也越高。为了防止轮齿受冲击过载断裂,齿轮心部应有足够的韧性。若要同时满足表面和心部的性能要求,一般选用低碳钢、中碳钢或其合金钢,即渗碳钢和调质钢,经表面强化处理,使其表面具有高的强度和硬度,心部有良好的韧性。这类钢的工艺性能较好,经济上较为合理,是比较理想的齿轮材料,在机械工业中获得了广泛的应用。此外,齿轮还可选用铸钢、铸铁、非铁金属和非金属材料等来制造。

(1) 调质钢

调质钢主要用于制造中低速、载荷不大、冲击韧性要求一般的中小型传动齿轮,对表面硬度和耐磨性要求不高,如变速箱次要齿轮、挂轮架齿轮等,常用材料有45、40Cr、40MnB、45Mn2等钢种。通常采用锻造毛坯,使其内部获得有益的锻造流线,可提高强度和冲击韧性。其工艺路线一般为锻造毛坯经粗加工后进行调质或正火处理,再经精加工后进行表面淬火和低温回火。

(2) 渗碳钢

渗碳钢主要用于制造高速、重载、冲击载荷较大的重要齿轮,如汽车变速箱齿轮、立式车床重要的弧齿锥齿轮等,常用材料有20Cr、20CrMo、20CrMnTi、18Cr2Ni4WA等钢种。其工艺路线一般为锻造毛坯经正火处理后进行精加工,然后进行渗碳、淬火+低温回火处理,表面具有很高的硬度和耐磨性,心部具有良好的韧性,其齿面接触疲劳强度和耐磨性、齿根弯曲疲劳强度和心部强度和冲击韧性均优于表面淬火齿轮。为了增加齿面的残余压应力,进一步提高齿轮的疲劳强度,还可进行喷丸处理。

对于高速、高精度、重载齿轮,可选用18Cr2Ni4WA、38CrMoAlA等钢,经调质处理和渗氮处理后使用。

(3) 铸钢和铸铁

铸钢可用于制造力学性能要求较高、形状复杂、难以锻造成型的大型齿轮,如起重机齿轮,常用材料有ZG270-500、ZG310-570、ZG40Cr等。其工艺路线一般为铸造毛坯先正火处理,经切削加工后进行表面淬火和低温回火。对于转速较低、要求不高的齿轮,可不进行表面淬火。

灰铸铁具有减磨性好、不易咬合、加工性好、成本低的特点,适于制造低速、轻载、冲击载荷较小、精度要求不高的齿轮,常用材料有HT200、HT250、HT300等。对于耐磨性、疲劳强度要求较高,而冲击载荷较小的齿轮,如机油泵齿轮等,可选用球墨铸铁制造,如QT500-07,QT600-03等。其工艺路线一般为铸造毛坯先退火或正火处理,经切削加工后进行表面淬火和低温回火。

(4) 非铁金属

在仪器、仪表以及一些在腐蚀介质中工作的轻载齿轮,常选用耐蚀性、耐磨性较好的非铁金属来制造,如黄铜(HPb61-1、H62)、铝青铜(QAl10-3-1.5)、锡青铜(QSn6.5-0.4)和硅青铜(QSi3－1)等。

(5) 工程塑料

塑料齿轮具有重量轻、摩擦系数小、耐蚀性好、运行平稳及噪声低等优点，其成型性好、生产效率高、成本低，主要用于低速、轻载、耐蚀、无润滑或少润滑条件下工作齿轮的制造，如仪器、仪表齿轮、轻载齿轮等，常用材料有尼龙、ABS、聚甲醛等具有一定强度和硬度的塑料，随着塑料性能的进一步提高，塑料齿轮的应用将会越来越广泛。

4. 齿轮类零件选材举例

齿轮类零件应根据其工作条件、载荷的性质和大小、尺寸大小及精度要求的不同，选择不同的材料，并制定相应的工艺路线及热处理工艺。

下面以机床和汽车两类齿轮为例，说明材料选择分析和工艺路线制定的过程。

(1) 机床齿轮的选材

机床齿轮大多在齿轮箱中工作，转速不高，载荷不大，工作条件平稳，无强烈冲击。因此，机床齿轮常选用中碳钢或中碳合金钢来制造，其中最常用的是 45 钢和 40Cr 钢。45 钢一般用于中小载荷齿轮的制造，经调质处理、高频淬火＋低温回火后，心部硬度为 220～250 HBS，具有较好的综合力学性能，齿面硬度可达 52～58 HRC，具有较高的硬度、耐磨性和接触疲劳强度，满足使用要求。对于中等载荷的齿轮，则可选用 40Cr 钢，其淬透性较好，心部综合力学性能更佳。

如某机床变速箱齿轮，采用 45 钢制造，其加工工艺路线如下：

下料→锻造→正火→粗加工→调质→精加工→高频淬火＋低温回火→精磨。

热处理工艺分析如下。

① 正　火

消除锻造应力，使组织均匀并细化，得到合适的硬度，便于切削加工。正火后材料具有一定的综合力学性能，对于一般用途的齿轮，可省略调质处理。

② 调　质

获得回火索氏体组织，使齿轮心部具有良好的综合力学性能，使齿轮能承受较大的交变弯曲载荷和冲击载荷。

③ 高频淬火＋低温回火

高频淬火可提高齿轮表面硬度，从而提高耐磨性和点蚀疲劳抗力；使齿轮表面具有一定的残余压应力，以进一步提高疲劳强度。低温回火可消除淬火应力，防止磨削裂纹的产生，提高抗冲击能力。

(2) 汽车齿轮的选材

汽车齿轮主要在变速箱和差速器中工作，承受载荷较大，磨损严重，启动、制动和变速换挡时频繁承受较大的冲击载荷，工作条件比机床齿轮恶劣得多，对耐磨性、疲劳强度、心部强度和冲击韧性等性能均提出了较高的要求。因此，汽车齿轮一般选用 20CrMnTi、20CrMnMo 等合金渗碳钢制造，经渗碳淬火后表面硬度可达 58～62 HRC，心部硬度可达 30～45 HRC。除了满足使用性能要求，这类钢的工艺性能也较好，适合于汽车齿轮大批量生产得要求。

如某汽车变速箱齿轮，采用 20CrMnTi 钢制造，其加工工艺路线如下：

下料→锻造→正火→切削加工→渗碳、淬火＋低温回火→喷丸处理→精磨。

热处理工艺分析如下。

① 正　火

消除锻造应力,均匀和细化组织,降低硬度,改善切削加工性能。

② 渗碳、淬火+低温回火

渗碳、淬火+低温回火处理后,渗碳层深度为1.2～1.6 mm,表面碳的质量分数为0.8%～1.1%,表面硬度为58～62 HRC,心部硬度为30～45 HRC,这样齿面具有高硬度和高耐磨性,而心部具有较高的强度和足够的韧性。

另外,喷丸处理作为一种强化手段,可进一步增加表面残余压应力,有利于疲劳强度的提高,同时也可以消除氧化皮,改善表面粗糙度。

10.3.3　箱体类零件

箱体是机器的基础零件,其作用是保证箱体内各零件处于正确的位置并相互协调地运转。常见的箱体类零件有机床上的主轴箱、变速箱、进给箱和溜板箱,内燃机的缸体和缸盖,机床床身,减速器箱体等。

机器工作时,箱体主要承受来自内部零件的压应力以及一定的弯曲应力和冲击力。因此,箱体应具有足够的刚度、强度和良好的减振性。

箱体类零件大多形状结构复杂、体积较大、壁厚较薄,所以一般采用铸造方法生产。根据其工作条件的不同,可选用灰铸铁、铸钢、铸造铝合金等材料制造。

(1) 灰铸铁

对于载荷不大、工作平稳的箱体,可选用灰铸铁,如HT150、HT200等。若与其他零件有相对运动,存在摩擦和磨损的,则应选用抗拉强度较高的灰铸铁HT250或孕育铸铁HT300、HT350等。加工工艺路线一般为:铸造毛坯→去应力退火→划线→切削加工。

(2) 铸　钢

对于载荷较大、要求高强度、高韧性,或在高温高压下工作的箱体,应选用铸钢,如ZG230-450、ZG310-570等。

(3) 铸造铝合金

对于载荷不大,要求重量轻且热导性好的小型箱体,如摩托车发动机曲轴箱、汽缸头等,可选用铸造铝合金,如ZL105、ZL201等。

(4) 工程塑料

对于载荷很小,有一定的耐磨、耐蚀要求,重量轻的箱体零件,可选用工程塑料,如ABS、尼龙、有机玻璃等。

(5) 结构钢

对于载荷较大、并承受较大冲击载荷,或单件生产的箱体零件,可采用焊接结构,如选用焊接性能良好的普通碳素结构钢Q235或低合金高强度结构钢Q345等钢焊接而成。

箱体类零件应根据其材料和毛坯成型方法的不同,制定不同的加工工艺路线,并采取相应的热处理工艺。如铸钢箱体一般存在组织偏析、晶粒粗大、铸造应力较大的缺陷,可采用完全退火或正火处理。铸铁件为了消除铸造应力,可进行去应力退火或自然时效。铸造铝合金则应进行退火或淬火+时效处理,以改善力学性能。焊接箱体应进行去应力退火,以消除焊接应力。

习　题

1. 何谓零件失效？一般机械零件常见的失效形式有哪些？

2. 什么是疲劳断裂？其特点是什么？

3. 什么是脆性断裂？为什么说脆性断裂是零件最危险的失效方式？

4. 表面损伤失效有哪几种形式？

5. 零件失效的原因有哪些？

6. 什么是材料的使用性能？什么是材料的工艺性能？各自包括哪些主要内容？

7. 轴类零件的工作条件、失效方式是什么？对材料性能有哪些要求？

8. 齿轮类零件的工作条件、失效方式是什么？对材料性能有哪些要求？

9. 汽车变速箱齿轮多半是用渗碳钢来制造，而机床变速箱齿轮又多采用调质用钢制造，原因何在？

10. 某机床主轴选用 45 钢制造，其工艺路线如下：

下料→锻造→正火①→粗加工→调质②→半精加工→粗磨→高频淬火＋低温回火③→精磨。

上述工艺路线中①、②、③工序的目的是什么？

附　　表

附表Ⅰ　黑色金属硬度及强度换算值(摘自 GB/T 1172—1999)

表 1　碳钢及合金钢硬度与强度换算值

硬度								抗拉强度 $\sigma_b/(N \cdot mm^{-2})$								
洛氏		表面洛氏			维氏	布氏($F/D^2=30$)		碳钢	铬钢	铬钒钢	铬镍钢	铬钼钢	铬镍钼钢	铬锰硅钢	超高强度钢	不锈钢
HRC	HRA	HR15N	HR30N	HR45N	HV	HBS	HBW									
20	60.2	68.8	40.7	19.2	226	225		774	742	736	782	747		781		740
21	60.7	69.3	41.7	20.4	230	229		795	760	753	792	760		794		758
22	61.2	69.8	42.6	21.5	235	234		813	779	770	803	774		809		777
23	61.7	70.3	43.6	22.7	241	240		833	798	788	815	789		824		796
24	62.2	70.8	44.5	23.9	247	245		854	818	807	829	805		840		816
25	62.8	71.4	45.5	25.1	253	251		875	838	826	843	822		856		837
26	63.3	71.9	46.4	26.3	259	257		897	859	847	859	840	859	874		858
27	63.8	72.4	47.3	27.5	266	263		919	880	860	876	860	879	893		879
28	64.3	73.0	48.3	28.7	273	269		942	902	892	894	880	901	912		901
29	64.8	73.5	49.2	29.9	280	276		965	925	915	914	902	923	933		924
30	65.3	74.1	50.2	31.1	288	283		989	948	940	935	924	947	954		947
31	65.8	74.7	51.1	32.3	296	291		1 014	972	966	957	948	912	977		971
32	66.4	75.2	52.0	33.5	304	298		1 039	996	993	981	974	999	1 001		996
33	66.9	75.8	53.0	34.7	313	306		1 065	1 027	1 022	1 007	1 001	1 027	1 026		1 021
34	67.4	76.4	53.9	35.9	321	314		1 092	1 048	1 051	1 034	1 029	1 056	1 052		1 047
35	67.9	77.0	54.8	37.0	331	323		1 119	1 074	1 082	1 063	1 058	1 087	1 079		1 074
36	68.4	77.5	55.8	38.2	340	332		1 147	1 102	1 114	1 093	1 090	1 119	1 108		1 101
37	69.0	78.1	56.7	39.4	350	341		1 177	1 131	1 148	1 125	1 122	1 153	1 139		1 130
38	69.5	78.7	57.6	40.6	360	350		1 207	1 161	1 183	1 159	1 157	1 189	1 171		1 161
39	70.0	79.3	58.6	41.8	371	360		1 238	1 192	1 219	1 195	1 192	1 226	1 204	1 195	1 193
40	70.5	79.9	59.5	43.0	381	370	370	1 271	1 225	1 257	1 233	1 230	1 265	1 240	1 243	1 226

续表 1

硬度								抗拉强度 $\sigma_b/(N \cdot mm^{-2})$								
洛氏		表面洛氏			维氏	布氏($F/D^2=30$)		碳钢	铬钢	铬钒钢	铬镍钢	铬钼钢	铬镍钼钢	铬锰硅钢	超高强度钢	不锈钢
HRC	HRA	HR15N	HR30N	HR45N	HV	HBS	HBW									
41	71.1	80.5	60.4	44.2	393	380	381	1 305	1 260	1 295	1 273	1 269	1 306	1 277	1 290	1 262
42	71.6	81.1	61.3	45.4	404	391	392	1 340	1 296	1 337	1 314	1 310	1 348	1 316	1 336	1 299
43	72.1	81.7	62.3	46.5	416	401	403	1 378	1 335	1 380	1 358	1 353	1 392	1 357	1 381	1 339
44	72.6	82.3	63.2	47.7	428	413	415	1 417	1 376	1 424	1 404	1 397	1 439	1 400	1 427	1 383
45	73.2	82.9	64.1	48.9	441	424	428	1 459	1 420	1 469	1 451	1 444	1 487	1 445	1 473	1 429
46	72.7	83.5	65.0	50.1	454	436	441	1 503	1 468	1 517	1 502	1 492	1 537	1 493	1 520	1 479
47	74.2	84.0	65.9	51.2	468	449	455	1 550	1 519	1 566	1 554	1 542	1 589	1 543	1 569	1 533
48	74.7	84.6	66.8	52.4	482		470	1 600	1 574	1 617	1 608	1 595	1 643	1 595	1 620	1 592
49	75.3	85.2	67.7	53.6	497		486	1 653	1 633	1 670	1 665	1 649	1 699	1 651	1 674	1 655
50	75.8	85.7	68.6	54.7	512		502	1 710	1 698	1 724	1 724	1 706	1 758	1 709	1 731	1 725
51	76.3	86.3	69.5	55.9	527		518		1 768	1 780	1 186	1 764	1 819	1 770	1 792	
52	76.9	86.8	70.4	57.1	544		535		1 845	1 839	1 850	1 825	1 881	1 834	1 857	
53	77.4	87.4	71.3	58.2	561		552			1 899	1 917	1 888	1 947	1 901	1 929	
54	77.9	87.9	72.2	59.4	578		569			1 961	1 986			1 971	2 006	
55	78.5	88.4	73.1	60.5	596		585			2 026	2 058			2 045	2 090	
56	79.0	88.9	73.9	61.7	615		601								2 181	
57	79.5	89.4	74.8	62.8	635		616								2 281	
58	80.1	89.8	75.6	63.9	655		628								2 390	
59	80.6	90.2	76.5	65.1	676		639								2 509	
60	81.2	90.6	77.3	66.2	698		647								2 639	
61	81.7	91.0	78.1	67.3	721											
62	82.2	91.4	79.0	68.4	745											
63	82.8	91.7	79.8	69.5	770											
64	83.3	91.9	80.6	70.6	795											
65	83.9	92.2	81.3	71.7	822											
66	84.4				850											
67	85.0				879											
68	85.5				909											

表2 碳钢硬度与强度换算值

硬度							抗拉强度σ_b/(N·mm^{-2})
洛氏	表面洛氏			维氏	布氏 HBS		
HRA	HR15N	HR30N	HR45N	HV	$F/D^2=10$	$F/D^2=30$	
60	80.4	56.1	30.4	105	102		375
61	80.7	56.7	31.4	106	103		379
62	80.9	57.4	32.4	108	104		382
63	81.2	58.0	33.5	109	105		386
64	81.5	58.7	34.5	110	106		390
65	81.8	59.3	35.5	112	107		395
66	82.1	59.9	36.6	114	108		399
67	82.3	60.6	37.6	115	109		404
68	82.6	61.2	38.6	117	110		409
69	82.9	61.9	39.7	119	112		415
70	83.2	62.5	40.7	121	113		421
71	83.4	63.1	41.7	123	115		427
72	83.7	63.8	42.8	125	116		433
73	84.0	64.4	43.8	128	118		440
74	84.3	65.1	44.8	130	120		447
75	84.5	65.7	45.9	132	122		455
76	84.8	66.3	46.9	135	124		463
77	85.1	67.0	47.9	138	126		471
78	85.4	67.6	49.0	140	128		480
79	85.7	68.2	50.0	143	130		489
80	85.9	68.9	51.0	146	133		498
81	86.2	69.5	52.1	149	136		508
82	86.5	70.2	53.1	152	138		518
83	86.8	70.8	54.1	156		152	529
84	87.0	71.4	55.2	159		155	540
85	87.3	72.1	56.2	163		158	551
86	87.6	72.7	57.2	166		161	563
87	87.9	73.4	58.3	170		164	576
88	88.1	74.0	59.3	174		168	589
89	88.4	74.6	60.3	178		172	603
90	88.7	75.3	61.4	183		176	617
91	89.0	75.9	62.4	187		180	631
92	89.3	76.6	63.4	191		184	646
93	89.5	77.2	64.5	196		189	662
94	89.8	77.8	65.5	201		195	678
95	90.1	78.5	66.5	206		200	695
96	90.4	79.1	67.6	211		206	712
97	90.6	79.8	68.6	216		212	730
98	90.9	80.4	69.6	222		218	749
99	91.2	81.0	70.7	227		226	768
100	91.5	81.7	71.7	233		232	788

附表Ⅱ　常用钢种的临界温度

钢　号	临界温度(近似值)/℃				
	Ac1	Ac3	Ar3	Ar1	Ms
优质碳素结构钢					
08F,08	732	874	854	680	
10	724	876	850	682	
15	735	863	840	685	
20	735	855	835	680	
25	735	840	824	680	
30	732	813	796	667	380
35	724	802	774	680	
40	724	790	760	680	
45	724	780	751	682	
50	725	760	721	690	
60	727	766	743	690	
70	730	743	727	693	
85	725	737	695	—	220
15Mn	735	863	840	685	
20Mn	735	854	835	682	
30Mn	734	812	796	675	
40Mn	726	790	768	689	
50Mn	720	760	—	660	
普通低合金结构钢					
16Mn	736	849～867	—	—	
09Mn2V	736	849～867	—	—	
15MnTi	734	865	779	615	
15MnV	700～720	830～850	780	635	
18MnMoNb	736	850	756	646	
合金结构钢					
20Mn2	725	840	740	610	400
30Mn2	718	804	727	627	
40Mn2	713	766	704	627	340
45Mn2	715	770	720	640	320
25Mn2V	—	840	—	—	
42Mn2V	725	770	—	—	330

续表

钢　号	临界温度(近似值)/℃				
	Ac1	Ac3	Ar3	Ar1	Ms
35SiMn	750	830	—	645	330
50SiMn	710	797	703	636	305
20Cr	766	838	799	702	
30Cr	740	815	—	670	
40Cr	743	782	730	693	355
45Cr	721	771	693	660	
50Cr	721	771	693	660	
20CrV	768	840	704	782	
40Cr	755	790	745	700	
38CrSi	763	810	755	680	
20CrMn	765	838	798	700	
30CrMnSi	760	830	705	670	
18CrMnTi	740	825	730	650	
30CrMnTi	765	790	740	660	
35CrMo	755	800	750	695	271
40CrMnMo	735	780	—	680	
38CrMoAl	800	940	—	730	
20CrNi	733	804	790	666	
40CrNi	731	769	702	660	
12CrNi3	715	830	—	670	
12Cr2Ni4	720	780	660	575	
20Cr2Ni4	720	780	660	575	
40CrNiMo	732	774	—	—	
20Mn2B	730	853	736	613	
20MnTiB	720	843	795	625	
20MnVB	720	840	770	635	
45B	725	770	720	690	
40MnB	735	780	700	650	
40MnVB	730	774	681	639	
弹簧钢					
65	727	752	730	696	
70	730	743	727	693	
85	723	737	695	—	220
65Mn	726	765	741	689	270
60Si2Mn	755	810	770	700	305

续表

钢　号	临界温度(近似值)/℃				
	Ac1	Ac3	Ar3	Ar1	Ms
50CrMn	750	775	—	—	250
50CrVA	752	788	746	688	270
55SiMnMoVNb	744	775	656	550	
滚动轴承钢					
GCr9	730	887	721	690	
GCr15	745	—	—	700	
GCr15SiMn	770	872	—	708	
碳素工具钢					
T7	730	770	—	770	
T8	730	—	—	700	
T10	730	800	—	700	
T11	730	810	—	700	
T12	730	810	—	700	
合金工具钢					
6SiMnV	743	768	—	—	
5SiMnMoV	764	788	—	—	
9CrSi	770	870	—	730	
3Cr2W8V	820～830	1 100	—	790	
CrWMn	750	940	—	710	
5CrNiMo	710	770	—	680	
MnSi	760	865	—	708	
W2	740	820	—	710	
高速工具钢					
W18Cr4V	820	1 330	—		
W9Cr4V2	810	—	—		
W6Mo5Cr4V2Al	835	885	770	820	
W6Mo5Cr4V2	835	885	770	820	
W9Cr4V2Mo	810	—	—	760	
不锈、耐酸、耐热钢					
1Cr13	730	850	820	700	
2Cr13	820	950	—	780	
3Cr13	820	—	—	780	
4Cr13	820	1 100	—	—	
Cr17	860	—	—	810	
9Cr18	830	—	—	810	
Cr17Ni2	810	—	—	780	
Cr6SiMo	850	890	790	765	

参考文献

[1] 许德珠.机械工程材料[M].北京:高等教育出版社,1992.
[2] 朱莉,王运炎.机械工程材料[M].北京:机械工业出版社,2005.
[3] 王忠.机械工程材料[M].北京:清华大学出版社,2005.
[4] 丁仁亮.工程材料[M]. 北京:机械工业出版社,2006.
[5] 赵程,杨建民.机械工程材料[M]. 北京:机械工业出版社,2005.
[6] 王于林.工程材料学[M]. 北京:航空工业出版社,1992.
[7] 张宝忠.机械工程材料[M]. 浙江:浙江大学出版社,2004.
[8] 余建宏.机械工程材料[M].北京:中国电力出版社,2005.
[9] 王运炎.机械工程材料[M]. 北京:机械工业出版社,1992.
[10] 蒲永峰,梁耀能.机械工程材料[M].北京:清华大学出版社,北京交通大学出版社,2005.
[11] 张继世.机械工程材料基础[M].北京:高等教育出版社,2000.
[12] 沈莲.机械工程材料与设计选材[M]. 西安:西安交通大学出版社,1996.
[13] 崔昆. 钢铁材料及有色金属材料[M]. 北京:机械工业出版社,1981.
[14] 顾宁.纳米技术与应用[M].北京:人民邮电出版社,2002.
[15] 胡庚祥,钱苗根.金属学[M].上海:上海科学技术出版社,1980.
[16] 史美堂.金属材料及热处理[M].北京:机械工业出版社,1992.
[17] 朱兴元.金属学与热处理[M].北京:北京大学出版社,2006.
[18] 赵忠.金属材料及热处理[M].北京:机械工业出版社,2000.
[19] 劳动部培训司.金属材料与热处理[M].北京:中国劳动出版社,1993.
[20] 王笑天.金属材料学[M].北京:机械工业出版社,1987.
[21] 金属机械性能编写组.金属机械性能[M].北京:机械工业出版社,1982.
[22] 司乃钧.金属工艺学[M].北京:高等教育出版社,1998.
[23] 王英杰.金属工艺学[M].太原:山西科学技术出版社,1997.
[24] 丁德全.金属工艺学[M].北京:机械工业出版社,2000.
[25] 王雅然.金属工艺学[M].北京:机械工业出版社,1999.
[26] 李义增.金属工艺学[M].北京:高等教育出版社,1995.
[27] 成大先.机械设计手册:常用工程材料[M].北京:化学工业出版社,2004.
[28] 熊中实,吕芳斋.常用金属材料实用手册[M].北京:中国建材工业出版社,2001.
[29] 李春胜,黄德刚.金属材料手册[M].北京:化学工业出版社,2004.